U0175675

本书编写组

主　编： 高志强　冯　波　李　冰

副主编： 冯　剑　武光华　任素龙　梁　静

成　员：（按姓氏笔画排序）

王卓然　王俊龙　王　浩　王娟怡

王毅佳　张文宇　孟　杰　赵芳初

梁　栋　强　毅　樊晓辉

有序用电管理实务

主　编　高志强　冯　波　李　冰

副主编　冯　剑　武光华　任素龙　梁　静

北京交通大学出版社

·北京·

内 容 简 介

本书从经济学原理出发，论证了需求响应在电力市场中的重要作用，基于实证研究，从市场原理、效益分析、可调节负荷研究、典型案例、智能电网等方面分析了实施需求响应的关键影响、机制性因素和实施障碍等。结合已有的实践经验，重点讨论了实施需求响应的思路、方法、技术和手段；针对智能电网建设和电力市场改革的发展趋势，提出未来将需求响应落实到终端的可行途径。

图书在版编目（CIP）数据

有序用电管理实务 / 高志强，冯波，李冰主编. —北京：北京交通大学出版社，2020.7
ISBN 978-7-5121-4268-8

Ⅰ. ① 有…　Ⅱ. ① 高…　② 冯…　③ 李…　Ⅲ. ① 用电管理　Ⅳ. ① TM92

中国版本图书馆 CIP 数据核字（2020）第 130337 号

有序用电管理实务
YOUXU YONGDIAN GUANLI SHIWU

策划编辑：张　亮
责任编辑：陈可亮
出版发行：北京交通大学出版社　　电话：010-51686414　　http://www.bjtup.com.cn
地　　址：北京市海淀区高梁桥斜街 44 号　　邮编：100044
印 刷 者：艺堂印刷（天津）有限公司
经　　销：全国新华书店
开　　本：185 mm×260 mm　　印张：15　　字数：372 千字
版 印 次：2020 年 7 月第 1 版　　2020 年 7 月第 1 次印刷
印　　数：1～1 000 册　　定价：48.00 元

本书如有质量问题，请向北京交通大学出版社质监组反映。对您的意见和批评，我们表示欢迎和感谢。
投诉电话：010-51686043，51686008；传真：010-62225406；E-mail：press@bjtu.edu.cn。

前言

持续优化电力需求侧精益管理　科学实现有序用电精准控制

供给和需求是宏观经济一个硬币的两面，二者的对称平衡是维持经济平稳健康发展的关键。近年来，中国经济发展进入结构调整、动力转换的新常态阶段，消费需求结构、市场竞争格局、资源环境要素等呈现出新的阶段性变化。面对新变化、新趋势，习近平总书记在中央财经领导小组第十一次会议上首次提出“供给侧结构性改革”，其出发点就是要改革经济体的供给面，强化以企业为中心的资源配置机制，调整、优化产业结构，使要素实现最优配置，提升经济增长的质量和数量，形成有效供给，并与“稳增长”“稳中求进”相对应的需求侧管理政策有效配合，实现供给侧促发展、需求侧稳增长、供求双轮驱动、共同发力的格局，使国民经济实现在新常态下的平稳较快增长。

目前，电力需求侧管理在我国进入了一个发展较快的时期，国家有关部门出台了很多关于电力需求侧管理的政策，对实施有序用电、提高能效、缓解电力供需矛盾发挥了积极的作用，但在实施过程中也出现了一些亟待解决的问题。特别是近年来，伴随用电结构的变化和新能源发电的爆发式增长，电网运行面临新的挑战。一方面，随着社会生活水平的不断提高，广大中东部地区空调降温负荷占比持续提高，电力需求对气温变化日益敏感，温度异常带来的短期夏季尖峰负荷屡创新高，电网尖峰负荷矛盾问题突出。另一方面，随着新能源装机规模不断增长，新能源外送需求与电网运行方式约束、送出通道能力受限等矛盾日益突出，叠加新能源与常规电源的补偿机制仍不完善，导致新能源消纳形势依然严峻，电网调峰压力不断显现。在供给侧结构性改革和降本增效的要求下，传统新建调峰机组和输配电网的措施难以经济、高效地解决上述问题。

本书结合泛在电力物联网建设，从海量客户侧负荷资源入手，深度挖掘客户侧可调节资源潜力。通过分析研究各类负荷参与电网互动的可行方式、技术路线、经济效益，形成实用化的可调负荷参与电网调节机制，实现“源网荷储”协调互动，从而缓解部分地区电力供需紧张局势，促进新能源消纳，保障电网运行的安全性和经济性。

针对电力需求侧和有序用电管理过程中遇到的实际问题，从电力需求侧管理相关知识的认知开始，分析当前实施电力需求侧管理存在的问题和解决方法，为适时完善电力需求侧管理提出意见和建议。其中明确了需求侧管理的战略意义，梳理并深入探讨了持续优化需求侧管理，科学合理开展有序用电工作指南，包括工作概述、管理、实施、保障措施等各方面内容。典型案例更是从行业分类、技术概况、执行效果等方面进行全面阐述，以使读者对需求侧管理有一个系统、全面、直观的理解。

在本书编写当中，得到了来自各方面的协助和支持，多位电力企业领导和专家提出了宝贵的意见和建议，有关地市（区）、基层单位为资料收集提供了大力支持，再次一并表示衷心的感谢。

希望本书的出版对电力需求侧管理和有序用电工作有所裨益。限于编者水平，书中难免有不足之处，望广大读者批评指正。

编　者

2020 年 1 月

目　录

第1章

需求侧管理概述

1.1 基本概念

1.1.1 电力需求侧

电力需求侧（简称 DSM）发轫于 20 世纪 70 年代的西方发达国家，是指电力行业（供应侧）采取行政、经济、技术措施，鼓励用户（需求侧）采用各种有效的节能技术改变需求方式，在保持能源服务水平的情况下，降低能源消费和用电负荷，实现减少新建电厂投资和一次能源对大气环境的污染，从而取得明显的经济效益和社会效益。县级以上人民政府电力管理部门应当遵照国家产业政策，按照统筹兼顾、保证重点、择优供应的原则，做好计划用电工作；供电企业和用户应当制订节约用电计划，推广和采用节约用电的新技术、新材料、新工艺、新设备，降低电能消耗。我国政府设立电力需求侧管理职能以来，电力需求侧管理工作经历了理念宣传、工作试点、推广应用几个发展阶段。我国电力需求侧管理工作大体分为三大类：第一类是电力需求侧管理相关政策体系建设；第二类是重点组织实施电网企业电力需求侧管理目标责任制、地区工业领域电力需求侧管理工作试点、城市电力需求侧管理综合试点、电力需求响应试点；第三类是电力需求侧管理培训、宣传、国际合作等工作。

1.1.2 需求响应

需求响应是指用户对价格或者激励信号做出响应，并改变正常电力消费模式，保障电力供需平衡，从而实现用电优化和系统资源的综合优化配置。需求响应借助于市场模式、价格机制和补偿机制等手段，促使终端用户主动参与市场运行和价格决策。根据不同的用户响应方式，可以将需求响应划分为基于价格的需求响应和基于激励的需求响应两种类型。

1. 基于价格的需求响应

基于价格的需求响应是指用户响应零售电价的变化并相应地调整用电需求。基于价格的需求响应主要包括：

（1）分时电价。分时电价（time-of-use tariff）是一种可以有效反映电力系统不同时段供电成本差别的电价机制，峰谷电价、季节电价和丰枯电价等是其常见的几种形式。根据电网的负荷特性，将 1 天（1 年）划分为峰谷平等时段（季节），通过将低谷时段（季节）电价适当调低、高峰时段（季节）电价适当调高的价格信号来引导用户采取合理的用电结构和方式，将高峰时段（季节）的部分负荷转移到低谷时段（季节），实现削峰填谷和平衡季节负荷的目标。分时电价一般是几个月甚至几年不变。目前分时电价广泛应用于大型工商业用户，需要在用户安装分时电价电表，用于计算不同时段的电量。

（2）实时电价。实时电价（real-time price，RTP）是一种动态电价机制，其更新周期可以达到 1 h 或者更短，通过将零售侧的价格与电力批发市场的出清电价联动，可以精确反映每天各时段供电成本的变化并有效传达电价信号。

（3）尖峰电价。尖峰电价（critical peak price，CPP）是在分时电价和实时电价的基础上发展起来的一种动态电价机制，即通过在分时电价上叠加尖峰费率而形成。CPP 实施机构预先公布尖峰事件的时段设定标准（如系统紧急情况或者电价高峰时期）以及对应的尖峰费率，在非尖峰时段执行分时电价（用户还可以获得相应的电价折扣），但在尖峰时段执行尖峰费率，并提前一定的时间通知用户（通常为 1 天以内），用户则可做出相应的用电计划调整，也可通过高级量测系统（AMI）来自动响应 CPP。由于 CPP 的费率也是事先确定的，因而在经济效益上不如 RTP。但 CPP 可以降低 RTP 潜在的价格风险，反映系统尖峰时段的短期供电成本，因而优于分时电价。

（4）系统峰时段响应输电费用。系统峰时段响应输电费用项目（system peak response transmission tariff，SPRTT）是响应输电费用的一种需求响应项目。在夏季的 6—9 月中，每个月负荷最高的若干时段（15 min 为一个时段）称为四个一致的负荷高峰（four coincident peak，4CP），将输电成本按照 4CP 时段中用户负荷水平分摊给在 4CP 时段用电的输电电压侧大工业用户。用户需要预测 4CP 时段是在哪一天的哪几个时段，而实际的 4CP 时段要在该月结束后才能得知。美国得克萨斯州由得克萨斯电力稳定委员会实施了该需求响应项目，输电电压侧大工业用户在 4CP 时段能够减少 4%的负荷。

（5）直接负荷控制的尖峰电价。直接负荷控制的尖峰电价（critical peak price with load control，CPPLC）是指在指定的尖峰时段实施高价直接负荷控制，由系统事故或过高的批发市场价格触发。

（6）尖峰实时电价。尖峰实时电价（peak RTP）是指实施实时电价时，在尖峰时段将容量成本叠加在实时电价上，类似于制定尖峰电价。实时电价并没有体现容量成本，这种电价机制能更公平地分配容量成本。

2. 基于激励的需求响应

基于激励的需求响应是指需求响应实施机构通过制定确定性的或者随时间变化的政策，来激励用户在系统可靠性受到影响或者电价较高时及时响应并削减负荷。激励费率一般是独立于或者叠加于用户的零售电价之上的，并且有电价折扣或者切负荷赔偿这两种方式。参与此类需求响应项目的用户一般需要与需求响应的实施机构签订合同，并在合同中明确用户的基本负荷消费量和削减负荷量的计算方法、激励费率的确定方法，以及用户不能按照合同规定进行响应时的惩罚措施等。

（1）直接负荷控制。直接负荷控制（direct load control，DLC）是指在系统高峰时段由 DLC 执行机构通过远端控制装置关闭或者循环控制用户的用电设备，提前通知时间一般在 15 min 以内。DLC 一般适用于居民或小型商业用户，且参与的可控制负荷一般是短时间的停电对其供电服务质量影响不大的负荷，例如电热水器和空调等具有热能储存能力的负荷，参与用户可以获得相应的中断补偿。

（2）可中断负荷/可削减负荷。可中断负荷（interruptible load/curtailable load，IL/CL）是根据供需双方事先的合同约定，在电网高峰时段由IL实施机构向用户发出中断请求信号，经用户响应后中断部分供电的一种方法。一般是为用户削减负荷提供一个电价折扣或激励补偿。对用电可靠性要求不高的用户，可减少或停止部分用电避开电网尖峰，并且可获得相应的中断补偿。若用户接到中断请求信号后没有削减负荷，则需要接受惩罚。一般适用于大型工业和商业用户，是电网错峰比较理想的控制方式。

（3）需求侧竞价。需求侧竞价（demand side bidding，DSB）是需求侧资源参与电力市场竞争的一种实施机制，它使用户能够改变自己的用电方式，以竞价的形式主动参与市场竞争并获得相应的经济利益，而不再单纯是价格的接受者。供电公司、电力零售商和大用户可以直接参与DSB，而小型的分散用户可以通过第三方的综合负荷代理（aggregator）间接参与DSB。竞价有两种形式：①大用户在批发市场中竞价，指出在什么削减价格下可以提供多少的削减容量。②在给定价格下，用户确定能够提供多少的削减容量。若不能按照合同进行削减，则要接受惩罚。

（4）紧急需求响应项目。紧急需求响应项目（emergency demand response program，EDRP）是指在紧急事故下给予用户激励补偿以削减负荷。该项目的补偿金额一般比较高，为非高峰时期电价的近十倍。当用户没有削减负荷时，也不对其进行惩罚。

（5）容量市场项目。容量市场项目（capacity market program，CMP）中，用户提供负荷削减作为系统容量，来替代传统的发电机组或传输资源。当系统发生事故时，用户能够提供事先指定的负荷削减。事故一般是日前通知。激励通常包括两部分：一部分是由容量市场价格决定的提前预订支付，另一部分是事故中削减量的额外电量支付。容量市场项目中，用户若被调用后不能响应则会承担高额惩罚。

（6）辅助服务市场项目。辅助服务市场项目（ancillary service market program，ASMP）在ISO/RTO市场中，用户可以将负荷削减作为运行备用参与竞价。如果用户的竞价被接受，他们被支付市场价格，随时待命。如果他们的负荷削减被调用，则被支付实时能量价格。

1.1.3 需求响应与有序用电

有序用电是指在各级政府的领导下，针对可预知的电力供应不足的情况，利用行政、经济和技术手段，强化用电管理，优化电力资源配置，维护平稳的供用电秩序，将电力供需矛盾给社会带来的不利影响降至最低程度的管理活动。为了实现有序用电，主要可以通过采用技术、经济、法律、行政、宣传、引导等方面的措施，上述措施可划分为行政手段和市场手段两大类。有序用电工作的最终目标是达到节能减耗、保护环境，促进经济、社会、环境的可持续发展。为了达到这个目的，就必须在符合电力体制改革的要求和电力市场发展规律的前提下，依据我国电力改革各个阶段的不同特点采取不同的行政和市场手段组合。根据我国的具体国情，目前的有序用电工作应当采取以行政手段为主，以经济手段为辅，配合必要的宣传、引导手段。

有序用电和需求响应之间既有相同之处，又有不同之处。其相同点在于：①有序用电机制和需求响应机制的引入都是以系统用电负荷紧缺、电能有限为背景，目的是充分利用发电侧资源，尽可能满足用户的电力需求和降低缺电影响程度、节约资源、保护环境、减少电源和电网建设重复投资、降低用户用电成本等。②有序用电和需求响应都是需求侧管理的一部分，因此从技术层面上来看二者的实施都需要以有效的负荷预测分析为基础，即根据市场调查与营销分析，科学有效地预测将要消耗的电量，从而使区域内、时段内的电能需求和供给达到平衡，并且在保障生产、生活正常运行的前提下提高用电效率，实现节能降耗。因此，有序用电与需求响应是两个相互关联的主体，有序用电处于需求侧管理发展的比较初级阶段，而需求响应则处于需求侧管理发展的高级阶段。

两者的不同点在于：①在现阶段，有序用电主要是通过行政手段，并逐步过渡到市场手段来实现的，并且行政手段所占的比重比较大；而需求响应的推行主要采用的是市场手段，通过市场本身的优势来调配电能资源实现有效用电。②有序用电的实施主体是政府部门，政府通过行政命令的方式进行用电监督与用电管理，并以第三方的身份来评估各个用户的停电损失，以此作为应对紧急情况拉闸限电的依据，而且政府相关部门在实际工作中强调组织和执行；需求响应的实施主体是市场，在具体的实施过程中依靠政府的引导和各级电力用户的支持配合，并采用各种电价机制，如尖峰电价机制、峰谷电价机制、季节电价机制、分类电价机制、可中断电价机制等引导客户减少用电高峰时的电能需求，从而减少电源和电网建设的重复投资，降低电能用户的用电成本，最终达到提高资源利用率和保护环境的目的。

1.1.4 需求响应与需求侧选择

所谓需求侧选择，就是电能消费者根据自己的电能消费方式或电能消费偏好来对具体的电能消费方式进行选择。需求侧选择是在电力市场中实施需求响应的前提条件。这里的需求侧选择不仅是指消费者有选择供电商的权力，更重要的是消费者在电能产品、用电服务产品和电能价格产品的优化组合上有选择权。需求响应最重要的内容就是让电能价格品种无限创新并让消费者自主做出选择，进而使消费者选择对自己有利的电能价格产品达到用电成本最小化。

电力行业市场化改革的目标是：使发电成本消耗最小的生产者获得生产资源和市场资源；使用电效应最大的消费者获得电能产品资源。在实现这一目标的过程中，电能的价格扮演着重要角色，因为它可以将生产者的成本信息和消费者支付意愿信息在生产者和消费者之间进行传递。因为在不同的时间段、不同特性的发电机组和不同系统约束状态下，电力生产的成本是不同的，加之区域电能传输费用也具有不确定性，所以对于发电商来说确定电能生产和传输的边际成本是至关重要的。这就需要建立一个有效的电力市场来解决以上问题。同时，在这一电力市场中，消费终端可以获得发电商的实时发电成本信息，并向发电商反馈其用电效应，最终产生的电能价格会使得社会效益最大。

正如亨利·福特所说的那样："人们往往只知道每一个事物的价格（成本），但并不清楚它们的价值。"当前的电力销售环节显然就是这样一种情况。即发电商只知道电能的价格及其发电成本，而对消费者实际的电能使用价值和用电需求却了解不多；而电能消费者虽然清楚自己实际消耗电能所带来的收益，但却无法将自己的消费意愿传递给电力生产者。一个真正竞争的电力市场，消费者应该被置于市场的中心。也就是说，在零售市场上要促使售（供）电公司专注于"顾客的需要是什么""他们的支付意愿是多少"这两个问题。消费者有支付意愿，同时也有不愿意支付的临界点，这个不愿意支付的临界点就是这部分消费者的价格上限。很显然，在一个有效的电力市场中，这个价格上限需要消费者自己来确定，而不是由政府来替他们设置。

而在现实的电力市场中，却能够发现无论是发电商还是零售商都没有根据消费者的实际需求情况来制订相应的发电和售电计划。例如，在当地一家医院急诊室里的电力供应所产生的价值远远大于一个花园浇水时的电力供应所产生的价值，这是毋庸置疑的。但是，虽然有这么一个显著的使用价值差存在，消费者并没有机会去表达他们的这样一种价值赋予。这就导致了消费者在输电可靠性受到威胁的时候面临着相同的停电风险；或者，这家医院要花费大量的资金用在备用电源的建设上，来应对电力供应中断的风险，而这种不必要的备用电源投资正是非区别电能定价所产生的经济成本的一种表现形式。

从消费者的角度来看，他们并不知道也无法意识到电能供应的使用价值以及电能供应的成本是随时间不断变化的，这是因为没有人把这一信息传递给他们。如果电能消费者处于一种真实的、电力供应的使用价值和成本不断变化的环境里，且假设他们可以在不同的电能使用价值和电力供应之间做出选择，那么有些消费者可能会在某些必要的时间段里，在得到短期通知或者没有得到通知的前提下，接受负荷中断或者负荷削减，以此达到避免高昂的电能价格或得到相应的补偿。当然，还会有一部分消费者为了达到供电可靠性，在面对较高电价的时候也选择不做任何负荷调整。

消费者的价格选择还体现在对平稳价格和波动价格之间的一种自主选择上：一些消费者可能愿意选择单一固定的电能价格，但他们实际上要为此多支付一个“保险费用”；另一些消费者则更愿意选择以不同形式或不同程度与实时成本挂钩的浮动价格，其极端的做法就是接受实时价格作为其电能消耗的定价方式。在单一固定价格和实时价格之间，还可以存在无数的中间定价方式，如各种分时电价、关键峰荷电价、设上限的实时电价等。很容易得出以下结论：从单一的固定电价到实时电价，用电“风险”会随之提高，而“保险费用”和平均价格则会随之降低。

所以，只有市场中具备足够的电价选择方式供需求侧进行选择，消费者才能有机会向发电商或零售商反映他们用电使用价值门槛，即产生需求响应。

如果消费者对电能使用、供应服务保障和价格平稳性的价值赋予能够在市场中得到充分表达，那么所有市场各方，包括发电商、供电商和将来将要出现的售电商、购电代理商以及消费者自身，都能做出最优投资决策，从而使整个社会经济福利实现最大化。

1.1.5 需求响应与实时电价

在电力市场中引进需求响应的方式有很多种，但其中最完美的引入方式当属通过实时电价机制来实现需求响应。这里所讨论的实时电价并不是理论分析中严格跟踪边际成本的“瞬时电价”，而是指与批发市场出清价格直接或间接相联系的终端用户所面对的电价，又称动态电价。

实时电价机制的替代方案可归为两大类：第一大类是从固定电价到实时电价之间的各种价格产品，例如分时电价；第二大类就是通常所说的“负负荷方案（negawatts）”，即在系统供电稳定性和可靠性受到威胁的特定时间段里向用户提供额外的支付，使其主动切断负荷，其具体实现形式包括可中断负荷、可选择合同及需求侧投标等。

分时电价机制在全世界各个国家的很多电力市场（无论是已经实现自由化竞争的电力市场，还是尚未实现自由化竞争的电力市场）中都有广泛的应用，当然在我国也已得到大规模推广。在我国电力行业市场化改革之前，这种强制推广的分时电价机制虽然在某种程度上来说收到了一些成效，但同时也产生了很多的负面效应。即使在已经实现自由化竞争的电力市场中，这种分时电价机制的优点也不是那么明显。这是因为在实施分时电价机制时，市场中的电能价格是提前设定好的，并且在一段时间内是固定的，而在一年或多年后再重新评估进行价格的修正。这就使得零售商在设计分时电价之前要对未来批发市场中的电能价格曲线和电能消费者的价格弹性、电价上限有较为准确的估计。同时在较长一段时间内分时电价无法随负荷特性的变化而变化。相反，实时电价则不会像分时电价那样因在一段时间内电价固定而缺乏灵活性，同时还可更好地增加电能批发价格和零售价格之间的透明度。

至于“负负荷方案”，即使在其得到最好的设计和执行的情况下，也只能够实现实时电价机制所产生的效果的一部分。但是二者的实际执行成本却相差无几。譬如实行可中断负荷机制和实时电价机制的前提条件完全相同，即都需要实时电价表计设备，以及价格、负荷、边际备用容量等相关信息在消费者和供电商之间的有效传输。而且这些削减负荷的项目还存在一个更困难的问题，那就是如何确定这些支付的基准。除非这些方案为强制性的，且基准的设定完全依赖于不由消费者控制的信息（如往年负荷信息），否则，这些方案都很受制于人为操纵和自我选择（self-dealing）。譬如在美国加州有人提议对愿意在夏日用电高峰时期将负荷削减到一定基准负荷水平的用户予以补偿，而这一基准负荷水平是基于历史用电数据通过平均而得到的估计值。但是这种做法有可能在很大程度上降低用户在平日里有效降低用电负荷的意愿，因为如果电能用户在平时就明显地对其负荷进行削减，那么他们在用电高峰期内削减负荷的基准线将会随之降低。退一步说，即使用户削减负荷的基准线是根据真实的外在负荷消费信息设定的，这种自我选择的问题仍然存在。例如，那些签署削减负荷合同的公司往往很清楚，由于公司自身运营情况或产品生产程序发生变化等原因，本来就会对用电负荷进行削减。同样，那些在负荷削减基准测算期内采取了不正当行为导致其削减基准很高的公司，也很乐意参加到负荷削减项目中来。针对“负负荷方案”的实施，还需要注意的一点是：市场必须要对那些愿意削减尖峰负荷的用户进行支付，而这种支付很有可能直接地或间接地，来自于所有用电负荷的附加费用。也就是说，市场中所有消费电量的价格都要有所提高，并且无论是在半夜里消费的电量还是在夏日下午所消费的电量，这种电价的附加费用都是相同的。

现阶段，许多国家都推行了消费者可选择的实时电价项目，并且收到了非常好的效果。从这些项目的执行情况来看，消费者对实时电价的负荷响应是非常明显且持续的，并且实时电价越高负荷响应强度就越大。研究表明：如果在现货市场中对5%的电能消费实行实时电价机制，哪怕市场中的需求弹性只有0.1，超高的峰荷电价也会降低将近40%；如果对10%的零售负荷实施实时电价机制，假设市场中的需求弹性为0.2，峰荷电价也会下降73%以上。从需求响应的短期效益来看，平均电价的降低不但会促使发电商推迟峰荷容量的投资，而且还会降低电能批发市场中的价格波动，进而实现市场中的资源优化配置。从需求响应的中长期效益来看，更为显著的需求侧价格弹性意味着较低的峰荷电价。但同时，市场中长期的电能价格将会略微提高，电价提高的部分将作为对用户实施有效需求响应的支付。也就是说，需求响应的主要作用在于使价格曲线在一个更小的范围内波动，进而从整体上降低批发市场中的电能价格。因为需求响应的作用，电能批发价格将更具可预测性，合同中所签订的电能交易价格也会更容易确定，所有市场参与者的风险都会降低，市场运转更加有效。

研究表明，并不是只有在发达的电力市场中才可以实施实时电价机制。事实上，在非完全竞争的电力市场中，只要有了一个能大致反映系统边际成本的竞价市场，哪怕是个模拟市场，也可以着手引入实时电价机制。这就是现阶段的实时电价用户群方案。该方案的实施必须以现有的短期竞价市场为基础，鼓励或要求有条件装设分时表计的用户加入实时电价用户群，并通过因特网等途径向他们传递竞价市场的价格信号，作为其参考电价。而用户的实际结算电价将基于电网公司实际的外购平均电价等比例调整。

1.1.6　负荷类别

根据客户生产性质，用电负荷一般分为四类：第一类为安全保障负荷，指中断后会引起人身安全事故的负荷；第二类为主要生产负荷，指中断后可能造成一定损失的负荷；第三类为辅助生产负荷，指中断后影响较低的负荷；第四类为非生产性负荷。

根据电力需求侧管理要求，用电负荷分为可调节负荷和不可调节负荷。在可调节负荷中根据控制方式不同又分为可直接控制负荷（以下称直控负荷）和用户自主控制负荷（以下称自控负荷）。直控负荷是指在系统负荷高峰时段，由 DLC 机构通过远端控制装置关闭或者循环控制用户的用电设备，根据调控技术路线不同又分为刚性和柔性直控两种类型，其中刚性直控主要通过跳开关的方式控制用电负荷，柔性直控主要通过系统对接的方式调增或调减用电负荷。自控负荷是根据供需双方事先的合同约定，在电网高峰时段由 IL 实施机构向用户发出中断请求信号，经用户响应后中断的部分用电负荷，其中用户愿意参与响应且具备调节能力的负荷可纳入 IL。根据响应时间不同，可调节负荷在时间尺度上又分为毫秒级（1 s 以内）、秒级（1 min 以内）、分钟级（60 min 以内）、小时级（4 h 以内）等类别。

根据需求响应资源的应用场景，用电负荷分为调峰和调频资源，分类依据为两个方面：一是需求响应资源的参与方式，二是电力系统对需求响应资源的要求。

1. 调峰资源分类依据

需求响应资源参与调峰的方式为：当电力系统有调峰需求时，需求侧调峰资源通过用户交互终端实时采集可调节用电设备的响应能力，并通过电网需求响应中心与用户交互终端间的双向互动信息系统向电网需求响应中心上传可响应容量数据。电网需求响应中心根据目标容量，采用基于用户反馈的排序方法对参与调峰的需求侧调峰资源进行组合安排，并下发相应的调峰指令。需求侧调峰资源接到调峰指令后，其用户交互终端对下发的容量进行分解，并控制可调节设备执行，实现调峰目标。

电力系统对需求响应资源参与调峰的要求为：根据电力系统要求，调峰设施应该在负荷低谷时能消纳电网多余的电能，在负荷高峰时能增加电能供应，设施应该具备灵活、启动快等特点。具体来说，参与电力系统调峰的需求响应资源应满足如下要求：

（1）负荷容量相对较大，且具有较大的可调控性；

（2）在对规定流程无影响的前提下，可通过调整生产计划安排、人员工作班制，将用电曲线在不同时段间平移，在用电低谷时段进行工业生产。

2. 调频资源分类依据

需求响应资源参与调频的方式为：当电力系统发生有功功率缺额而导致频率降低时，需求响应资源将按照一定的控制策略自动切断电源，帮助电网恢复频率，为使需求响应资源参与调频，相应的负荷设备需安装功率调节控制器。目前随着智能电表及智能量测技术的发展，这些控制器已经完成研发并投入应用，功率调节控制器采用集中或分散式控制方式，通过专用光纤通道实现负荷设备与调频控制中心的信息交互。

电力系统对需求响应资源参与调频的要求为：利用需求响应资源为电网提供调频服务，首先要保证需求侧负荷设备能够完成其自身的正常功能，如工业负荷设备需要保证工业企业的正常生产，商业负荷设备需要满足商业的正常运营。根据调频过程对负荷的控制动作，可将参与调频服务的负荷分为两大类。

（1）第一类是“运行状态可调节负荷”，通过在一定范围内调节负荷的某个参数，控制负荷从电网中吸收的功率，实现调频，如电解铝、空调、冷库等。这类负荷参与调频服务应满足如下要求：

①影响正常生产运行的关键因素有较大的惯性或一定的可变范围；

②电力负荷可短时变化，但要保持平均值的长期稳定。

（2）第二类是“运行过程可中断负荷”，通过远程控制负荷的投入或切除，实现调频，如电动汽车充电站、洗衣机、洗碗机等。这类负荷参与调频服务有如下特性：

①负荷可利用闲散时间（slack time）运行，从系统吸收功率；

②负荷对开启和关闭的时间要求不严格，具有较大的惯性，调节范围有限，需要保持长期的平均值稳定以不影响正常的生产和工作。

通过分析上述关于需求响应资源参与调峰、调频的方式及要求，发现部分工业、商业和居民负荷可为电力系统提供调频服务，而只有部分具备可调节性的工业、商业负荷可作为调峰资源，具体见表 1–1。

表 1–1　调峰和调频资源分类表

需求侧资源	所属行业	可调负荷具体内容
调峰资源	商业楼宇	空调
	建材行业	水泥生产企业
	化工行业	无机化学工业、石油化学工业、精细化学工业
	冶金行业	考虑生产流程及生产工艺的限制
	纺织行业	照明、生产设备、空调
	机械行业	金工、热处理等环节
	医药行业	特定生产环节需考虑无菌要求
调频资源	工业用户	电解铝、农用泵、电化学处理、压缩
	商业用户	空调、电动汽车充电站、冷库、供暖、照明、通风
	居民用户	洗衣机、洗碗机、冷冻、电池充电装置、热水器

根据供电可靠性要求，《供配电系统设计规范》（GB 50052—2009）中将用电负荷分为三级：一级负荷为中断发电会造成人身伤亡危险或重大设备损坏且难以修复，或给政治上和经济上造成重大损失者；二级负荷为中断供电将产生大量废品，大量材料报废，大量减产，或将发生重大设备损坏事故，但采取适当措施能够避免者；三级负荷为所有不属于一级及二级的用电负荷，在供电可靠性上无特殊要求。

在与可调节负荷分类对应关系方面，刚性直控负荷主要为三级负荷，柔性直控负荷可为二级或三级负荷，而自控负荷由于是用户自主调控，可以为二级或三级负荷类型。具体对应关系见表1–2。

表1–2 负荷分类对照表

负荷分类	调节能力	调控类别	调控方式	最小时间尺度（理论值）	负荷等级
安全保障负荷	不可调节	—	—	—	一级
主要生产负荷	可调节	直控	刚性	毫秒级/秒级/分钟级	三级
			柔性	分钟级/小时级	二级/三级
		自控	—	小时级	二级/三级
辅助生产负荷	可调节	直控	刚性	毫秒级/秒级/分钟级	三级
			柔性	分钟级/小时级	三级
		自控	—	小时级	三级
非生产性负荷	可调节	直控	刚性	毫秒级/秒级/分钟级	三级
			柔性	分钟级/小时级	三级
		自控	—	小时级	三级

1.2 业务发展背景

需求响应的概念是美国在进行了电力市场化改革后，针对需求侧管理如何在竞争市场中充分发挥作用以维护系统可靠性和提高系统运行效率而提出的。

需求侧管理是对用户用电模式进行调整或是对用户用电负荷进行管理的一系列活动，其实施途径包括法律法规手段、宣传手段、行政手段和经济补贴手段等。在传统的需求侧管理中，市场上的垄断发电企业以政策性干预的方式影响电力用户的用电时间和数量，具体包括改变用户的用电习惯，促使其使用高能效的电器、设备或者建筑等。这种管制需求侧管理最初是为了使电能效用最大化，从而避免或延迟购置新的发电机组，其管理目标是从发电企业资源计划和系统安全运行要求的角度出发的，而不是出于竞争市场的压力，也没有考虑电力用户的利益。随着电力行业市场化进程的推进，电力供应者之间的竞争使需求侧管理失去以往的效用。垄断电力企业失去了以往对电力用户的控制权，电力企业不像过去那样可以通过提高收益来补偿实施需求侧管理的成本。

需求响应是需求侧管理的一种衍生产物，其实施方式与需求侧管理中传统的负荷控制理念有一定区别：传统的负荷控制，是指在适当的时候使用负控装置主动切断系统内的某部分电力供应，将用户的部分电力需求从电网负荷高峰期削减或转移至负荷低谷期；而需求响应则更强调电力用户直接根据市场情况（价格信号）对自身的负荷需求或用电模式做出主动的调整，从而对市场稳定和电网可靠性起到促进作用。

21世纪初的加州电力危机为世界各国的电力市场建设者敲响了警钟，各国纷纷展开了需求响应的相关实践。国际能源署（IEA）有关需求侧管理的13个项目研究中，包含了两项需求响应方面的内容。其中一项是有关电力市场下需求侧竞价（demand-side bidding，DSB）机制的研究。研究者通过考察目前的需求侧竞价机制来评估其优势和劣势，并致力于进一步挖掘需求侧竞价的潜力，开发新的实施方案，以期使需求侧竞价成为提高电力供应效率的有效手段。另一项研究称为“需求响应项目”，于2003年通过，由美国能源部牵头，并由15个成员国参与研究。该项目旨在将需求响应资源推广融入各国电力市场中，其具体研究内容关注于实现特定目标的方法、业务流程、工具和实施过程的设计，寻求评价需求响应资源价值的通用方法，并搭建相关的技术框架与信息支持平台。

相比之下，需求侧竞价的作用原理更接近于一般商品的市场机制，此类需求响应充分体现了电力市场中动态电价的作用机制，用户可以根据自身用电特性以及市场中的价格信号主动参与市场竞争并获得经济利益。国外许多学者进行了有关报价策略的研究，但研究较多的是对发电商报价策略的研究，而有关需求侧购电商和用户的报价策略研究相对较少。此外，兼顾各方利益的市场均衡问题仍是理论和实践领域尚未解决的问题。

近年来，伴随经济社会的快速发展以及新能源发电的爆发式增长，电网供需平衡面临新的挑战。

一是季节性尖峰负荷矛盾突出。随着居民消费升级、电气化水平持续提高，天气因素对用电负荷和用电量的影响更加明显，夏季高温、冬季寒潮等极端天气对用电负荷变化影响显著，以季节性和区域性为特征的高峰供电紧张现象已经是全国性的问题，长三角、珠三角、京津冀等区域季节性供电缺口现象尤为突出，尽管尖峰负荷峰值较大，但其持续时间很短。

二是电网调峰、调差压力逐年加大。根据国家能源局统计，2018年，全国并网风电新投产2 100万kW，较上年增长20.3%；太阳能发电新投产4 473万kW，较上年减少16.2%。截至2018年底，全国风电装机容量18 426万kW，占全部装机容量的9.7%，较上年增加0.5个百分点；太阳能发电装机容量17 463万kW，占全部装机容量的9.2%，较上年增加1.9个百分点。清洁能源受季节、天气等因素影响表现出较大的随机性、间歇性，电网调峰、调差压力进一步加大。受外送通道容量限制影响，在新疆、甘肃、内蒙古等新能源富集地区，出现了较为严重的弃风、弃光现象。而近年来在总体用电负荷水平较高的华东地区，受直流输电功率增长和区内新能源发电快速增长影响，电网调峰压力持续增大，调峰困难时段由低谷时段进一步扩展到腰荷和低谷时段。

三是新形势下用户侧互动需要创新负荷调节机制。随着国内经济进入新常态，市场化改革深入推进，传统的有序用电行政性手段执行难度日益加大，需要创新体制机制和技术，发展柔性可调负荷，积极参与电网互动，确保电网安全。

鉴于上述电网面临的新挑战、新问题，亟须深化电力需求侧管理，深入开展工业、商业、居民等各类可调节负荷特性研究，分析各类负荷参与电网互动的可行方式、技术特点、经济效益，研究和试点可调节负荷参与辅助服务机制，以缓解部分地区电力供需紧张局势，促进新能源消纳。

本书围绕需求响应业务的重点应用场景，针对用户用电负荷设备的可调节特性进行重点研究，在此基础上研究典型楼宇、工业企业、居民及新兴负荷用户的可调节能力，同时研究建立了可调节负荷支撑技术体系，并研究提出了促进需求响应业务持续健康发展的政策、机制建议等。

1.3 面临形势

随着世界电力市场改革的不断推进，我国的电力工业也正在由过去的供应侧管理走向供应侧和需求侧双向管理，由过去单纯的供应侧规划走向综合资源规划。我国电力市场化改革的不断深入，迫切要求将以往计划体制下的用电管理方式逐步过渡到更先进、更具市场特点的需求侧管理方式。2008 年金融危机的爆发，在全球范围内促使了新一轮的工业技术革命。智能电网的提出为各国需求响应计划赋予了新的定义。我国智能电网的建设也为需求响应的早日实现起到了重要的技术支撑作用。然而应该看到，需求响应机制在我国能否顺利实现，除了需要排除技术上的障碍以外，还需要理清一些体制机制和理念上的问题。如何充分利用智能电网技术，发挥需求响应在国家能源战略中的显著作用，或者说未来智能电网下我国的需求响应将是怎样的一种模式，值得我们期待与展望。

党的十九大报告进一步提出推进能源生产和消费革命，构建清洁低碳、安全高效的能源体系，为我国能源发展改革指明了方向。国家发展改革委、国家能源局发布了《能源生产和消费革命战略（2016—2030）》，提出 2030 年非化石能源发电量占全部发电量的比重力争达到 50%，2050 年非化石能源占比超过一半，为我国清洁能源的发展提出了“两个 50%”的目标。促进新能源消纳是当前面临的重要任务，多措并举化解新能源消纳难题刻不容缓。国家发展改革委、国家能源局发布《关于改善电力运行调节促进清洁能源多发满发的指导意见》中强调，加强电力需求侧管理，鼓励电力用户优化用电负荷特性，参与调峰调频，加大峰谷电价差，用价格手段引导移峰填谷，缓解发电侧调峰压力，构建考虑新能源消纳的需求响应互动机制，在促进电力消费的同时更多地消纳风电、光伏等可再生能源。

电气化水平的持续提升导致用电负荷比例逐年增长。根据国网能源研究院发布的《中国能源电力发展展望 2018》显示，随着工业、建筑、交通等各部门的电气化、自动化、智能化发展，清洁电力供应的优势将逐步显现，电能在终端用能结构中占比持续提升，2035 年提高至 32%～38%，2050 年有望增至 47%左右。电能占比持续增加使可调节用电负荷比例也逐年攀升，进而导致用户侧负荷调峰潜力激增。2019 年，国家发展改革委、国家能源局发布《关于做好 2019 年能源迎峰度夏工作的通知》明确要求，提升需求侧调峰能力，充分发挥电能服务商、负荷集成商、售电公司等市场主体资源整合优势，引导和激励电力用户挖掘调峰资源，参与系统调峰，形成占年度最大用电负荷 3%左右的需求响应能力。要根据供需情况科学编制有序用电方案，实现本地区可调用电负荷达到最大用电负荷的 15%以上。挖掘电力负荷可调节潜力，实施电力需求响应和用能优化，是提升电力消费效率、促进电力供需双侧协调的重要手段，有利于建设建成“清洁低碳、安全高效的现代能源体系”。

“三型两网”战略实施为需求响应业务发展提供了机遇。随着科学技术进步，信息化、数字化、共享化将成为能源革命的发展趋势，以互联网信息技术创新为主要方向的数字革命将成为能源革命的重要驱动力，泛在电力物联网等新业态的涌现将为电力需求响应和用能优化提供更好的技术手段支撑。

第2章

需求响应市场原理及相应分类

2.1 一般需求响应

在一个普通的市场中，供应侧和需求侧都会对市场价格产生响应。从长期来看，供需双侧的响应共同影响着市场价格。但对于普通的市场，这种基于价格响应的需求并不作为一种稀缺的“资源”，那些不购买商品的用户也不会因为减少购买量而得到任何补偿支付。

2.1.1 竞争市场中的一般均衡问题

在一个普通商品的竞争型市场中，供应者应基于市场价格下的利润最大化这一目标来确定其供应量（或商品销售量），即边际成本正好等于市场价格时所对应的商品数量。但在这样的市场中，每个消费者是在一定的市场价格下，基于商品效用最大化这一目标来确定其购买数量的。商品数量为该消费者减少对这个商品的需求而增加的成本（包括金钱、时间、方便性或舒适度等方面）正好等于市场价格时所对应的购买数量。这种普通商品的市场中，所有供应者和消费者都是基于同一个市场价格进行交易和结算的，此时，每个供应者为增加其供应量而增加的成本正好等于每个消费者为减少其需求量而增加的成本，即达到市场均衡状态。任何偏离均衡状态的变化（例如市场供应量和市场需求量的重新调整）都会导致市场中每个买主和卖主的成本增加、利润减少，并且导致社会总成本增加、社会福利相应减少。一般商品的市场中，往往是销售者首先给出一个价格，看一看在这个价格下是否有购买者以及有多少购买者；然后，销售者不断改变价格，直至供应量等于需求量。这样的市场模式下，都是由销售者首先出价，并且由其调整出价，而购买者只是基于销售者的出价来决定是否购买以及买多少。但这种市场模式并不意味着购买者（需求侧）不能完全或者部分地参与到市场竞争（市场定价过程）中来。没有理论和实践证明，为了市场运行经济高效，必须让市场的卖主和买主以同一种方式参与市场，甚至在许多成功运营的市场中，供需两侧有一方是完全被动的。

对一个市场而言，如果供应侧有一个合理的竞争，而需求侧不能够对于市场短期价格的正常变化有反应，或者需求侧有一个合理的竞争，而供应侧不能够对于市场短期价格的正常变化有反应，那么将不可能使得市场达到一个经济有效的、成本最低的均衡状况。

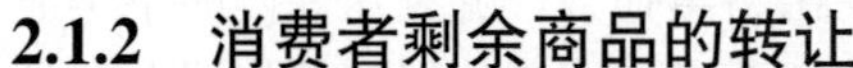

2.1.2　消费者剩余商品的转让

终端消费者通常是从市场上购买商品用于自身的消费。如果购买量超过了其消费需求，那么消费者也可以变成市场上的商品供应者。但有一个前提是，消费者必须首先拥有满足其消费的以及其想要出售的商品，并且其对商品的拥有权必须来自于自己生产的或者从其他生产者那里购买的商品。而目前许多人士在研究如何在市场中引入需求响应机制的时候，往往忽略了这些基本的经济学和市场原理。

无须引入高深的理论，单从简单的逻辑推理可知，如果一个消费者自己既不生产任何商品，也不从生产者那里购买任何商品，那么他在市场上就没有什么可以出售的，也不应该得到任何收入。如果市场运营过程中，一些用户出售了不属于自己的商品，并由此获利，那么就必然有另外一些市场成员在他们什么都没有得到的情况下“掏腰包”，这就导致了市场的不公平。因此，需要分析论证的一个最重要的问题是：一个消费者本来应该购买商品但实际上没有购买，如果这样的消费者还得到了经济收入，那么将会降低市场的经济效率。

2.1.3　消费者的二次支付问题

即使消费者最终能够证实他本来要在某一个价格下消费掉某一特定数量的商品，那么对于实际消费数量低于这个特定数量的消费者而言，如果没有要求他生产或者购买其要出售的商品，就对其进行支付，则相当于对同一件商品支付了两次。

为了理解这个问题，以一个简单的消费行为举例。一个消费者在通常状况下购买和消费的商品量，称为基准数量，用 x 表示，则基准价格用 P_x 表示。当市场价格 P 高于 P_x 的时候，这个消费者所要消费的商品数量 q 将低于 x。在较高的价格 P 下，减少的消费量 $d_r=x-q$。这个消费者在市场上正常消费的数量 x 与其改变消费模式后实际消费的数量 q 之间存在的差值 d_r 即可视为需求响应资源。如同供应侧发电商由于拥有并出售资源而得到相应的支付一样，消费者由于拥有这种需求响应资源而得到相应的支付，这看上去是合理的。

反之，消费者只为其实际消费的商品数量 q 付费，而不应该为没有消费的商品付费，这也是合理的。如果消费者实际消费的商品数量 q 低于正常消费的商品数量 x，即 $q<x$，那么这个消费者对于他实际消费的数量 q 应该基于价格 P 进行支付，而对于 $d_r=x-q$ 这个需求响应资源，则应该得到对应的收入，这样的市场才是公平的。在这种情况下，对于这个消费者的净支付（net payoff，np）可以表示为：

$$\mathrm{np}=P\cdot d_r-P\cdot q$$

由于 $q=x-d_r$，因此消费者的净支付还可进一步改写为：

$$\mathrm{np}=P\cdot d_r-P\cdot(x-d_r)=2P\cdot d_r-P\cdot x$$

这表明，实际消费商品数量 q 低于基准数量 x 的消费者应该以市场价格 P 购买基准数量 x 的商品，然后以 $2P$ 的价格将需求响应资源（$d_r=x-q$）回售给市场，也就是消费者以 $2P$ 的价格得到销售收入。但是，如果一个市场是以 $2P$ 的价格来购回需求响应资源，而实际的供应商只需以价格 P 来供应同样的资源，那么这样的市场肯定是一个不符合逻辑的、低经济效率的、不公平的市场。也就是说，上述两件事情看上去合理，实际上不合理，那么问题到底出在哪里呢？

问题就在于，如果一个消费者要将其没有消费的商品出售给他人，并且这些商品不是他自己生产的，也不是他从其他生产者那里购买的，那么该消费者就不应该得到销售这个商品的收入。允许一个消费者将其本来要购买但是实际上没有购买的商品出售给别人，这是很不合理的。

那么这种“重复付费”问题应该如何解决呢？一个很明确的概念就是不应该允许任何人出售不属于他自己的东西。如果一个消费者自己不生产也不购买商品，并且其商品数量应该达到基准数量，那么他就没有什么可以出售的。在上述实例的分析中，消费者实际消费的商品数量是 q，允许其从市场上以价格 P 购买的商品数量是 x，并且以同样的价格出售其拥有的需求响应资源，也就是 $d_r=x-q$，因此这个消费者的净支付可表示为 $\mathrm{np}=P \cdot d_r-P \cdot (x-q)-P \cdot x$，这个“负”的净支付表示消费者需要向市场支付，这恰恰就是“消费者对于所消费的商品应该支付现货价格”这层意思的另一种表达。如果一个消费者没有给这个市场带来任何东西，那么他也就没有什么可以在这个市场上出售的。因此，一个本来要购买商品，但实际上并没有购买商品的消费者是不应该得到任何销售收入的。

2.2 电力产品供需特性分析

需求响应所蕴含的经济学原理并不复杂，下面将对需求响应的理论研究和实践操作中几个关键的微观经济学原理做一个综合阐述，以便对电力需求侧响应的理解有一个全景视图。

2.2.1 电力供求曲线分析

电力供应曲线反映了电力供应自身的成本特性，主要由包括发电和供电在内的一些技术经济特性决定，而与电力的管制环境无关。与之不同，电力需求曲线与电力的管制环境密切相关，电力用户面对的是静止固定的电价，还是相对动态的电价，将对电力需求曲线产生重要影响。

1. 行业短期供应曲线分析

发电市场的系统成本特性曲线如图 2-1 所示，其中包括系统平均成本、系统边际成本和系统边际运营成本曲线。系统平均成本曲线表示的是将整个系统视为一个机组的情况下，满足不同电量需求下的系统平均总成本；系统边际成本曲线和系统边际运营成本曲线则表示不同电量需求下，系统满足最后 1 kW 电量需求的成本（包括固定成本和运营成本）。

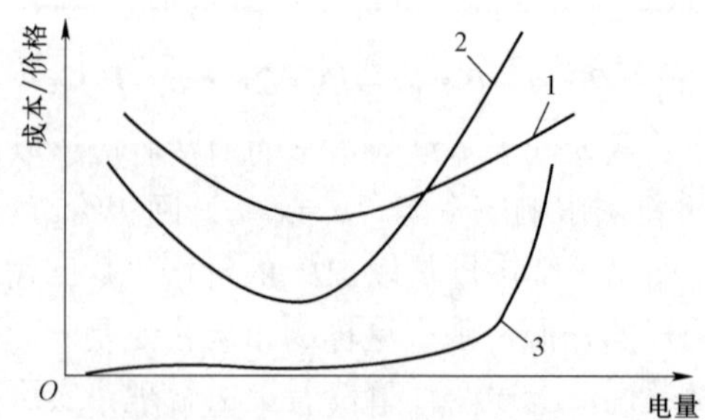

1—系统平均成本曲线；2—系统边际成本曲线；3—系统边际运营成本曲线

图 2-1 发电市场的系统成本特性曲线

在传统管制环境下，管制者依据电力供应的系统平均成本来确定电力零售价格，并按照各个生产者的实际个别成本对电力生产者进行差异定价。如果单独在发电侧引入竞争，建立发电市场，而对需求侧价格仍然进行管制的话，发电市场将会出现比一般商品市场大得多的价格波动。现将其原因阐述如下：

（1）按照微观经济学原理，完全竞争环境下，厂商的短期供应曲线为厂商短期边际成本曲线上不小于厂商平均变动成本曲线最低点的那部分，而行业短期供应曲线即是厂商短期供应曲线的水平加总。

（2）发电侧市场中，由于信息充分透明、短期需求波动巨大等原因，厂商的供应曲线（即报价策略曲线）将分为两段。在供应充足的时段，厂商按照平均运营成本报价；在供应紧缺的时段，厂商则是根据覆盖了全部固定成本后的平均成本报价（假设在没有市场力的情况下）。由所有发电厂商报价曲线集成的行业短期供应曲线，则表现为在某一点从系统平均运营成本曲线跃升为系统边际成本曲线。

（3）如果管制和竞争市场下的生产率相同的话，那么在供应偏紧时，这种由系统边际成本决定的价格就比以往由系统平均成本决定的价格高很多；而在存在市场力的情况下，发电侧报价还会高于边际成本，由此导致的差别还会更大。为限制这种市场力因素，发电市场中一般会设置一个价格上限，在市场出现容量约束时，令市场价格直接等于价格上限。但是反过来，如果供过于求，市场价格会直接跃变至系统边际运营成本，从而大大低于以前基于系统平均成本的价格。

综上所述，对于这种单边开放的发电市场，价格是在边际运营成本和价格上限之间波动的。

2. 需求响应对供需曲线的影响

图 2-2 表示没有需求响应的情况下，发电市场中的供需曲线和价格波动情况。如果需求侧看到的始终是一个固定价格，那么电力需求曲线将表现为一条垂线。这种供求绝缘的市场中，在供应曲线的跃变区间，即使是需求的轻微上升（即需求曲线的小幅度右移）也会导致市场价格的急剧上升。

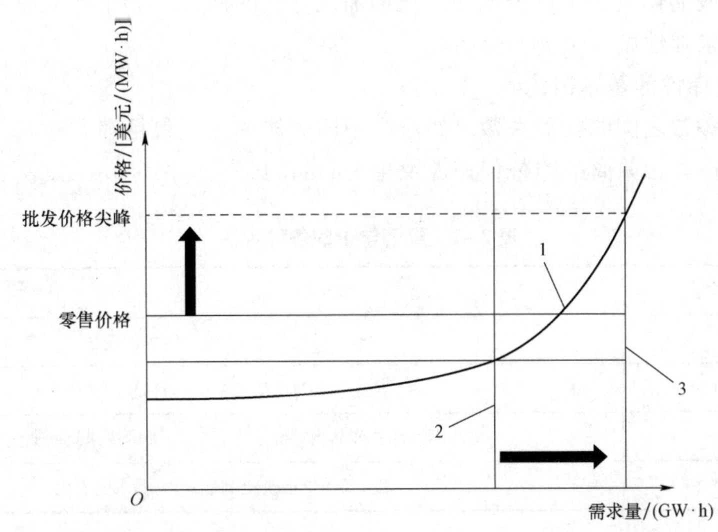

1—电力供给曲线（批发市场时价）；2—需求曲线（正常情况）；3—需求曲线（负荷高峰期）

图 2-2　没有需求响应时的发电市场供需曲线和价格波动

如果让一部分需求以一定程度地面对批发市场价格，从而产生响应的话，需求曲线将发生左斜和弯曲，如图 2-3 所示。此时，在需求上升、需求曲线右移时，批发市场价格的上升幅度将大大低于没有需求响应时的情况。PJM 市场 1999 年的一份报告中指出，在供求严重不平衡的那些时段，需求量的削减幅度和批发价格的下降幅度约为 1/10，也就是说，1%的需求响应量将导致 10% 的批发价格下降效应。另一个相关的电力市场模拟中指出，对于类似 1998 年和 1999 年中西部电力市场中出现的价格飙升情形，如果能对 10% 的零售负荷执行实时电价，将会使高峰期电价下降 60%左右。

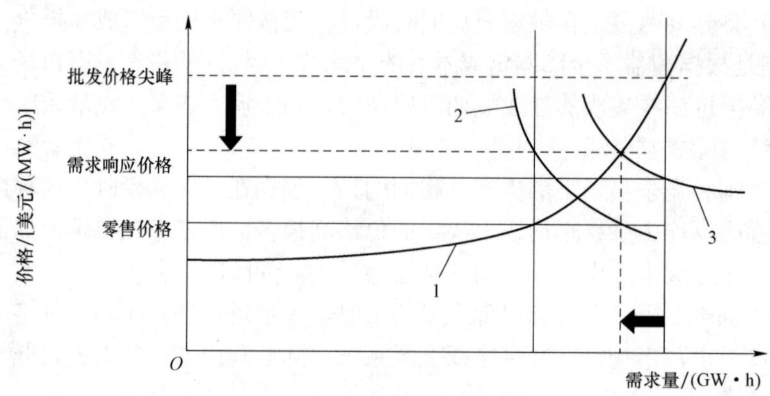

1—电力供给曲线（批发市场时价）；2—需求曲线（正常情况）；
3—需求曲线（负荷高峰期）

图 2-3　需求响应对批发市场价格的影响

2.2.2　电力需求弹性分析

市场导向型需求响应项目的关键影响因素是电力需求价格弹性的大小，同时，需求响应对市场内稳定效应的作用，主要表现在对长期需求弹性的提升。为了深入研究这一问题，下面首先对电力需求弹性做一个简要分析。

1. 电力需求弹性的基本概念

弹性是两个参数之间的相关系数。经济学中所关注的弹性包括消费者收入弹性、某种商品的自身价格弹性、相关商品的替代弹性及相关商品的交叉价格弹性，如表 2-1 所示。

表 2-1　经济学中的各种弹性

弹性类型	定　义
收入弹性	收入每改变 1%，电力需求的变化
自身价格弹性	电力价格每改变 1%，电力需求的变化
替代弹性	两种相关商品相对价格改变 1%，相对需求量的变化
交叉价格弹性	相关商品价格改变 1%，电力需求的变化

通常所说的电力需求弹性是指电力需求的自身价格弹性，即电力价格每改变 1%，电力

需求的变化。对消费者个体而言，不同主体的电力需求弹性不同；同时，电力需求弹性也会随着家庭或产业收入的改变、新能源替代的潜力、电力与其他相关商品和服务的相对价格等因素而改变。因此，电力需求弹性的大小，通常需要综合考虑各种因素的影响，通过集成和加权平均的方法计算得到。

对电力需求弹性的把握，对评估价格随时间变化的程度，以及需求响应项目的设计实施来说非常关键，这一参数为测定和预计市场价格变化将带来的需求调整规模提供了一种工具。然而，计算电力需求弹性是件比较困难的事情，这一参数的度量需要基于大量的市场调查，以及细致的市场划分。此外，大量的信息往往不是从一个公用事业公司（供电公司等机构）就可以全部得到的。

2. 电力需求弹性的基本特征

1）电力需求弹性具有非线性和不对称性

非线性是指用户对小幅度价格变化的响应与对大幅度价格变化的响应是不同的。这是因为如果价格只是随着收入的增加而增加，则价格弹性会被收入弹性部分抵消，有时还要考虑替代和相关商品的作用。所以在考察电力需求弹性时，所取价格变化幅度不同，电力需求弹性往往也不同——价格变化幅度越大，电力需求弹性往往越大。

不对称性则是指1%的价格增加所引起的需求减少和1%的价格降低所引起的需求增加不相等。

2）长期价格弹性和极短期价格弹性均大于短期价格弹性

从各国的测算情况来看，短期电力需求弹性一般为0.1～0.2，而在长期内该值为0.3～0.7。也就是说，当电力价格调整10%时，短期电力需求将改变1%～2%，而长期电力需求将改变3%～7%。在电力市场的参数测算中，所说的短期一般指在2～3年的时间，而长期则可能在10～20年。因为在较长的时间跨度内，用户可以通过调整更换用电设备等固定资产来改变其用电行为；而短期内，用户只能在现有用电设备不变的条件下进行调整，所以显然长期价格弹性要大于短期价格弹性。长期和短期的根本区别就在于是否涉及用电设备的调整与更新。

极短期需求弹性则是指季节、天，甚至小时内由于价格变化所导致的需求量变化。虽然考察短期价格弹性和极短期价格弹性都是基于用电设备不变的前提，但研究短期价格弹性是基于2～3年内价格平均变化的假设，计算需求变化量时取的也是平均值，这一假设忽略了负荷转移因素的巨大影响，无法反映电力用户在极短时间内（如24 h内）消费行为的变化（如把某一负荷开启或关闭）。从研究情况来看，在应用了先进定价机制的电力市场中，测算得到的极短期价格弹性则要高得多，在某些时段可以达到0.9。

3）同一市场中不同用户具有不同的需求弹性，不同电价结构和市场组织方式下的同类型用户也具有不同的需求弹性

用户需求弹性的大小由以下几个因素决定：①电价的高低，即电费支出占家庭支出或企业生产支出的比重，这一比重越大，弹性越大。②电价的变动性和获取电价信息的方便性，电价变动幅度越大，频率越高，电价信息获得越方便，用户的需求弹性越大。③用户负荷控制技术的性能和价格，无论是工商业用户还是家庭用户，都已经采用了许多智能型的负荷管理和控制技术，这些技术的性能越好、使用越方便、价格越低，电力需求弹性越大。④管制政策的影响，政府和管制机构一定程度的引导、扶持和补助政策，将影响电力需求弹性的提升效果。

3. 电力需求弹性在需求响应评价中的正确应用

传统研究认为电力需求弹性是偏低的，尤其是短期需求弹性。这就说明，当价格提升时，消费的下降幅度要小于价格上升幅度，消费者支付的总电费会大幅增加，这也就是为什么管制者对采用价格工具调整需求非常谨慎的原因。但是应该看到，需求响应的真正潜力并不能简单地通过利用历史数据测算得到的价格弹性来判断。

首先，电力需求弹性具有非线性和不对称性。非线性说明价格大幅度变化所对应的需求弹性比价格小幅度变化所对应的需求弹性值要大，而需求响应则正是要让消费者面对更大的价格变化，不管增加还是减少。不对称性是指 1%的价格增加所引起的需求减少量和 1%的价格降低所引起的需求增加量不相等。由于消费者的需求响应包括两个方向的价格变化，所以净效应到底怎样并不清楚。

其次，历史上对电力价格弹性的研究都是在管制的、价格不随时间变化的背景框架下展开的。也就是说，研究中只考察了平均价格变化的效果，极短期内的价格被假定为不变。这样的一种短期价格弹性参数遮盖了需求响应项目在极短时间内可能产生的高弹性，而需求响应项目的主要目的恰恰就在于引导这种极短期内的行为变化。同时应该认识到，以往的研究中认为电力需求弹性较低，是由于市场中的激励有限，消费者无法对价格以有组织的方式进行响应。人们一直认为监控和管理实时电力需求的技术（用以测量和补偿电力消费的改变）很昂贵，这一根深蒂固的观念也阻碍了电力需求响应技术的推广。

因此，电力需求弹性存在着巨大的提升潜力。在合理观测电价水平和波动性的基础上，设计相应的需求响应项目，确定实现需求响应的关键技术，并由此制订必要的管制政策或支持补贴措施，能够有效地提高电力需求弹性。电力需求弹性数据的正确选取，是进行需求响应项目经济效益评价的关键；而对电力需求弹性的提升作用，本身就是需求响应改善市场稳定性的最直接体现。

2.2.3 需求响应的公共物品属性分析

微观经济学中，在消费上同时具备竞争性和排他性的物品称为私人物品，市场机制只对具备上述两个特点的私人物品才真正起作用，才有效率。不具备消费竞争性的商品称为公共物品，既不具备消费竞争性也不具备排他性的公共物品称为纯公共物品，否则称为非纯公共物品。

1. 需求响应的属性分析

需求响应资源的经济效益具有私有物品和公共物品的双重性质，其效益属性的划分如表 2-2 所示。电力的可靠供应具有一定的公共物品特性。在一个网络中，一部分用户的用电需求和为满足其需求所做出的供电安排会影响到网络内的其他用户；一部分用户的供电故障也会牵连所有其他用户的供电可靠性。一部分用户对供电可靠性要求很高，其为此愿意付出的代价也很高，但这一部分用户的付出可能会使许多没有分担成本的用户也获得了效益，这就是所谓的“搭便车”的问题。传统意义上，电力系统的可靠性是采用一种垄断方式进行管理的，电力需求被假设为完全非弹性。在这种情形下，市场必须建设足够的供应能力去满足一切预计的需求。但在市场化的环境下，供需双方应该都是价格响应的，以确保市场始终能够平衡出清。换言之，市场环境下的电力可靠性可重新定义为依靠定价机制而非电力分配所达到的供需平衡情形。所以在新的市场条件下，保障系统可靠性需要通过足够的激励来促使需求侧进行价格响应，同时也要使需求侧有足够的能力来进行价格响应。这样一来，价格机制就成了建立正确激励的核心问题，保证价格信号有效传递的计量和数据收集系统就成了主要的基础设施要求。

表 2–2　电力需求响应效益属性的划分

公共物品	私有物品	公共物品	私有物品
安全可靠供电	参与者的成本节约	新装机的推迟	资产使用效率的提升
价格波动性的降低	财务保险的风险屏蔽价值	环境效益	
市场力的减轻	系统效率的提升	消费者选择	

2. 需求响应两种实现途径的比较分析

电力市场环境下，将电力供应成本内化并与用户用电价值挂钩可以看作是将公共物品转化为私有物品的一个过程。以电力表计计量和信息交换等基础设施为例，传统的表计通常只记录电力消费量，而不记录消费时间，实际抄表只在每月、每季度甚至每年进行一次。这样的一种信息流下，即使用户对电价进行响应，也难以体现其不同时间内的电能使用价值，市场也无法识别这样的一种价值。因此，市场运营者就无法基于用户的用电价值向其提供实时变化的电能价格。而相应地，用户在没有看到可以预见的利益时，就没有对电能计量设备进行投资的动力。这就是为什么传统管制的环境下只是依靠基本的表计来实施计量，并且配套的基础设施建设都是由政府所有的电力部门统一投资。

有人建议在自由化的电力市场中，表计计量业务应该成为私有物品，实际上在很多市场中已经出现了一些竞争性质的表计计量服务。这些市场中的表计计量服务同时面向电力零售公司和输电服务机构，已经在性能效率和技术创新等方面有了很大的提高。但是，零售商和系统运营者之间的激励目标仍然是脱节的：零售商重点关注的是短期供应合同，而系统运营者则需要对长期的网络运营安全负责。现阶段，相关的管制政策都还不能很好地处理这一激励脱节的问题。也有一些地区并没有将计量产品和服务往私有物品的方向改革，而是向着公共物品的方向发展。基于这一方向的模式，往往是通过一个供需信息网络来提供计量服务，从而产生包括改善网络安全可靠性和消费者定价机制等多种公共效应。如同输配电线路网络一样，计量信息网络具有相同的公共物品性质，它们是保障市场顺利运营的基础设施，所有的供应者和消费者都能享用这一公共物品，没有一个使用者能影响到整体网络的服务成本。向公共物品方向改革的最大障碍就在于如何筹资和投资。对于发达国家而言，输配电线路网络大部分投资都已经基本完成，但对整套先进计量信息网络的投资还远远不够。因此，新的电力市场设计中，应将计量信息网络的投资信号和输配电网络投资信号同等对待，从而应对短期内对需求侧基础设施投资增长的需求，以及对电力零售市场的信息要求，以确保长期的安全可靠供电等目标的实现。结合国内外需求侧网络现状来看，相关基础设施的建设严重欠缺，这意味着未来这一方面的启动投资将非常巨大。

麦肯锡公司在其动态电价白皮书中指出：随着数字计量和通信技术的成熟及成本的下降，动态定价所需的基础设施已经可以在电力市场中广泛推广，其投资的静态回收期一般在 5～6 年。但是由于动态定价的大部分效益都为公共所有而难以对应于具体的用户，因此“搭便车”问题将严重阻碍这一基础设施的推广。据估计，动态定价应在一半以上的市场用户中推广才能产生正的经济效益，如此规模的推广需要一个制度上的解决办法。

澳大利亚的一个报告提出了在维多利亚州推广计量基础设施的建议：在两年内对年电消费量在 16 万 kW·h 以上的大用户安装分时段表计；在五年内对年电消费量在 16 万 kW·h 以下的居民用户和小工商业用户安装峰谷或三时段表计。该报告的成本效益分析显示，大部分消费者得到的效益将明显超过其投资成本。报告中还指出，对于一些零售商和消费者来说，他们可获得的需求响应效益还不足以激励他们投资和安装分时段表计，所以管制者有必要通过适当的政策补贴来支持这些基础设施建设，以期通过基于价格的需求响应为整个系统带来长期的效益。

根据微观经济学中的相关原理，对于私人物品来说，最优的投资信号是每个消费者的边际利益与边际成本相等的时刻；而对于公共物品来说，最优的投资信号是每个消费者的边际利益之和与边际成本相等。私人物品和公共物品最优投资标准在这一方面存在着本质的不同，这就决定了对需求响应基础设施投资制度的推广手法或制度也要有所不同。因此，在形成一定的响应规模之前，通过公共物品的管制机制来促进需求响应基础设施的建设将更有助于需求响应项目的推广。

2.3　系统导向型的需求响应

2.3.1　直接负荷控制和可中断负荷

系统运营者有时会在批发市场电价发生波动或系统、输电网络可靠性受到威胁时，采用直接负荷控制的方法来确保系统的正常运行。所谓的直接负荷控制是指电力部门在系统高峰负荷时段利用电力监控和电力信号切断所需控制负荷（wanted control load，WCL）与系统的联系，由于在不同时段对不同负荷进行控制（即控制方式是循环和分布式的），因此可以降低系统高峰负荷，提高负荷率，并且尽可能地降低对用户和电力公司的影响。直接负荷控制项目完全由系统运营者来实施，如系统运行者可以在不征得消费者实时同意的情况下确定对终端用户负荷削减的时间和负荷削减量。所以负荷中断项目实施的前提是系统运行者首先要与消费者签订相应的合同，即建立一种参与机制的商业条款，使得系统运行者在必要的时候可以在不征得终端用户许可的情况下对其负荷进行削减。对于工业大用户而言，合同中要涉及具体的负荷削减数量和负荷削减时间，相应的负荷控制过程可以采用遥控装置实现，也可以通过工业大用户所设立的值班管理人员控制实现，而针对普通用电用户，合同中要涉及需要负荷控制的事件数目、控制周期、负荷削减量、负荷削减期限，以及对参与直接负荷控制项目的负荷实体的支付额，其中具体的支付额是根据用户实际负荷削减量（负荷削减量等于事先核定的负荷消费基线与实际负荷消费量之间的差值）确定的。直接负荷控制项目中，对用户的支付方式可以是电费冲减，也可以是直接补贴。由于对居民用户的直接负荷控制项目的设计主要集中于控制商户的制冷、制热系统和转动设备的转速上，所以需要事先安装这种干预装置，并在系统需要的时候对电制热、空调、游泳池、水泵等设备的运转进行干预。这种直接负荷控制可以通过安装在终端设备的负荷控制设备上来实现，也可以通过能源管理系统或感温装置系统来实现。同样，相应的干预装置可以是自动控制，也可以通过无线电控制、微波控制、干线控制、远动控制等遥控手段加以实现。可中断负荷管理是电力需求侧管理的一项重要手段。可中断负荷与电力系统安全、经济运行关系密切，还可以调整用户侧的需求弹性，从而达到削峰、填谷以及改善调峰形式的目的。其方法是通过电力公司和用户签订合同，当系统高峰时段电力供应不足时，电力公司可以按照预先与这些用户签订的可中断电价合同暂时中断用户部分负荷，从而减少高峰时段电力需求，改善负荷曲线的形状，推迟发电投资决策，提高系统整体经济效益。由此可知，可中断负荷项目与直接负荷控制项目在功能上大致相同，但其主要是针对负荷需求时间上有弹性的工业大用户所设立的需求响应措施。

2.3.2 紧急需求响应项目

当电力系统的安全稳定性连续受到威胁时，将有可能发生大停电事件，系统运营者会宣布系统进入紧急状态。紧急需求响应项目（EDRP）就是为应对这一紧急状态所设立的一系列措施之一。系统运营者根据安全可靠性标准对紧急事件进行评级并事先向相关用户公布。一般来说，参与紧急需求响应项目的用户会提前 24 h 收到系统运营者的通知，并且在接近实施响应的时候再一次接收到确认信息。

2.3.3 需求侧投标

需求侧投标（demand-side bidding，DSB）可以使电力消费者自主选择在何时、以何种方式参与到现货市场和日前市场中，并且实行需求侧投标项目的用户会因在特定时间削减一定量的用电负荷而获得相应的支付。在需求侧投标过程中，消费者按特定的负荷削减量、负荷削减持续时间、负荷可行性进行投标，之后系统运营者根据市场的实际负荷需求量对投标进行选择和排序。中标的用户可以按最高投标价格获得支付，或者在某些发展中的需求侧投标市场中也可以按事先设定好的价格限额获得支付。需求侧投标市场可以在一定程度上确保系统可靠运行，并且在电力市场中得到广泛的应用。例如：在出现输电网络约束时，需求侧投标机制可以将市场分成不同的区域，并在不同的区域里根据不同的电能供求情况确定不同的投标电价，进而使市场重新达到平衡，缓解输电网络的阻塞。

目前，还有一类称为价格接受型的经济 DSB 市场。在这样的市场中，需求侧的参与除了可以缓解网络约束外，更重要的是对实时电力负荷下消费者的使用价值进行评估。当对负荷价值的评估值低于市场出清价格时，消费者就会选择转移负荷。从理论上来说，DSB 可以引发需求响应，但在实际运行的 DSB 市场中，系统运营者运用投标程序这样一种开放且透明的市场机制来采购可控的市场资源。从经济学角度来看，当消费者对新增一单位电能的使用价值赋予低于当时的市场出清价格时，他们将会很乐意去减少这一单位的电能消费。因为批发市场的市场出清价格是某特定时段（通常是半小时）被市场接受的最后一个也是最贵的单位电能价格。所以如果在批发市场的电能定价过程中没有需求侧投标的参与，那么批发市场中的电能价格将完全由供应侧的发电资源确定。当然，在用电高峰时期，批发市场中的电价将不可避免地包含运行高成本的峰荷机组的成本。在电力市场中存在 DSB 市场的前提下，如果在用电高峰期的供电成本高于消费者所愿意支付的电价，那么消费者将采取负荷削减或者负荷转移的措施降低自身的用电成本，同时也使得高成本的峰荷机组不被调度。也就是说，可以将需求侧投标资源看成发电侧资源，进而在没有新增发电容量投资的情况下使市场中的电价形成过程更为合理，同时降低供电商的供电成本和消费者的用电成本。要使消费者有效地参与到需求侧投标市场中，首先要具备两个条件：①消费者必须拥有一定量的可控负荷，这种可控负荷量可以来自压缩或转移作业流程，也可以来自能够能有效安排能源使用的控制技术，如建筑物能源管理系统（BEMS）；②消费者必须能够及时得到市场的实时价格信息并通过相关途径参与到需求侧投标的程序中来，这就要求在实现需求侧投标之前建立一个完整的信息管理系统，而建立这一信息管理系统所花费的资金可以由消费者来承担，也可以由系统运营者来承担。现阶段，需求侧投标市场在 OECD 成员国的现货批发市场中普遍存在，但大多数需求侧投标市场只能提供数额较大的容量投标交易。从市场参与者来看，仅限于能够在较短时间内提供特定网络平衡服务的工业大用户。

2.4 市场导向型的需求响应

市场导向型需求响应，是指消费者直接面对批发市场价格或与批发市场价格相挂钩的零售市场价格，并通过对价格信号做出响应的形式来改变自身的电能消费方式或消费行为，最终达到降低自身用电成本、提高系统资源有效利用、推迟新增发电容量投资、确保系统稳定性和安全性的目的。

在通常情况下，零售商首先需要和消费者签订供电合同，在合同中规定相关的电量、电价以及供电时间等信息。然后，零售商设法在批发市场中购买足够的电量和辅助服务来履行这些合同。在这一过程中，零售商面临的关键问题就是如何确定零售电价；如何对有不同消费需求的消费者提供不同的电价选择；如何处理由消费者未来负荷水平以及批发市场价格的双重不确定性造成的财务风险。也就是说，面对未来任意时段，零售商既无法精确知道消费者将要消费多少电量，更无法预测届时批发市场的电价是高是低。

因此，在向消费者提供固定价格的供电服务的同时，零售商将面临电能批发价格波动风险和消费者负荷波动风险。电能价格和消费者负荷水平受许多因素影响，如宏观经济和天气变化等。当然，消费者在新增加或减少负荷需求时往往也不会提前通知零售商。因此，零售商不可能只通过签订合同来恰好满足用户的所有负荷需求量。他们必须在批发市场中购买比零售市场中的预测负荷需求量更多的电量，来确保能够履行较高的供电可靠性。当在批发市场中购得的电量高于零售市场的实际需求量时，零售商可以在现货市场中出售多余的电量来收回先前在批发市场中多支付的成本。

在当前电力市场中存在两种极端的零售电价确定方法：①对每一单位的电能消费都采用稳定的平价方式来定价，也就是说在合同期内每一小时的电能价格都为已知且固定的合同价格。在这种安排下，零售商承担了全部批发市场的价格波动风险，而消费者不用考虑任何价格波动对其产生的影响。所以，对零售商来说这个平稳的电价中包含了一个价格波动风险收益。而从消费者的角度来看，这种合同电价则包含了一个防范电能价格波动的保险成本。这种做法在尚未实现市场化改革的垂直一体化垄断电力工业中较为常见。②供电公司只保证其供应电量，而消费者所面对的电价完全和批发市场电价相联系。这样，零售商所面对的电价波动风险被完全消除，当然他们也只能获得成本回收收益。而消费者需要承担所有的批发市场电价不确定性风险。这种定价方式典型的例子是某些电力市场中所实行的大用户直购电模式。

当然，在这两种极端的定价方式之间也存在很多比较合理的零售价格形式，而不同的价格形式对批发市场电价波动风险和消费者负荷波动风险的分配也不尽相同，比如季节电价、分时电价、实时电价、关键负荷电价等。其中，季节电价和分时电价是指根据不同的负荷需求时间段采取不同的电价，但这些电价是事先规定好且包含一定电价波动风险收益的；实时电价和关键负荷电价则是指在整个供电时期或某些时间段内采取动态电价方式来反映批发市场电价，且不包含任何风险收益或风险规避成本。

2.4.1 分时电价机制

分时电价是指电力市场中的电价随着时间的变化而变化，即在电网负荷的高峰时段实行较高的电价，而在电网负荷的低谷时段实行较低的电价。

分时电价项目通常要求供电公司或者零售商与消费者提前商定各个时段的用电费用，如提前确定每天各个小时、一星期中各天或一年中各个季度的时段电价。当然，在具体的定价过程中要充分考虑峰荷电价、基荷电价、峰谷电价对分时电价的影响。传统的分时电价项目在平衡电力市场中的供求关系上起到了关键的作用，同时也为供电公司提供了一种有效控制负荷与管理风险的途径，已被许多电力公司所广泛使用。大量实践表明，分时电价机制为供电商和消费者带来了巨大的经济收益，并且使系统资源达到了有效的配置。如早在 1982 年，美国太平洋天然气电力公司（PG&E）就开始引入居民消费者自愿参与的分时电价项目。到 20 世纪 90 年代初期，已有 86 000 户普通用电居民参与到这个项目中来，其中超过 80%的参与者在不减少总的用电量的基础上，每年的电费节约额在 240 美元以上，而太平洋天然气电力公司也因项目所产生的巨大的移峰效应获得了不菲的利润。太平洋天然气电力公司在电能零售市场中引入分时电价机制所取得的成功，为未来分时电价项目的推广奠定了坚实的基础。但与此同时还应看到，与实时电价机制相比，由于分时电价机制的某些局限性，系统中许多潜在的经济效益还没有充分地发掘出来。例如，在现阶段推行的自由竞争型电力市场中，分时电价的优点就表现得不那么明显。这是因为分时电价是供电公司与消费者提前共同商定的，并且在一段时间内固定，最多也仅是 2 年重新评估一次。在已经实现自由化竞争的电力市场中，批发市场实时价格波动非常明显，从而会对分时电价项目带来很大的负面效应。在电价波动的批发市场中，虽然分时电价项目可以使零售商的购电风险在一定程度上有所降低，但其前提是零售商在设计分时电价时要对批发市场中的电价走势、自身顾客的未来负荷需求量和电价的需求弹性有较为准确的预测。这与下文所谈到的实时电价机制有所不同。

2.4.2 实时电价机制

实时电价是指反映电力商品“瞬时”成本的电价。实时电价随着时间、地点和负荷水平的不同而发生改变，并把市场中的这种变化及时地传导给用户，为电能供需双方提供必要的价格信号，其主要的特征就是在交易的各个时段里电价水平都没有提前设定，并且不可预知。实时电价的一个基本原理就是让终端用户所面对的电价直接或间接地与批发市场中的出清价格相联系。因此，与分时电价相比，实时电价是一种更为有效的定价方式，它可以更好地增加电力市场中批发价格和零售价格在相互作用方面的透明度。

实时电价产品通过固定电价、市场电价以及各种前向合同中的电价组合为供电商和消费者提供了一系列规避风险、提高各自收益的选择。实时价格机制不仅适用于时间敏感性较高的时前市场，而且在时段价格固定的居民类零售市场中也起到关键性的作用。例如，国外一项研究中以佐治亚电力公司为案例，研究了一个与日前市场和时前市场的快速反应市场联动的零售市场。这一研究中指出，用户对所消费电能实时价格的响应是明显且持续的，并且用户在实时价格较高的时段里的需求响应也更为强烈。研究中还提到了以下几个关键数据：在自由竞争的电力市场中，如果对5%的零售负荷实行实时电价机制，哪怕市场中需求弹性只有0.1，超高的峰荷电价也会降低将近40%；如果让10%的零售负荷面对实时现货价格，假设其需求弹性有0.2，则峰荷价格也可以下降73%以上。对实时电价产品进一步的经济分析表明，动态的实时电价比传统的分时电价的经济效益要大得多。

2.4.3 关键峰荷电价

关键峰荷电价机制（critical peak pricing，CPP）是实时电价机制和分时电机制的结合。典型的关键峰荷电价项目是在传统的、全年执行的分时电价项目的基础上，提出一部分天数作为关键峰荷时段，并执行非常高电价。其中实行关键峰荷项目的总天数是事先确定的，但具体的实施日期以及关键峰荷时段的电价都没有提前确定。当然，通常情况下，实施关键峰荷项目的具体日期和电价会在执行这一机制的前一天由系统运营者通过自动通信系统通知给用户。目前，法国电力公司运行着世界上最大的称之为“Tempo”的关键峰荷电价项目，并且有将近1 000万用户参与了这一项目。从该项目的运行结果来看，关键峰荷电价如果翻一番，高峰负荷将会下降20%以上。当消费者对关键负荷电价的需求弹性为0.3时，15%的关键峰荷价格上涨可以导致5%的需求削减。还有一种形式更简单一些的关键峰荷定价叫作极限日定价，其定价形式与关键峰荷定价形式相同，但可能只规定两个价格：例如，一年中选择10天（具体哪10天首先并不知道），这10天的全部24 h电价都执行一个高价格，而对其余355天，则执行一个单一的较低价格。

第3章

需求侧对电力系统的影响与效益分析

3.1 需求响应对电力系统的影响

3.1.1 需求响应对电力投资的影响

需求响应可以引导用户在系统高峰或者电力供应紧张时段减少用电，在低谷时段增加用电，从而提高系统负荷率，大大降低价格尖峰出现的概率与频率。消费者根据自己预计的用电成本，通过更改用电方式或用电时间来对市场作出响应，即当用电高峰时段电价上涨时，用户或者减少高峰时段的用电而不改变其他时段的用电，或者可以把处于峰荷时段的用电转移到其他时段。无论采取上述何种方式，都可起到减少峰荷时段用电进而减少高峰发电容量的作用。

从综合资源规划的角度来看，当需求响应可以产生固定、持久的负荷削减能力时，可以将其作为一种发电侧替代资源来进行综合规划，从而减少发电、输电或配电基础设施的建设投资，并进而促进环境保护。垂直一体化背景下的电厂负责为预期的用户负荷增加容量，并管理需求响应项目或者定价激励项目。因此他们有能力采用需求响应计划来增加短期容量，同时反过来推迟或者避免新增发电容量投资，最终实现一定的容量收益。需求响应项目还可以进一步避免或延迟输配电网的升级改造，减少或推迟电网投资，从而优化电力建设资金等资源在电力市场中的配置。

3.1.2 需求响应对系统运行的影响

需求响应项目的实施有利于保证电力系统的稳定与可靠运行。在电力系统运行的高峰时段，仅仅几个百分点的负荷需求变化就有可能带来系统可靠运行或者拉闸限电的不同结果。因此，需求响应机制可以通过改变市场中的瞬时需求水平来为系统提供一个具有成本竞争力的可调度资源，帮助系统调度机构以及供电企业有效解决系统备用容量短缺、输电阻塞以及区域内输配电能力不足等问题。同时大大降低由于系统容量短缺而造成的停电概率，实现系统的可靠运行。

另外，需求响应项目的实施还可以降低系统运营成本。一方面，用户通过采用不同的用电方式，在满足电力需求的同时，以较少的投入换取更大的降低电能消耗、减少电费支出、降低生产成本等效果。另一方面，供电商通过削峰填谷，把需求响应资源转化为供应方的替代资源，减少或推迟新增发电装机容量建设投入，提高电网的负荷率和发电设备的利用率，可实现对现有生产能力的高效、合理、充分的利用。由于电力系统的基础设施是资金密集型的，据此认为需求响应资源是一个可得的、相对低价的系统运营资源。

3.1.3 需求响应对调度工作的影响

需求响应可以通过各种方法改变终端用户的电力消费方式，进而为系统提供一个具有成本竞争力的可调度资源。将需求响应纳入电力调度之中，可以实现系统资源优化配置。需求响应对系统调度工作的影响主要体现在对日前发电计划的编制上。

为了强化电力市场的作用，一方面，需求响应的一些措施允许实时市场直接削减负荷，开创了一种新的辅助服务方式，对维持短期系统可靠性和控制电价在一定范围内波动起到很大的作用；另一方面，日前需求响应计划也允许对市场中的负荷进行削减，以与日前市场中的发电机组进行竞争。在这些计划中，用户针对具体的负荷削减水平来确定自己保留投标，进而对发电市场产生响应，影响具体的发电计划的制订。

为了实现利润最大化，工业大用户和商业消费者通常愿意参与到需求侧响应计划中，并且通过在不同负荷期重新分配负荷来大幅度减少负荷消费支出。在日前发电计划中考虑需求响应需要处理更复杂的关联约束。首先，工业大用户会加大低谷时段的负荷消费，以此弥补峰荷时段所减少的电量消耗，这意味着需求响应要通过需求再分配来实现，而不是通过需求的减少来实现。这个需求再分配表现为时间的耦合约束，它可以通过交叉弹性影响来精确描述。为了简化，某一时段负荷减少而另一时段负荷增加的现象可以通过负荷再分配系数矩阵来描述。其次，每个需求投标计划的参与者都要有一个负荷再分配系数矩阵。基于负荷预测和他们的计划，消费者对电力库的负荷削减进行投标，同时确定自己再消费的计划。在解决了发电计划中的约束问题之后，以发电系统总成本最小为总目标，通过运用变量迭代、约束分类、一些关联约束的子问题和机组的期望发电量，再加入人工约束构成拉格朗日函数，日前发电计划的编制就可以通过拉格朗日松弛算法来解决。不同时段间的负荷再分配可能造成新的负荷高峰期和新的最高价格，不合理的需求投标方式可能给电力市场造成不可预期的后果。仿真计算表明，运用拉格朗日松弛算法结合变量迭代方法来解决考虑需求响应的发电计划问题固然有效，但是需求响应计划还有待进一步研究。

3.2 需求响应效益分析

3.2.1 需求响应的成本

需求侧响应的成本可以分为参与成本和系统成本，参与成本包括控制设备建设安装费用（控制设备包括接收器、控制器和智能表计等）、通信设备安装费用，其成本总额大小由实际参与需求响应的用户数量多少决定。需求响应的系统成本主要包括行销管理费用（推广教育

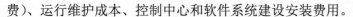

费）、运行维护成本、控制中心和软件系统建设安装费用。

需求响应的参与成本是由电力用户参与需求响应项目或调整用电方式而引起的，而系统成本是由需求响应项目的实施机构（如电网公司）为了建立相应的基础设施而发生的。参与成本一般由参与需求响应项目的用户来承担，而系统成本由需求响应实施机构来承担，其回收方式有征税和征收需求响应公益基金等。

3.2.2　需求响应的效益

需求响应产生的效益主要体现为：通过提高供电效益实现资源节约，并通过市场确定谁获利、靠什么措施获利以及获利多少。通过跟踪这些效益的流向，来指导电力市场下的需求响应。

需求响应项目的效益分为系统效益、用户效益及社会效益三类。

1. 系统效益

1）削减高峰负荷

当系统处于高峰负荷时，调度机构将以更高电价为代价，调度高发电侧的机组参与发电。如果发电侧无法持续供电，那么可能出现拉闸限电或地区轮流停电的危机，甚至导致系统崩溃，造成系统、社会、经济产业的严重损失。此时启动需求响应，可以通过对非紧急用户的负荷削减，并对削减负荷的用户给予一定的经济补偿，来满足紧急用电户的电力需求，从而降低系统整体高峰负荷、消除用电危机。

2）维持系统供电可靠性

电力系统可靠性一般根据供电故障发生的次数及平均时间来衡量，实施需求侧响应项目有助于形成高峰负荷时间短、供电故障发生次数少的负荷形态，提升系统供电可靠性。

3）提供辅助服务

随着电力市场改革的进一步推进，电力市场发、输、配、售四个环节分开后，有必要建立辅助服务市场。而需求响应项目的实施，可以将部分电量转化为辅助服务中冷备用容量，进而提供辅助服务。

4）减缓新建电厂、输电线路的压力

短期来说，需求响应项目的实施，可以提高系统运行稳定性，缓解系统容量不足的压力；长远来看，则可以递延对新增容量的投资。同时，需求响应措施可以排除因输电线路故障或阻塞造成的地区性缺电。

2. 用户效益

1）健全市场运行机制

电力市场开放的环境下，供需平衡时价格将趋于稳定。但当由于机组故障、电源开发不足、燃料供给失调、市场被操纵、气温升高导致用电急剧增加等因素造成电力供不应求时，电价将快速上涨，此时需求响应参与到市场中可以有效削减负荷需求量，稳定电价，促使电价趋于社会效益最优的价格平衡点。

2）降低批发市场价格飙升影响

在电力供不应求时，在市场中实施需求响应项目，可以通过用户用电量的削减来降低系统总需求量及电价，缓和电价上涨趋势。对于零售商来说，可以降低其高价购进电力的风险，对用户来说也可以规避价格转移的风险。

3. 社会效益

需求响应项目措施可以有效抑制电能消费，减少温室气体的排放，降低能源使用对环境的污染程度。从衡量的难易程度来看，实施需求响应的效益可以分为直接效益、间接效益和其他效益。其中，直接效益属于参与需求响应项目的用户，而间接效益和其他效益属于所有的电力用户。

1）直接效益

直接效益是指参与价格响应或需求响应激励项目的电力用户主要可获得的经济效益。此外，用户也可以获得隐含的可靠性效益。因此，直接效益包括财务效益和可靠性效益。财务效益包括在电价高时，降低用电量或将负荷转移到电价低的时段而节省的电费支出，还有在需求响应项目中同意或实际削减的负荷而获得的财务补贴。可靠性效益指的是降低了停电的概率。参与的用户获得的直接效益水平取决于他们转移或削减负荷的能力，以及分时电价与任何额外的奖励计划所起到的激励作用。

2）间接效益

间接效益可以按功能分为短期市场效益、长期市场效益与可靠性效益。短期市场效益是需求响应可带来的最直接和易于衡量的资源价值。长期市场效益取决于需求响应降低系统或本地峰荷需求的能力，从而推迟新增发电与输配电容量基础设施的建设。可靠性效益指需求响应可在系统备用容量低于预期水平时降低被迫停电的可能性。在紧急时刻，例如发电机组或输电线路出现意外故障时，系统操作员在短时间内可以通过调度需求响应降低用电需求，从而帮助电力系统备用容量恢复到预期水平。

3）其他效益

需求响应可以对某些或者所有市场参与者带来其他一些效益，但是这些效益不容易进行量化或者货币化，如促进形成更强健的零售市场、为用户提供更多的选择机会、市场性能效益、可能的环境效益。

第4章

基础理论研究

可调负荷基础理论研究主要通过模型研究、机制设计、策略形成等环节，从理论机理和统计分析两个维度对可调负荷理论涉及的环节进行基础理论研究，分析并证明基于需求响应可调节负荷技术在电网安全运行中的可行性和有效性。可调负荷基础理论研究主要研究不同行业、业态下的各种电力用户的负荷特性，基于细分行业的负荷大数据构建其对应的可调潜力计算方法，根据不同用户的特点制订对应的控制策略。

4.1 负荷特性建模研究

4.1.1 商业用户典型负荷特性建模

1. 中央空调运行特性模型

空调系统的负荷与空调房间所需要的制冷量有关，而所需的制冷量与实时冷负荷有关。保证室内温度能够达到设定值，要求冷水机组的冷冻能力能够满足建筑物所需的冷冻能量。一般中央空调系统通常设置多台冷水机组同时运行，设冷水机组台数为 n，因此中央空调运行负荷模型如下：

$$P_{a,h}(i)=\begin{cases}\sum_{k=1}^{n}\alpha_k(i)\cdot P_{n,k}\cdot\Delta t & i\in T_{\text{air}}\\ P_{\text{Q}}\cdot\Delta t & i\notin T_{\text{air}}\end{cases} \tag{4-1}$$

式中：T_{air} 表示空调的工作时段；Δt 为时段长度；P_{Q} 为空调停运时通风机的功率；$\alpha_k(i)$表示第 k 台冷水机组在该时段的负载率；$P_{n,k}$ 表示第 k 台冷水机组的额定功率。

2. 照明负荷特性模型

为保证人眼的舒适性，需要将环境中的光照强度保持在一定水平之上，室内照明负荷光与照度的关系为：

$$P_{l,h}(i)=\begin{cases}\dfrac{(E_{\min}-E_{\text{e}}(i))S_{\text{all}}}{\phi UK}P_{\text{LS}}\Delta t & E_{\text{e}}<E_{\min},t\in T_{\text{light}}\\ 0 & \text{其他}\end{cases} \tag{4-2}$$

式中：E_{e} 为自然光的照度；$E_{\min}$ 为设定环境照度的下限；$P_{l,h}(i)$ 为 i 时段室内所需人工光源进行补充照明的用电量；P_{LS} 为单个人工光源的功率；Δt 为时段长度；S_{all} 为需要照明的总面积；T_{light} 为用户有效工作时间；ϕUK 为阻抗电压。

4.1.2 工业用户典型负荷特性建模

不同类型的工业企业，因其生产特殊性，使得生产负荷模型也不相同，本书选取钢铁生产为例，通过分析其生产流程并建立对应的模型。

从需求响应能力的角度来说，在不影响生产进度及产品品质的情况下，典型钢厂中生产负荷仅有电弧炉类负荷可通过短时间中断、转移的方式来响应系统需求，而其他负荷或与生产紧密相关，或功率规模太小，不具备需求响应的能力。电弧炉负荷模型如下：

$$P_{LF}(t)=\begin{cases}0 & t\leqslant t_{on}\\ \dfrac{P_{rated}}{\Delta t_{up}}(t-t_{on}) & t_{on}\leqslant t\leqslant t_{on}+\Delta t_{up}\\ (1+\delta(t))P_{rated} & t_{on}+\Delta t_{up}\leqslant t\leqslant t_{off}-\Delta t_{down}\\ \dfrac{P_{rated}}{\Delta t_{down}}(t_{off}-t) & t_{off}-\Delta t_{down}\leqslant t\leqslant t_{off}\\ 0 & t_{off}\leqslant t\end{cases} \tag{4-3}$$

式中：t_{on} 为电弧炉通电起弧时刻；Δt_{up} 为电弧炉起弧时刻达到稳定额定功率时刻所需的时长，Δt_{up} 通常为 5～10 s；Δt_{down} 为操作人员下令关停电弧炉到电弧炉功率为 0 所需的时长，Δt_{down} 通常不大于 10 s；t_{off} 为电弧炉彻底断电时刻；P_{rated} 为电弧炉运行时的额定功率；$\delta(t)$ 为 $(-\delta_{max},\delta_{max})$ 之间的随机值，用以表示电弧炉在稳态运行时的随机功率波动，根据实际工况，δ_{max} 通常可设为 5%～20%。

4.1.3 居民用户典型负荷特性建模

居民负荷中可调负荷按照其运行工作特性还可分为可转移负荷和可中断负荷。可转移负荷用电时间较为灵活，在某一段时间内完成工作需求即可；可中断负荷短时间断电不影响居民的正常生活，因此可转移负荷与可中断负荷可作为主动负荷参与需求响应。

1. 可转移负荷数学模型

可转移负荷用电灵活，完成工作所需总耗电量一定，是能够在规定的时间、空间满足用电需求、具有转移能力的负荷。可转移负荷能通过调节用电时间和用电模式实现合理用电。此类设备用 At 表示，其特征表示如下：

$$V_a=[p_a^{min},p_a^{max},t_a^{start},t_a^{end},Q_a] \tag{4-4}$$

根据上述描述，该类负荷模型如下：

$$\begin{cases}p_a^{min}\leqslant p_a^t\leqslant p_a^{max} & \forall t\in[t_a^{start},t_a^{end}]\\ p_a^t=0 & \forall t\notin[t_a^{start},t_a^{end}]\\ Q_a=\sum p_a^t & t\in[t_a^{start},t_a^{end}]\end{cases} \tag{4-5}$$

式中：p_a^{min} 为设备最小负荷；p_a^{max} 为设备最大负荷；p_a^t 为基本负荷；t_a^{start} 为设备运行开始时间；t_a^{end} 为设备运行结束时间；Q_a 为设备完成工作所需耗电量。

2. 可中断负荷数学模型

可中断负荷可多次启停，在保证用户满意的同时，可改变其工作状态减少耗电量。中断时间受到用户限制，可中断负荷大多是温控类用电设备，具有热力学特征，短暂中断不对用户造成影响。此类设备用 Ai 表示，特征如下：

$$V_a=[p_a^{\min},p_a^{\max},t_a^{\text{start}},t_a^{\text{end}},\theta_a^{\min}] \tag{4-6}$$

根据上述描述，该类负荷模型如下：

$$\begin{cases} 0\leqslant p_a^t\leqslant p_a^{\max} & \forall t\in[t_a^{\text{start}},t_a^{\text{end}}]\text{ 且 }\theta_a^t>\theta_a^{\min} \\ p_a^{\min}\leqslant p_a^t\leqslant p_a^{\max} & \forall t\in[t_a^{\text{start}},t_a^{\text{end}}]\text{且}\theta_a^t<\theta_a^{\min} \\ p_a^t=0 & \forall t\notin[t_a^{\text{start}},t_a^{\text{end}}] \end{cases} \tag{4-7}$$

式中：$p_a^{\min}$ 为设备最小负荷；$p_a^{\max}$ 为设备最大负荷；t_a^{start} 为设备运行开始时间；t_a^{end} 为设备运行结束时间；$\theta_a^{\min}$ 为设备最小满意度要求；θ_a^t 为基本满意度要求。

3. 居民综合负荷数学模型

从居民负荷的时间序列出发，考虑用户的行为习惯，提出负荷状态矩阵 $\boldsymbol{S}$，矩阵元素由居民负荷的用电概率组成，居民实际用电情况服从 $\boldsymbol{S}$ 的二次分布。将不同类型的负荷特性集合起来，等效成用电总负荷的数学模型。

$$\boldsymbol{S}=\begin{bmatrix} S_1^1 & \cdots & S_1^T \\ \vdots & & \vdots \\ S_n^1 & \cdots & S_n^T \end{bmatrix} \qquad \boldsymbol{P}_{\text{e}}=\begin{bmatrix} P_{1\text{e}} & & \\ & \ddots & \\ & & P_{n\text{e}} \end{bmatrix}$$

$$\boldsymbol{P}_a^t=\boldsymbol{P}_{\text{e}}\boldsymbol{S}=\begin{bmatrix} P_1^1 & \cdots & P_1^T \\ \vdots & & \vdots \\ P_n^1 & \cdots & P_n^T \end{bmatrix} \qquad \boldsymbol{P}(t)=\sum_{i=1}^{n}\boldsymbol{P}_a^t \tag{4-8}$$

式中：n 为负荷种类数；$\boldsymbol{S}$ 为第 a 种用电负荷在第 t 时间段的用电概率；$\boldsymbol{P}_0$ 表示第 a 种用电负荷的额定功率；$\boldsymbol{P}_a^t$ 表示第 a 种用电负荷在 t 时段的用电功率。

4.2　可调潜力大数据分析方法研究

4.2.1　工业行业负荷可调潜力分析

工业的可调负荷主要包括生产性负荷和非生产性负荷，其中生产性负荷主要包括安全保障负荷、主要生产负荷和辅助生产负荷等。主要生产负荷占据整个工业负荷的比重很大，通常在 50%以上。根据工业行业的不同，其负荷可调潜力均有较大差异。本书基于用户的生产特性和负荷特性构建负荷可调潜力评估体系，开展用户参与各类负荷调控措施适合程度和贡献程度的科学评价方法，通过对用户各类参数指标进行综合分析，实现负荷调控措施在适用范围和影响层级两个方面的数学量化，如图 4-1 所示。

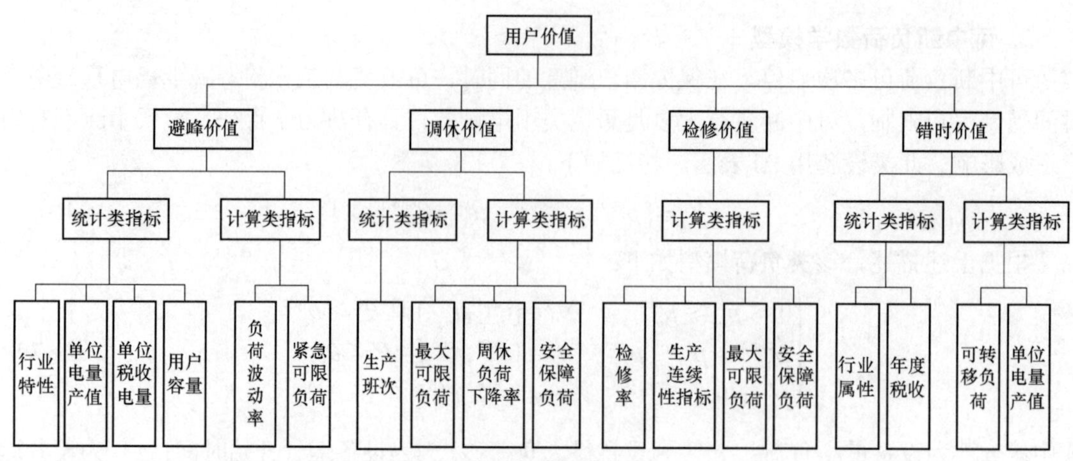

图 4-1　负荷可调潜力指标体系示意图

（1）统计类指标包括：行业特性、容量属性、年度电量、年度产值、年度税收、生产班次、高耗能类标识。

（2）计算类指标包括：负荷波动率、安全保障负荷、生产保障负荷、最大可限负荷、紧急可限负荷、可转移负荷、周休负荷下降率、生产连续性指标、检修率、单位电量产值。

（3）用户潜力包括：避峰潜力、调休潜力、检修潜力、错时潜力。

1. 可调潜力相关指标计算与获取

1）行业属性

行业属性即电力用户的所属行业，由营销信息系统中获取。该指标根据用户实施避峰的适合度以具体数值表示，用户所属行业的特征指标数值越大，表示该用户参与避峰的潜力越大。

2）容量属性

容量属性即电力用户的用电容量，一般由营销信息系统中取得。

3）日典型负荷模拟曲线

由用电信息采集系统获取一段时期内的用户负荷样本数据，在剔除非工作日和工作日非正常生产数据后，将工作日每负荷采集点按时点平均取值，拟合成的负荷曲线作为日典型负荷曲线。其中，日典型负荷模拟曲线$\{P_{NT_1},P_{NT_2},\cdots,P_{NT_{96}}\}$，计算方法如下：

$$P_{NT_i}=\frac{\sum_{i=1}^{N}P_{T_i}}{N} \tag{4-9}$$

式中：T_1，T_2，…，T_{96}为将 1 天 24 h 内时间轴（00:00—24:00）划分的 96 个时间段；P_{NT_i}为T_i时刻的平均负荷值；P_{T_i}为T_i时刻的负荷值；N为样本数。

4）年度电量

年度电量由营销信息系统中取得。

5）年度产值

年度产值由政府工商部门或统计部门提供。

6）年度税收

年度税收由政府税务部门或财政部门提供。

7）负荷波动率

负荷波动率是一段时期内负荷标准差与负荷平均值之比，即平均负荷分散程度：

$$R_{\mathrm{lf}}=\frac{\sigma}{\mu} \tag{4-10}$$

式中：R_{lf}为负荷波动率；σ为负荷标准差；μ为负荷平均值。

8）安全保障负荷

安全保障负荷通过采样一段时期内用户负荷数据的采样，将负荷值由小到大升序排列，根据经验值选取 10%～40%区间内的负荷值作为安全保障负荷。

9）生产保障负荷

生产保障负荷根据日典型负荷曲线中电网负荷高峰时段出现的起始时刻T_{s}和结束时刻T_{e}时段$[T_{\mathrm{s}}, T_{\mathrm{e}}]$内的最小值确定：

$$P_{\mathrm{esl}}=\min\{P_{T_{\mathrm{s}}},\cdots,P_{T_{\mathrm{e}}}\} \tag{4-11}$$

式中：P_{esl}为用户的生产保障负荷；T_{s}为电网负荷高峰时段的起始时刻；T_{e}为电网负荷高峰时段的结束时刻。

10）周休负荷下降率

周休负荷下降率通过采样区间内正常生产的工作日负荷平均值与周休日负荷平均值进行比较获取：

$$R_{\mathrm{we}}=\frac{P_{\mathrm{wd}}-P_{\mathrm{we}}}{P_{\mathrm{wd}}-P_{\mathrm{sl}}} \tag{4-12}$$

$$P_{\mathrm{wd}}=\frac{\sum_{i=1}^{X}P_i}{X} \tag{4-13}$$

$$P_{\mathrm{we}}=\frac{\sum_{i=1}^{Y}P_i}{Y} \tag{4-14}$$

式中：R_{we}为周休负荷下降率；P_{wd}为工作日负荷平均值；P_{we}为周休日负荷平均值；P_{sl}为安全保障负荷；X为工作日负荷取样点数；Y为周休日负荷取样点数。

11）检修率

检修率反映了生产连续型用户进行设备检修的比例：

$$R_{\mathrm{OP}}=\frac{D_{\mathrm{rest}}}{T} \tag{4-15}$$

式中：R_{OP}为检修率；D_{rest}为最大连续厂休天数；T为采样天数。

12）单位电量产值

单位电量产值计算如下：

$$I_{\mathrm{q}}=\frac{\sum_{i=1}^{k}I_i}{\sum_{i=1}^{k}Q_i} \tag{4-16}$$

式中：I_q 为单位电量产值；I_i 为单位时间产值；Q_i 为单位时间电量；k 为时间单位，年或月。

13）单位电量税收

单位电量税收计算如下：

$$T_{ax}=\frac{\sum_{i=1}^{k}T_i}{\sum_{i=1}^{k}Q_i} \quad (4\text{-}17)$$

式中：T_{ax} 为单位电量产生的税收总值；T_i 为单位时间税收；Q_i 为单位时间电量；k 为时间单位，年或月。

2. 可调潜力量化模型

1）避峰潜力量化

用户的避峰潜力综合参考紧急可限负荷、单位电量产值、负荷波动率、用户容量、行业属性、单位税收电量、高耗能标识等因素对避峰措施的影响。其中，紧急可限负荷为响应贡献度影响，行业属性、负荷波动率等为需求响应适合度影响。避峰潜力的量化方法如下：

$$E_{ap}=P_{ell}\bullet\left(k_1I_q+k_2R_{lf}+k_3\frac{P_{ell}}{C_{ap}}+k_4G_{trade}+k_5G_{tax}+k_6G_e\right) \quad (4\text{-}18)$$

式中：E_{ap} 为避峰潜力指数；P_{ell} 为紧急可限负荷；I_q 为单位电量产值；R_{lf} 为负荷波动率；C_{ap} 为用户容量；G_{trade} 为行业属性；G_{tax} 为单位税收电量；G_e 为高耗能标识；k_1,k_2,k_3,k_4,k_5,k_6 为调整系数。

2）调休潜力量化

用户的调休潜力综合参考最大可限负荷、周休负荷下降率、生产班次等因素对避峰措施的影响。其中，最大可限负荷为需求响应贡献度影响，周休负荷下降率、生产班次等为需求响应适合度影响。调休潜力的量化方法如下：

$$E_{sr}=P_{ll}\bullet(k_1R_{we}+k_2T) \quad R_{we}>\theta \quad (4\text{-}19)$$

式中：E_{sr} 为调休潜力指数；P_{ll} 为最大可限负荷；R_{we} 为周休负荷下降率；T 为生产班次；当周休负荷下降率大于 θ 时，调休潜力予以赋值，经验值 θ 取 20%～40%；k_1,k_2 为调整系数。

3）检修潜力量化

用户的检修潜力综合参考最大可限负荷、生产连续性、检修率等因素对避峰措施的影响。其中，生产连续性指标为判别值，非生产连续性企业其检修潜力不予赋值。检修潜力的量化方法如下：

$$E_{oh}=P_{ll}\bullet C_p\bullet R_{OP} \quad (4\text{-}20)$$

式中：E_{oh} 为检修潜力指数；P_{ll} 为最大可限负荷；C_p 为生产连续性；R_{OP} 为检修率。

4）错时潜力量化

用户的错时潜力综合参考可转移负荷等因素对避峰措施的影响。其中，可转移负荷为需求响应贡献度影响，单位电量产值、单位税收电量等为需求响应适合度影响。错时潜力的量化方法如下：

$$E_{sh}=P_{al}\bullet(k_1I_q+k_2G_{tax}+k_3G_e) \quad (4\text{-}21)$$

式中：E_{sh}为错时潜力指数；P_{al}为可转移负荷；I_q为单位电量产值；G_{tax}为单位税收电量；G_e为高耗能标识；k_1,k_2,k_3为调整系数。

4.2.2 楼宇用电设备可调潜力分析

楼宇的可调负荷主要包括中央空调、电热锅炉等，占整个楼宇负荷的25%左右，集中式空调、电锅炉可调潜力模型如下。

1. 集中式空调可调潜力分析

1）制热工况

（1）可削减有功功率及相应的持续时间计算方法。

假设在实施需求响应前，建筑物内集中式空调系统已经处于平稳运行状态，即集中式空调系统制热量与建筑物热量消耗量相匹配，基于建筑物采暖面积、平均层高等基础参数，根据当前室内温度、用户允许的最低室内温度，可以求得集中式空调系统可削减有功功率及相应的持续时间，当持续时间确定时，最大可削减有功功率便可求得：

$$P_{\mathrm{DR,decreased}} \cdot t_{\mathrm{DR}} \cdot \mathrm{COP} = c \cdot S \cdot H \cdot \rho \cdot (T_{\mathrm{set}} - T_{\mathrm{limit}}) \tag{4-22}$$

式中：$P_{\mathrm{DR,decreased}}$为集中式空调系统可削减有功功率；$t_{\mathrm{DR}}$为需求响应持续时间；COP为集中式空调系统制热能效比；c为空气的比热容，一般选取温度为300 K时空气的定压比热容，值为1.005 kJ/（kg·K）；S为建筑物的采暖面积；H为建筑物的平均层高；ρ为空气的密度，一般选取温度为300 K时的干空气密度，值为1.177 kg/m^3；T_{set}为用户设置的采暖温度；T_{limit}为建筑物用户允许的室内最低温度，该值低于用户设置的采暖温度。

（2）可增加有功功率及相应的持续时间计算方法。

假设在实施需求响应前，建筑物内集中式空调系统已经处于平稳运行状态，即集中式空调系统制热量与建筑物热量消耗量相匹配，基于建筑物采暖面积、平均层高等基础参数，根据当前室内温度、用户允许的最高室内温度，可以求得集中式空调系统可增加有功功率及相应的持续时间，当持续时间确定时，最大可增加有功功率便可求得：

$$P_{\mathrm{DR,increased}} \cdot t_{\mathrm{DR}} \cdot \mathrm{COP} = c \cdot S \cdot H \cdot \rho \cdot (T_{\mathrm{limit}} - T_{\mathrm{set}}) \tag{4-23}$$

式中：$P_{\mathrm{DR,increased}}$为集中式空调系统可增加有功功率；$t_{\mathrm{DR}}$为需求响应持续时间；COP为集中式空调系统制热能效比；c为空气的比热容，一般选取温度为300 K时空气的定压比热容，值为1.005 kJ/（kg·K）；S为建筑物的采暖面积；H为建筑物的平均层高；ρ为空气的密度，一般选取温度为300 K时的干空气密度，值为1.177 kg/m^3；T_{set}为用户设置的采暖温度；T_{limit}为建筑物用户允许的室内最高温度，该值高于用户设置的采暖温度。

2）制冷工况

假设在实施需求响应前，建筑物内集中式空调系统已经处于平稳运行状态，即集中式空调系统制冷量与建筑物冷量消耗量相匹配，基于建筑物采暖面积、平均层高等基础参数，根据当前室内温度、用户允许的最高室内温度，可以求得集中式空调系统可削减有功功率及相应的持续时间，当持续时间确定时，最大可削减有功功率便可求得：

$$P_{\mathrm{DR,decreased}} \cdot t_{\mathrm{DR}} \cdot \mathrm{EER} = c \cdot S \cdot H \cdot \rho \cdot (T_{\mathrm{limit}} - T_{\mathrm{set}}) \tag{4-24}$$

式中：$P_{\mathrm{DR,decreased}}$为集中式空调系统可削减有功功率；$t_{\mathrm{DR}}$为需求响应持续时间；EER为集中

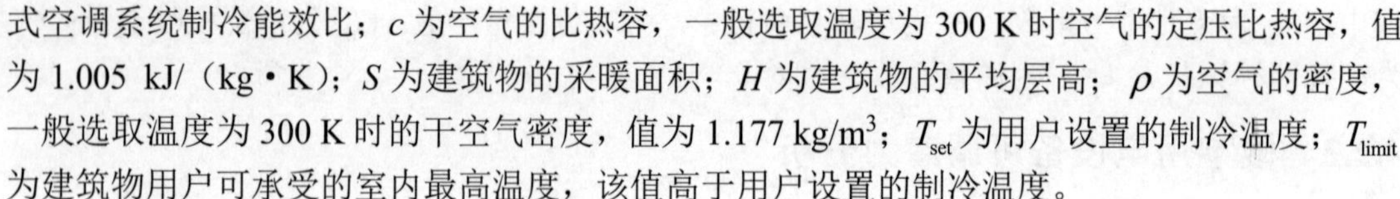

式空调系统制冷能效比；c 为空气的比热容，一般选取温度为 300 K 时空气的定压比热容，值为 1.005 kJ/（kg • K）；S 为建筑物的采暖面积；H 为建筑物的平均层高；ρ 为空气的密度，一般选取温度为 300 K 时的干空气密度，值为 1.177 kg/m^3；T_{set} 为用户设置的制冷温度；T_{limit} 为建筑物用户可承受的室内最高温度，该值高于用户设置的制冷温度。

2. 电热锅炉可调潜力分析

电热锅炉需求响应能力计算需要同时考虑两方面因素，一是电热锅炉是否具有蓄热能力，二是电热锅炉的应用场景。

1）电热锅炉没有蓄热能力

（1）可削减有功功率及相应的持续时间计算方法。

当电热锅炉应用于建筑物采暖时，假设在实施需求响应前，建筑物内电热锅炉已经处于平稳运行状态，即电热锅炉制热量与建筑物热量消耗量相匹配，基于建筑物采暖面积、平均层高等基础参数，根据当前室内温度、用户允许的最低室内温度，可以求得电热锅炉可削减有功功率及相应的持续时间，当持续时间确定时，最大可削减有功功率便可求得：

$$P_{\text{DR,decreased}} \cdot t_{\text{DR}} \cdot \text{COP} = c \cdot S \cdot H \cdot \rho \cdot (T_{\text{set}} - T_{\text{limit}}) \tag{4-25}$$

$$t_{\text{DR}} = \frac{c \cdot S \cdot H \cdot \rho \cdot (T_{\text{set}} - T_{\text{limit}})}{P_{\text{DR,decreased}} \cdot \text{COP}} \tag{4-26}$$

式中：$P_{\text{DR,decreased}}$ 为电热锅炉可削减有功功率；t_{DR} 为需求响应持续时间；COP 为电热锅炉制热能效比；c 为空气的比热容，一般选取温度为 300 K 时空气的定压比热容，值为 1.005 kJ/（kg • K）；S 为建筑物的采暖面积；H 为建筑物的平均层高；ρ 为空气的密度，一般选取温度为 300 K 时的干空气密度，值为 1.177 kg/m^3；T_{set} 为用户设置的采暖温度；T_{limit} 为建筑物用户允许的室内最低温度，该值低于用户设置的采暖温度。

当电热锅炉用途为热水供应时，受电热锅炉供水温度、供水流量、运行效率等因素影响，暂不考虑需求响应能力。

（2）可增加有功功率及相应的持续时间计算方法。

当电热锅炉应用于建筑物采暖时，假设在实施需求响应前，建筑物内电热锅炉已经处于平稳运行状态，即电热锅炉制热量与建筑物热量消耗量相匹配，基于建筑物采暖面积、平均层高等基础参数，根据当前室内温度、用户允许的最高室内温度，可以求得电热锅炉可增加有功功率及相应的持续时间，当持续时间确定时，最大可增加有功功率便可求得：

$$P_{\text{DR,increased}} \cdot t_{\text{DR}} \cdot \text{COP} = c \cdot S \cdot H \cdot \rho \cdot (T_{\text{limit}} - T_{\text{set}}) \tag{4-27}$$

$$t_{\text{DR}} = \frac{c \cdot S \cdot H \cdot \rho \cdot (T_{\text{limit}} - T_{\text{set}})}{P_{\text{DR,increased}} \cdot \text{COP}} \tag{4-28}$$

式中：$P_{\text{DR,increased}}$ 为电热锅炉可增加有功功率；t_{DR} 为需求响应持续时间；COP 为电热锅炉制热能效比；c 为空气的比热容，一般选取温度为 300 K 时空气的定压比热容，值为 1.005 kJ/（kg • K）；S 为建筑物的采暖面积；H 为建筑物的平均层高；ρ 为空气的密度，一般选取温度为 300 K 时的干空气密度，值为 1.177 kg/m^3；T_{set} 为用户设置的采暖温度；T_{limit} 为建筑物用户允许的室内最高温度，该值高于用户设置的采暖温度。

当电热锅炉用途为热水供应时，受电热锅炉供水温度、供水流量、运行效率等因素影响，暂不考虑需求响应能力。

2）电热锅炉具有蓄热能力

当电热锅炉运行模式从较高功率运行模式调整为低功率运行模式时，电热锅炉可以参与削峰响应；当电热锅炉运行模式从较低功率运行模式调整为高功率运行模式时，或者提高电热锅炉对应蓄热温度时，电热锅炉可以参与填谷响应。

（1）削峰响应。

通过将电热锅炉的工作模式从高功率运行模式调整为低功率运行模式，可以实现削峰响应，可削减有功功率及对应持续时间的算法，即可削减有功功率的计算公式：

$$P_{\mathrm{DR,decreased}} = P_{\mathrm{high}} - P_{\mathrm{low}} \tag{4-29}$$

式中：$P_{\mathrm{DR,decreased}}$ 为可削减有功功率；P_{high} 为电热锅炉处于高功率运行模式的实时功率；P_{low} 为电热锅炉处于低功率运行模式的实时功率。

参与需求响应持续时间从 30 min 到几个小时不等，具体视电热锅炉的应用场景和用户用热行为而定。

（2）填谷响应。

电热锅炉在增加有功功率期间由于供暖或供应热水引起的释热量与需求响应持续时间相关，在开展电热锅炉需求响应能力计算时，要根据电热锅炉的具体应用场景，确定释热量的算法。本算法中假设释热量为固定值，仅根据蓄热锅炉中蓄热介质的蓄热量开展需求响应持续时间的算法设计。可增加有功功率的计算公式：

$$P_{\mathrm{DR,increased}} = P_1 - P_2 \tag{4-30}$$

式中：$P_{\mathrm{DR,increased}}$ 为可增加有功功率；P_1 为电热锅炉处于高功率运行模式的实时功率；P_2 为电热锅炉处于低功率运行模式的实时功率，或者为 0。

参与需求响应持续时间的计算过程如下：

$$P_1 \cdot \mathrm{COP} \cdot t_{\mathrm{DR}} = c \cdot V_{\mathrm{ol}} \cdot \rho \cdot (T_{\mathrm{set}} - T_{\mathrm{real}}) + \Delta E \cdot t_{\mathrm{DR}} \tag{4-31}$$

对式（4−31）进行变换，得到：

$$t_{\mathrm{DR}} = \frac{c \cdot V_{\mathrm{ol}} \cdot \rho \cdot (T_{\mathrm{set}} - T_{\mathrm{real}})}{P_1 \cdot \mathrm{COP} - \Delta E} \tag{4-32}$$

式中：P_1 为电热锅炉处于高功率运行模式的实时功率；COP 为电热锅炉的制热能效比；t_{DR} 为参与需求响应的持续时间；c 为电热锅炉蓄热介质的比热容；V_{ol} 为电热锅炉蓄热介质的体积；ρ 为电热锅炉蓄热介质的密度；T_{set} 为调高后的电热锅炉蓄热介质蓄热温度，最大值为电热锅炉蓄热介质允许的最高温度；T_{real} 为需求响应开始时刻电热锅炉蓄热介质的实时温度；ΔE 为需求响应实施过程中单位时间内电热锅炉的释热量，一般通过电热锅炉历史运行数据求得。

4.2.3 居民用电设备可调潜力分析

居民用户可调负荷主要包括分散式空调、电热水器、电冰箱，占家庭负荷的 25%～50% 左右。

1. 分散式空调可调潜力分析

1）可削减有功功率计算

（1）定频空调。

定频空调可削减有功功率可按下式计算：

$$P_{\mathrm{DR,decreased}} = P_x - P_y \tag{4-33}$$

式中：$P_{\mathrm{DR,decreased}}$ 为定频空调的可削减有功功率；P_x 为定频空调处于制冷（热）、除湿、电辅加热等工作模式下的有功功率额定值；P_y 为定频空调处于通风、待机等工作模式下的有功功率额定值。

（2）变频空调。

变频空调可削减有功功率可按按下式计算：

$$P_{\mathrm{DR,decreased}} = P_x - P_y \tag{4-34}$$

式中：$P_{\mathrm{DR,decreased}}$ 为变频空调的可削减有功功率；P_x 为变频空调制冷温度调高或制热温度调低前的有功功率；P_y 为变频空调制冷温度调高或制热温度调低后的有功功率。

2）可增加有功功率计算

（1）定频空调。

定频空调可增加有功功率可按下式计算：

$$P_{\mathrm{DR,increased}} = P_x - P_y \tag{4-35}$$

式中：$P_{\mathrm{DR,increased}}$ 为定频空调的可增加有功功率；P_x 为定频空调处于制冷（热）、除湿、电辅加热等工作模式下的有功功率额定值；P_y 为定频空调处于通风、待机等工作模式下的有功功率额定值。

（2）变频空调。

变频空调可增加有功功率可按下式计算：

$$P_{\mathrm{DR,increased}} = P_x - P_y \tag{4-36}$$

式中：$P_{\mathrm{DR,increased}}$ 为变频空调的可增加有功功率；P_x 为变频空调制冷温度调低或制热温度调高后的有功功率；P_y 为变频空调制冷温度调低或制热温度调高前的有功功率。

2. 电热水器可调潜力分析

根据电热水器所处工作模式，电热水器的需求响应能力分两种情况进行计算。

1）电热水器处于保温模式

当电热水器处于保温模式时，默认仅具有填谷能力，可增加有功功率及对应持续时间的算法，即可增加有功功率的计算公式：

$$P_{\mathrm{DR,increased}} = P_1 - P_2 \tag{4-37}$$

式中：$P_{\mathrm{DR,increased}}$ 为可增加有功功率；P_1 为电热水器处于快热或慢热工作模式的实时功率；P_2 为电热水器处于保温工作模式的实时功率。

参与需求响应持续时间的计算公式：

$$t_{DR}=\frac{c_{water}\cdot V_{ol}\cdot\rho_{water}\cdot(T_{H}-T_{real})}{P_{1}\cdot COP} \tag{4-38}$$

式中：t_{DR} 为参与需求响应的持续时间；c_{water} 为水的比热容；V_{ol} 为电热水器水箱体积；ρ_{water} 为水的密度；T_{H} 为电热水器水箱内所允许的最高温度；T_{real} 为需求响应开始时刻电热水器水箱中水的实时温度；P_{1} 为电热水器处于快热或慢热工作模式的实时功率；COP 为电热水器的制热能效比。

2）电热水器处于快热或慢热模式

当电热水器处于快热或慢热工作模式时，既可以参与削峰响应，也可以参与填谷响应。

（1）削峰响应。

通过将电热水器的工作模式从快热或慢热调整为保温，可以实现削峰响应，可削减有功功率及对应持续时间的算法，即可削减有功功率的计算公式：

$$P_{DR,decreased}=P_{1}-P_{2} \tag{4-39}$$

式中：$P_{DR,decreased}$ 为可削减有功功率；P_{1} 为电热水器处于快热或慢热工作模式的实时功率；P_{2} 为电热水器处于保温工作模式的实时功率。

参与需求响应持续时间默认为 30 min。

（2）填谷响应。

通过将电热水器的工作模式从慢热调整为快热，并将电热水器制热温度调整为水箱最高允许温度，可以实现填谷响应，可增加有功功率及对应持续时间的算法，即可增加有功功率的计算公式：

$$P_{DR,increased}=P_{1}-P_{2} \tag{4-40}$$

式中：$P_{DR,increased}$ 为可增加有功功率；P_{1} 为电热水器处于快热工作模式的实时功率；P_{2} 为电热水器处于慢热工作模式的实时功率。

参与需求响应持续时间的计算公式：

$$t_{DR}=\frac{c_{water}\cdot V_{ol}\cdot\rho_{water}\cdot(T_{set}-T_{real})}{P_{1}\cdot COP} \tag{4-41}$$

式中：t_{DR} 为参与需求响应的持续时间；c_{water} 为水的比热容；V_{ol} 为电热水器水箱体积；ρ_{water} 为水的密度；T_{set} 为调高后的电热水器制热温度，最大值为电热水器水箱允许的最高温度；T_{real} 为需求响应开始时刻电热水器水箱中水的实时温度；P_{1} 为电热水器处于快热工作模式的实时功率；COP 为电热水器的制热能效比。

3. 电冰箱可调潜力分析

电冰箱的需求响应能力，根据电冰箱所处工作模式，可分三种情况进行计算。

1）标准工作模式

当电冰箱处于标准工作模式时，默认仅具有削减能力，可削减有功功率及对应持续时间的算法，即可削减有功功率的计算公式：

$$P_{DR,decreased}=P_{DR,normal} \tag{4-42}$$

式中：$P_{DR,decreased}$ 为可削减有功功率；$P_{DR,normal}$ 为电冰箱处于标准工作模式时的有功功率。

参与需求响应持续时间默认为 30 min。

2）化霜模式

当电冰箱处于化霜模式时，默认仅具有削减能力，可削减有功功率及对应持续时间的算法，即可削减有功功率的计算公式：

$$P_{\mathrm{DR,decreased}}=P_{\mathrm{DR,defrosting}} \tag{4-43}$$

式中：$P_{\mathrm{DR,decreased}}$ 为可削减有功功率；$P_{\mathrm{DR,defrosting}}$ 为电冰箱处于化霜模式时的有功功率。

参与需求响应持续时间默认为 30 min。

3）装载模式

当电冰箱处于装载模式时，默认仅具有削减能力，可削减有功功率及对应持续时间的算法，即可削减有功功率的计算公式：

$$P_{\mathrm{DR,decreased}}=P_{\mathrm{DR,loading}} \tag{4-44}$$

式中：$P_{\mathrm{DR,decreased}}$ 为可削减有功功率；$P_{\mathrm{DR,loading}}$ 为电冰箱处于装载模式时的有功功率。

参与需求响应持续时间默认为 30 min。

4.2.4 新兴负荷可调潜力分析

新兴负荷主要包括电动汽车、用户侧分布式储能等。电动汽车充电状态决定了其充电功率是否可以调整，如果电动汽车充电功率可以调节，则具备需求响应能力。用户侧分布式储能潜力为±100%容量。电动汽车可调潜力分析如下。

1）可削减有功功率及相应的持续时间计算方法

通过调低用户设置的充电功率，电动汽车能够参与需求响应，可削减有功功率的计算公式：

$$P_{\mathrm{DR,decreased}}=P_{\mathrm{set}}-P_{\mathrm{adjust}} \tag{4-45}$$

式中：$P_{\mathrm{DR,decreased}}$ 为可削减有功功率；P_{set} 为用户设置的充电功率；P_{adjust} 为调整充电模式后的充电功率。

需求响应持续时间计算公式：

$$t_{\mathrm{DR}}=\frac{Q_{\mathrm{battery}}\cdot(\mathrm{SOC}_{\mathrm{max}}-\mathrm{SOC}_{\mathrm{adjust}})}{P_{\mathrm{adjust}}} \tag{4-46}$$

式中：t_{DR} 为参与需求响应的持续时间；Q_{battery} 为电动汽车电池额定蓄电容量；$\mathrm{SOC}_{\mathrm{max}}$ 为电动汽车终止充电时的电池荷电率；$\mathrm{SOC}_{\mathrm{adjust}}$ 为电动汽车启动充电模式调整时的电池荷电率；P_{adjust} 为调整充电模式后的充电功率。

2）可增加有功功率及相应的持续时间计算方法

通过调高用户设置的充电功率，电动汽车能够参与需求响应，可增加有功功率的计算公式：

$$P_{\mathrm{DR,increased}}=P_{\mathrm{adjust}}-P_{\mathrm{set}} \tag{4-47}$$

式中：$P_{\mathrm{DR,increased}}$ 为可增加有功功率；P_{adjust} 为调整充电模式后的充电功率；P_{set} 为用户设置的充电功率。

需求响应持续时间计算公式：

$$t_{\mathrm{DR}}=\frac{Q_{\mathrm{battery}}\cdot(\mathrm{SOC}_{\max}-\mathrm{SOC}_{\mathrm{adjust}})}{P_{\mathrm{adjust}}} \tag{4-48}$$

式中：t_{DR} 为参与需求响应的持续时间；Q_{battery} 为电动汽车电池额定蓄电容量；$\mathrm{SOC}_{\max}$ 为电动汽车终止充电时的电池荷电率；$\mathrm{SOC}_{\mathrm{adjust}}$ 为电动汽车启动充电模式调整时的电池荷电率；P_{adjust} 为调整充电模式后的充电功率。

4.3　需求响应策略研究

4.3.1　需求响应计划编制策略

需求响应实施方案是需求响应实施计划执行、需求响应事件下发的基础，方案编制过程中，需求响应服务管理者、需求响应聚合商等组织方针对参与响应的电力用户或者级联的需求响应聚合商等参与主体，确定参与主体的响应容量、响应开始时间、结束时间、响应类型；如果响应类型属于价格类响应，则进一步确定电价类型与定价标准；如果响应类型属于激励类响应，则进一步确定参与主体的响应方式、需求响应基线、考核偏差等。由于现阶段国内没有需求响应价格机制，此处只研究激励类响应的实施方案形成策略，主要包括响应指标分解、邀约响应用户遴选两个步骤。

1. 响应指标分解

首先，针对电网调度部门下发的调峰缺口指标及紧急程度，需求响应组织方确定实施需求响应的电网区域范围、响应开始、结束时间、计划响应容量。

其次，基于需求响应资源池中管理的电力用户基础档案信息、合约信息、用电设备响应特性信息，需求响应组织方分析每一个电网区域内在需求响应时段能够参与响应的潜在电力用户及其响应资源类型、数量。

然后，依托需求响应资源池的动态更新数据与预测数据，需求响应组织方确定在需求响应时段内每一个电网区域中能够参与实时响应、邀约响应的潜在电力用户及其响应资源容量，计算每一个电力用户的需求响应基线。

最后，需求响应组织方从调峰缺口指标中扣除每一个电网区域内的实时响应资源容量，优先保障需求响应时段内商业楼宇、居民等潜在电力用户的实时响应资源参与响应；针对剩余缺口指标，进一步地遴选能够参与邀约响应的工业、商业及居民用户。

2. 邀约响应用户遴选

首先，需求响应组织方面向每一个电网区域内支持邀约响应的电力用户发送邀约信息，包括总的剩余缺口指标、用户需求响应基线、激励标准上限、考核偏差及邀约答复截止时间。

其次，在答复截止时间前，需求响应组织方接收各个参与主体的邀约答复信息，包括拟响应的容量、响应成本。

然后，需求响应组织方本着经济最优、公平参与或者响应效果最可靠等原则，按照响应成本从低到高、邀约答复时间从早到晚、历史响应信誉度从低到高，对答复邀约的电力用户进行排序。

最后，计算上述参与邀约响应用户的总响应容量，如果小于剩余缺口指标，则所有用户纳入实施方案；如果大于剩余缺口指标，只能将排名靠前的部分用户纳入实施方案。

4.3.2 电网直控负荷控制策略

1. 工业负荷控制策略

1）工业用户电网直控（柔性）调节模型

工业企业直控模型针对工业企业与电网互动应用场景，在充分采集监测工业企业各项末端数据的基础上，通过对影响企业能源利用情况的因素进行分析，利用边缘路由器对生产设备、生产流水线、储能系统以及自备电厂等进行柔性负荷控制，参与电网需求响应活动，在对用户生产无扰或微扰的情况下，通过对工业企业的直控实现电网供需平衡。调节模型见图 4–2。

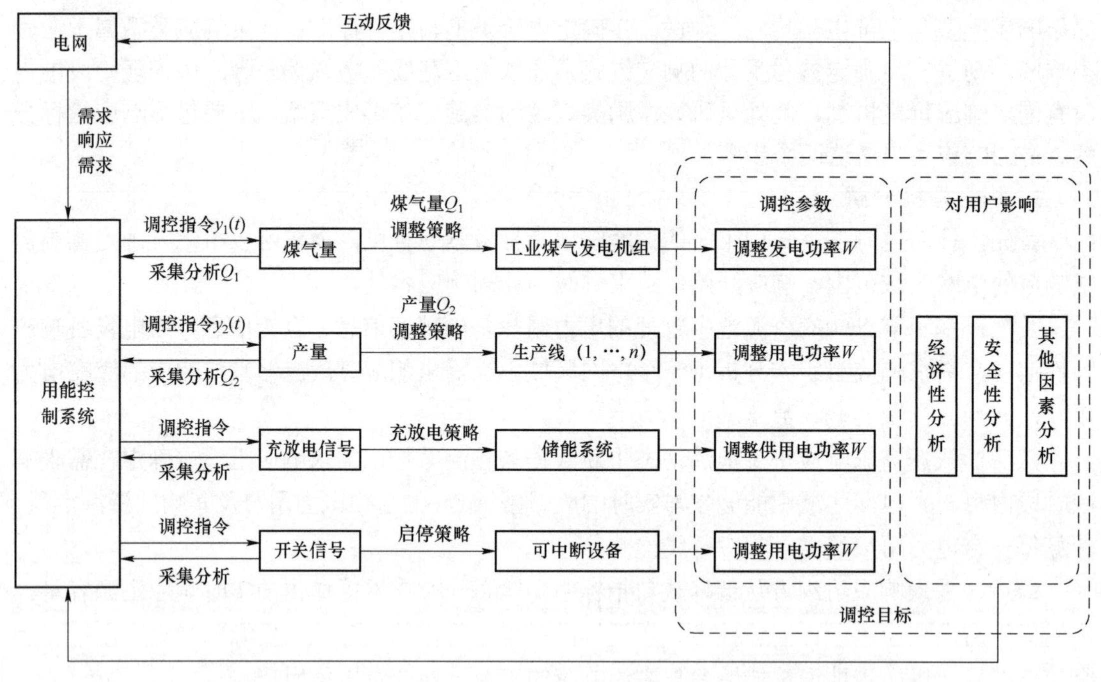

图 4–2　工业企业直控（柔性）调节模型

2）工业用户直控策略

工业用户直控采用一种基于预案的互动策略，其核心是在工厂制定若干不同级别干扰度的负荷削减方案（即预案），结合市场竞争以及生产计划需求进行权衡分析，最终确认参与直控的策略。

输入参数：需求响应响应量、响应时间和响应速度。

输出参数：工厂需求响应预案序号、执行时间等。

算法：层次分析法。

优化目标：筛选最优执行预案。

互动策略见图 4–3。

2. 商业楼宇负荷控制策略

商业楼宇重点耗能对象为暖通空调，在保证商业楼宇及电网负荷需求的前提下，对系统进行实时优化控制，动态寻找在该工况下系统最低能耗时各设备的最优运行控制参数，通过直控方式实现电网的供需平衡。以电网调控指令、空调系统设备运行及环境参数等为模型输入量，通过改变空调系统运行方式、运行模式、运行参数等手段，调节楼宇用电负荷，主动响应电网调控指令。直控模型见图 4–4。

空调负荷调控通过接收负荷缺额容量，基于空调运行模型计算接入系统的中央空调调控总负荷潜力，通过多种目标（管理优先、效率优先、市场手段等）的策略来实现负荷调控容量的分解，下达空调负荷需求响应指令，实时监控空调负荷的运行数据，执行后计算空调负荷的基线，从而实现空调负荷调控效果的评估。直控流程见图 4–5。

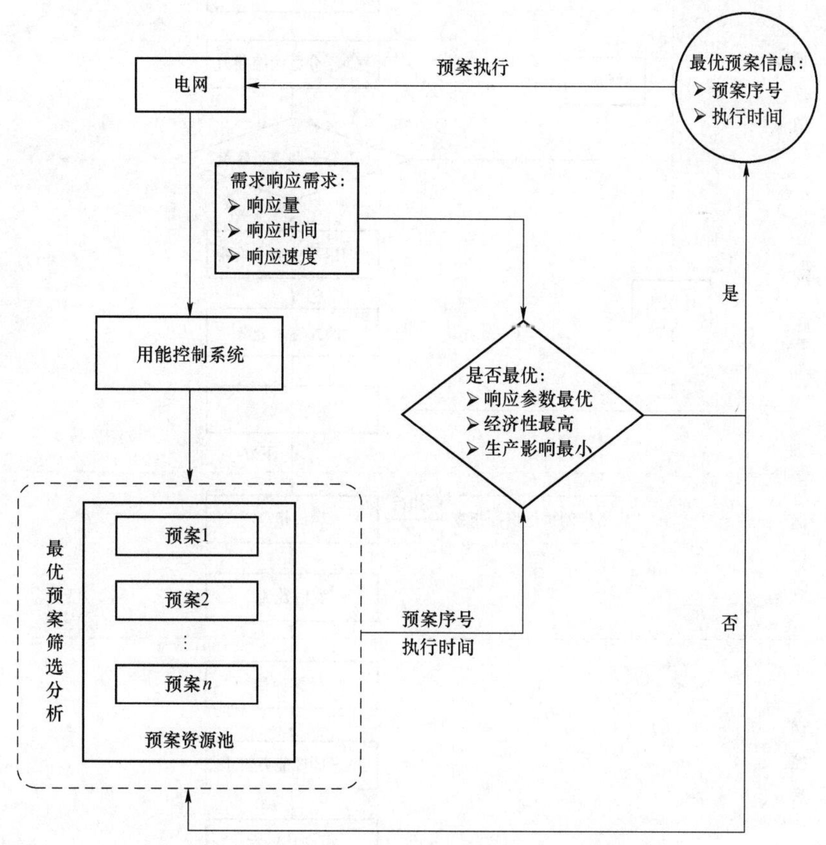

图 4–3　工业企业参与电网友好互动策略

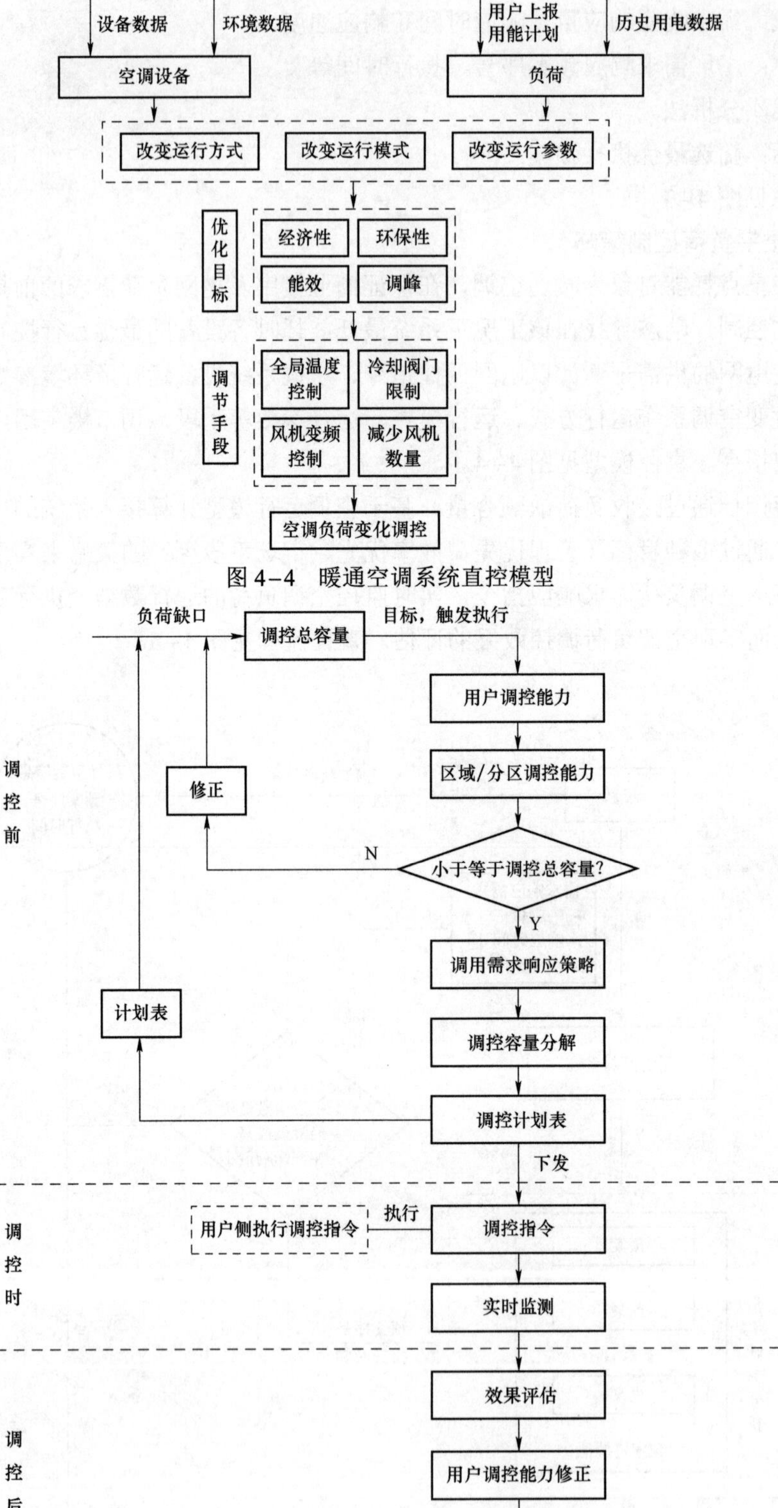

图 4-4　暖通空调系统直控模型

图 4-5　楼宇暖通空调直控流程

空调负荷直控策略如下：利用非线性规划法等算法，采用建筑单体和建筑集群的控制方式，通过客户侧用能服务平台（云端）下发直控指令，结合电网互动模型输入参数，对送风温度进行调控，精准控制空调负荷变化量，从而实现空调负荷直控。

输入参数：空调设备参数、温度参数、冷冻水系统参数、环境参数等。

输出参数：空调负荷的变化量。

算法：非线性规划法等。

优化目标：精准调控空调负荷变化量、相应电网指令。

直控策略见图 4–6。

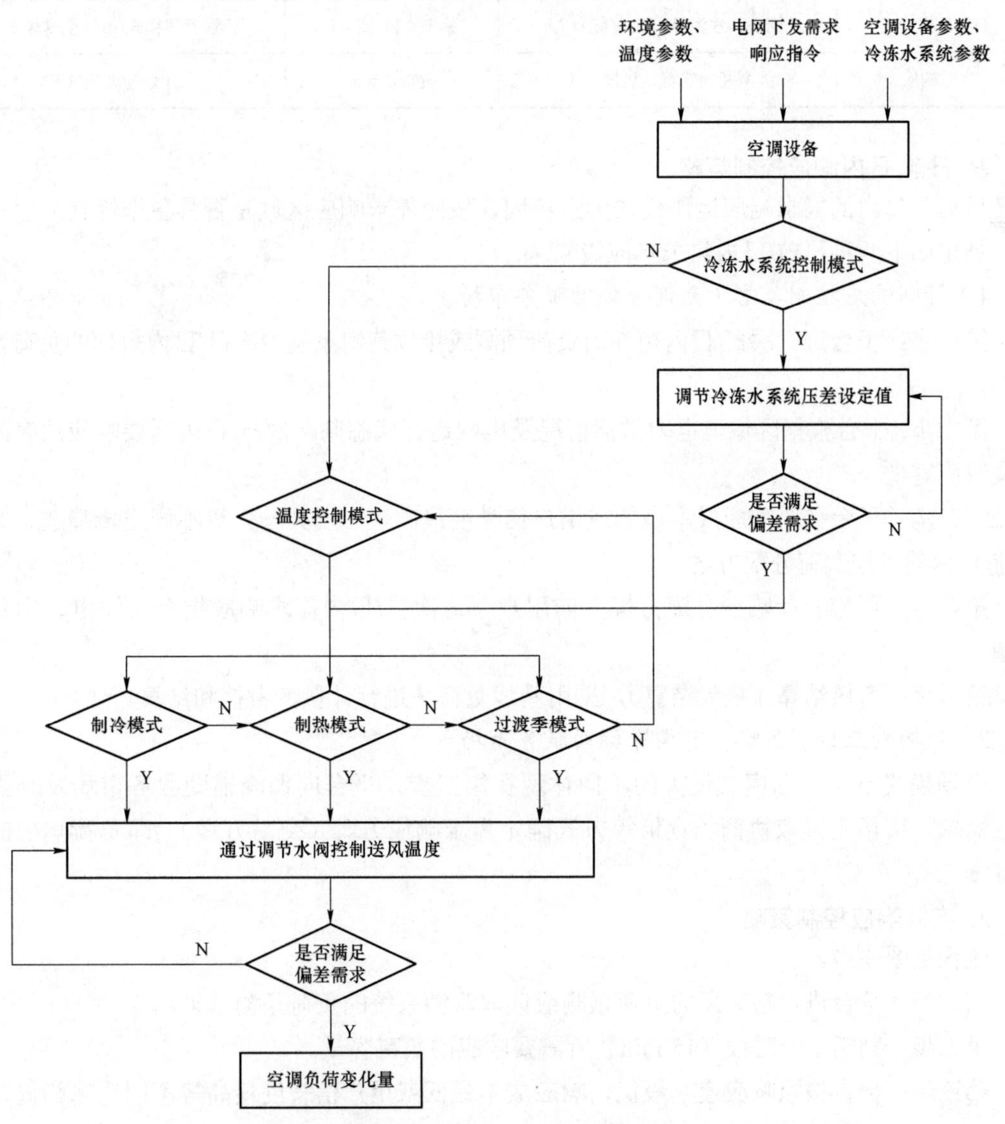

图 4–6 楼宇暖通空调直控策略

4.3.3 用户自控负荷控制策略

自控负荷控制主要是通过发布电价/激励的方式让用户自行调整其用电行为并控制用电设备，以此来实现电网供需平衡。这也是目前国际通行的主要控制方式，各国基本上全部采用此类方式。根据各类型负荷的响应特性，将调控的电力负荷及其设备类型按照可参与需求响应的时间尺度进行分类，具体划分为日前/日内响应和实时响应两类，见表 4-1。

表 4-1 可调负荷分类

时间尺度	行业类型	通知时间	响应方式
日前/日内响应	钢铁、水泥等工业负荷为主	提前 24 h 或 4 h	计划管理模式/市场交易模式
实时响应	大型商业建筑、居民为主	提前 1 min	计划管理模式

1. 日前/日内响应控制策略

日前与日内的需求响应运作模式大致相同，按照需求响应区域是否具备调峰辅助服务市场，制定如下两种日前/日内需求响应策略。

1）计划响应控制策略（无调峰辅助服务市场）

第一步：平台进行次日/日内短期的负荷预测或接收营销系统的次日/日内短期的负荷预测结果。

第二步：平台根据区域内电力供需情况及电网运行状态判断次日/日内需要响应的时间区间及对应容量。

第三步：平台按照响应成本最低或用户信誉度最高（二选其一）等不同逻辑筛选、制定日前/日内的可控负荷分配方案。

第四步：形成负荷响应分配方案并向用户下达次日/日内需求响应指令（停电、削负荷通知）。

第五步：考核结算（按天结算），采用基线负荷法进行计量、考核和结算。

2）市场响应控制策略（有调峰辅助服务市场）

市场模式下与计划模式最大的不同体现在第三步，平台向调峰辅助服务市场发布需求响应需求，市场则采取协商、竞价等方式确定需求响应方案（交易方案），即负荷响应的分配方案。

2. 实时响应控制策略

流程见图 4-7。

第一步：平台进行超短期的负荷预测或读取营销系统的负荷预测结果。

第二步：判断下一时段（15 min）所需要响应的负荷容量。

第三步：平台按照响应速率最优、响应成本最低或用户信誉度最高等不同逻辑筛选、制定响应负荷的分配方案。

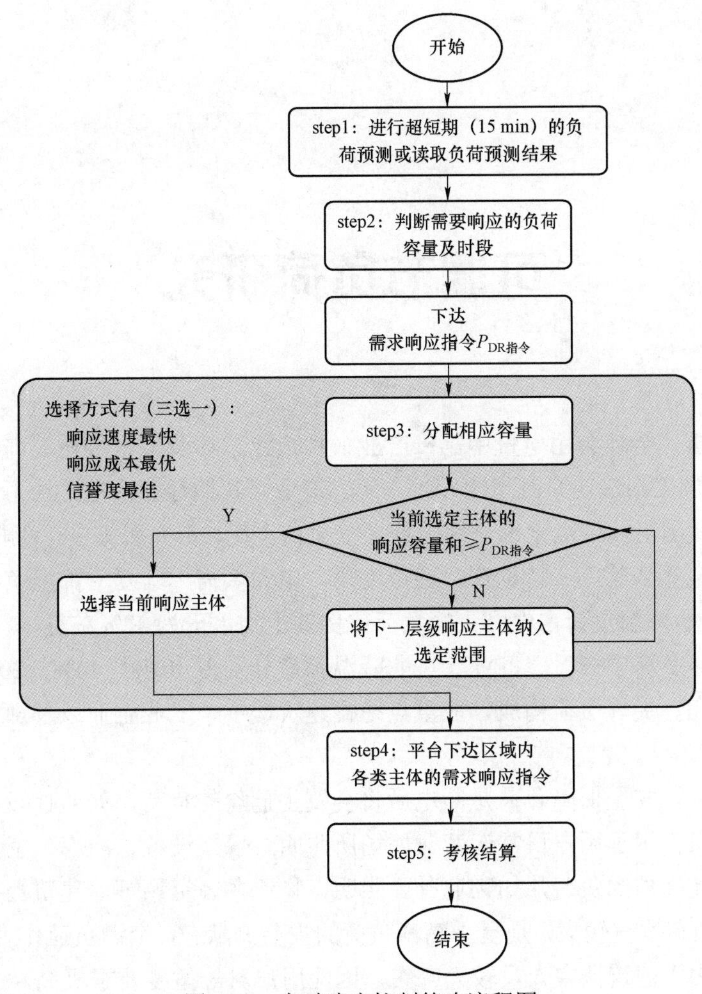

图 4–7　实时响应控制策略流程图

第四步：平台下达区域内各类主体的需求响应指令（当前阶段 1 min 前下达指令）。

第五步：考核结算，按照各类需求响应主体的表计，对其在指令下达后是否在规定的时间间隔内有负荷调整的响应行为进行统计（按天结算），按照电量计算补偿，根据响应前 15 min 的用电量，核减响应的那 15 min 的用电量，得到响应期间的削减电量，再乘以对应的补偿价格。

实时响应的时间线示意见图 4–8。

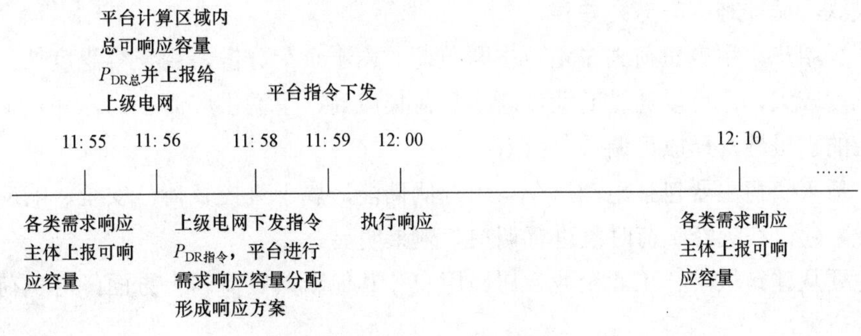

图 4–8　实时响应的时间线示意

第5章

可调节负荷研究

根据统计分析，全社会用电量中第一产业（种植业、林业、畜牧业、养殖业等）占比约2%，第二产业（加工制造业）占比约68%，第三产业（其他行业）占比约16%，城乡居民生活占比约14%。我国工业用电无论是用电量还是负荷占比，都高居第一，商业用电排名第二，城乡居民生活用电排名第三。特别在"迎峰度夏"电力供需中，夏季降温负荷是导致电网尖峰负荷的主要原因，降温负荷占电网尖峰负荷比例的平均水平为32%左右，最高省份可达50%左右。其中，尖峰负荷中居民、商业、工业降温负荷分别占 40%、40%、20%。因此，综合考虑工业负荷占比、尖峰负荷构成，应重点挖掘建筑楼宇、工业企业以及部分居民用户的可调潜力。

对于建筑楼宇，安全保障负荷是断电后将会发生危险的负荷，如监控设备、报警系统、电梯等；经营性负荷用于用户日常运营，如场所照明、餐饮设备、冷库、空调系统等；非经营性负荷是除上述之外的负荷，如物业办公照明、物业办公空调等。建筑楼宇用户运营时间较为固定，空调负荷比重较大，是夏季高峰负荷的主要贡献者，空调负荷作为主要调控对象，调控效果良好，由于建筑楼宇人员较为密集，因此用户对舒适度要求极高。

对于工业企业，安全保障负荷是断电后将会发生危险的负荷，如消防及治安用电设备等；主要生产负荷断电后通常会对产量或生产设备造成影响，如车床、电炉等；辅助生产负荷通常指生产线的辅助设备，或为正常生产提供必要的辅助环境，如传送带、车间空调等；非生产负荷是除上述负荷外的负荷，主要包括厂区照明及亮化、非生产性中央空调、办公用电、生活用电等。主要生产负荷及辅助生产负荷可以根据工艺特性及生产计划进行调节或中断，非生产性负荷原则上可以直接中断，由于工业用户负荷占比高，用电设备种类繁多，不同生产线耦合关联，调控难度与潜力并存。

对于居民用户，用电负荷大多是可中断负荷，由于负荷分散，用户容忍度低，实施成本高、调控难度较大，但可以通过商业创新与负荷集成商、空调供应商合作，间接调动居民参与需求响应的积极性，释放可调节负荷潜力。

此外，新兴负荷主要包括电动汽车与用户侧储能，属于直控负荷，安全、响应速度快、可操作性强，建议在尖峰负荷时段进行调控，效果明显。

本章主要从建筑楼宇、工业企业、居民用户和其他新兴负荷四个方面，对负荷特性及可调潜力进行研究。

5.1　建筑楼宇负荷状况

5.1.1　气象环境对建筑楼宇负荷的影响分析

1. 建筑用电特点

民用建筑用电通常指非生产性建筑在使用过程中的电力消耗，包括用于营造建筑室内环境、实现建筑服务功能的采暖、制冷、通风、照明、炊事、热水、家电、办公等用电消耗。建筑用电按主要用途可划分为暖通空调用电、动力设备用电、照明插座用电及特殊用电。这四个分项中，暖通空调用电约占公共建筑总用电的 30%～50%，尤其是大型公共建筑，有时最高占比可达到 60%。经分析研究发现，暖通空调用电受气象参数影响显著，具有明显季节变化特征，其他三项用电分项全年基本呈现稳定的变化趋势，见图 5-1～5-4。

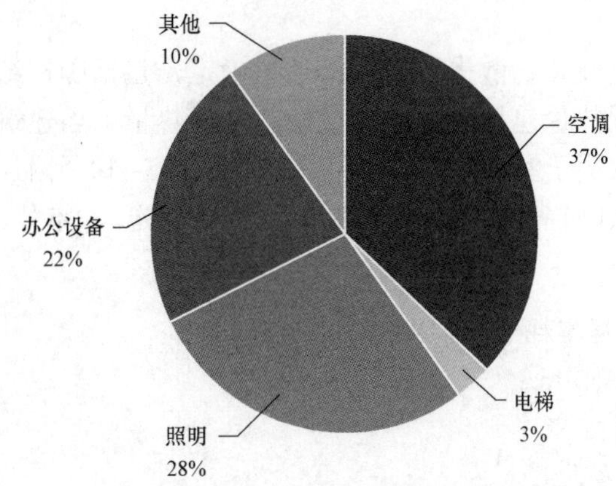

图 5-1　典型商业写字楼用电情况

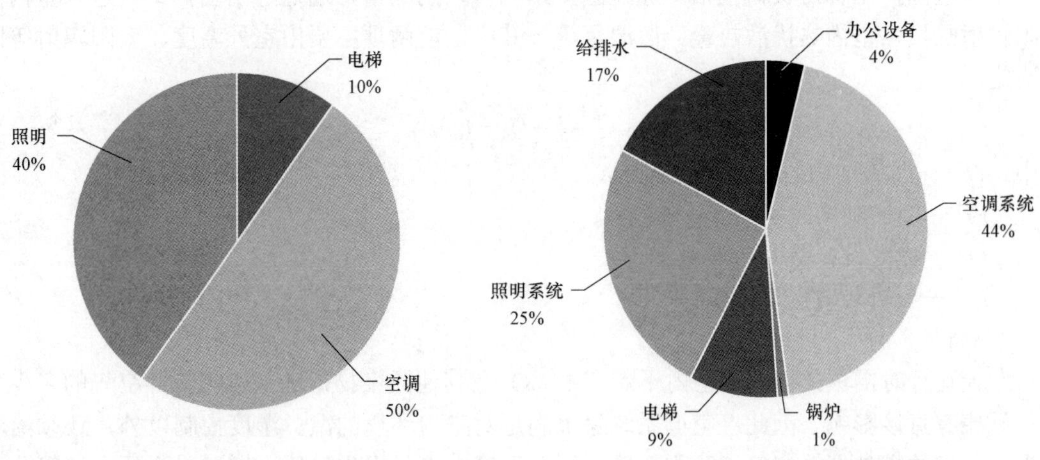

图 5-2　典型商场用电情况

图 5-3　典型星级酒店用电情况

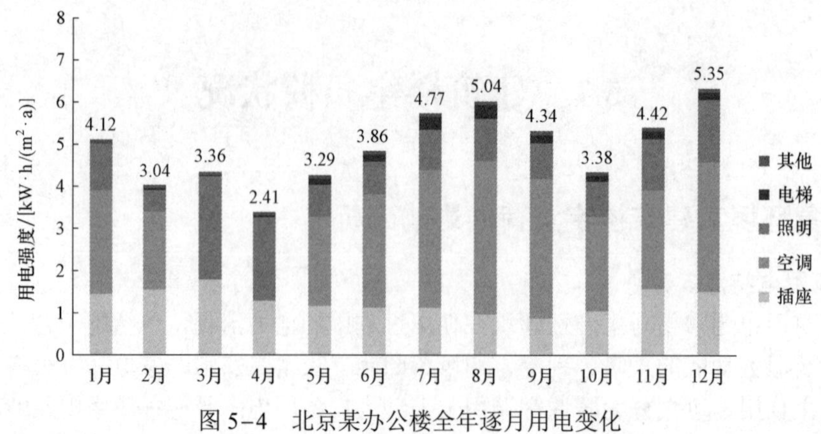

图 5-4　北京某办公楼全年逐月用电变化

2. 气象参数对采暖和空调负荷的影响

暖通空调系统是为建筑物内人员营造良好的热湿环境，通过人工手段提供冷热量用以调节和控制室内空气温度、湿度的。系统提供的冷热量主要由两部分决定。

1）围护结构热负荷

围护结构热负荷根据建筑物散失和获得的热量确定，包括围护结构耗热量、冷空气耗热量等。其中，围护结构耗热量包括基本耗热量和附加耗热量。当建筑方案及室内设定温度确定后，基本耗热量就仅取决于室外温度，计算公式见式（5-1）。附加耗热量则根据建筑的朝向（综合冬季日照率、太阳辐射照度、建筑物遮挡情况确定）、室外风力等因素进行修正。

$$Q = F \cdot (t_n - t_w) \tag{5-1}$$

式中：Q——围护结构的基本耗热量，W；

F——围护结构面积，m^2；

t_n——室内设计温度，℃；

t_w——室外计算温度，℃。

2）围护结构冷负荷

空调区围护结构冷负荷包括：通过围护结构传入的热量，通过透明围护结构进入室内的太阳辐射热量，室内热扰散热量、散湿量等。其中，前两项主要由室外温度、太阳辐射等因素决定。

$$Q = F \cdot (t_n - t_w) \tag{5-2}$$

式中：Q——围护结构的基本耗冷量，W；

F——围护结构面积，m^2；

t_n——室内设计温度，℃；

t_w——室外计算温度，℃。

3）新风负荷

空调运行时需关闭门窗，室内不断产生 CO_2 及其他污染物，送入房间新鲜空气的多少对人员健康有直接影响。因此，空调系统除了满足对室内环境的温、湿度控制以外，还须给环境提供足够的室外新鲜空气（简称新风）以保证室内人员卫生健康。通过以下两个计算公式可知当时人员一定时，空调区新风负荷的大小直接由室外空气温度、湿度决定。

$$G = h \cdot t \cdot d \tag{5-3}$$

式中：h——空气焓值（干空气），kJ/kg；

t——空气温度，℃；

d——含湿量（干空气），kJ/kg。

$$Q_w = G \cdot (h_n - h_w) \tag{5-4}$$

式中：Q_w——新风冷负荷，kW；

G——新风量，kg/s；

h_n——室内空气焓值（干空气），kJ/kg；

h_w——室外空气焓值（干空气），kJ/kg。

4）室外气象参数对建筑负荷的影响分析

综合以上分析可知：①室外气象参数是影响暖通空调系统冷热负荷的重要因素，从而间接影响暖通空调系统用电；②与建筑冷热负荷相关的气象参数具体包括空气温度、空气湿度、太阳辐射强度、风速及其风向等。

众所周知，气象参数都是变化的。在冬夏季，室外气象参数尤其是温度，与室内设计温度相差甚远，对比建筑全年暖通空调用电量发现，特别是没有市政供暖而用空调采暖的地区，将会出现用电峰值；而较为凉爽的春秋过渡季，空调用电则急剧下降。

另外，不同气候区，室外温湿度也有明显的区别，具体可见图 5-5～5-7，为寒冷地区、温和地区、严寒地区典型城市逐天干球温度变化情况。那么，各地区建筑的空调用电也呈现明显差别。

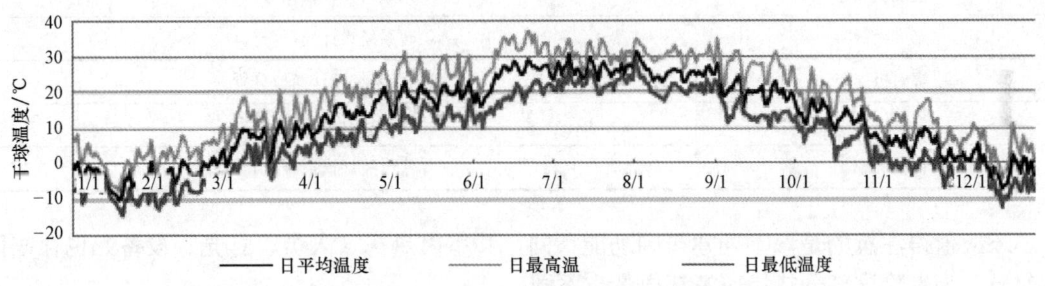

图 5-5　北京全年逐天干球温度变化

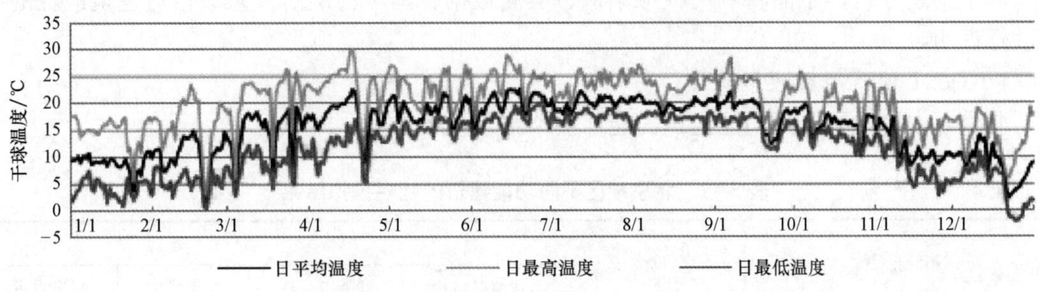

图 5-6　昆明全年逐天干球温度变化

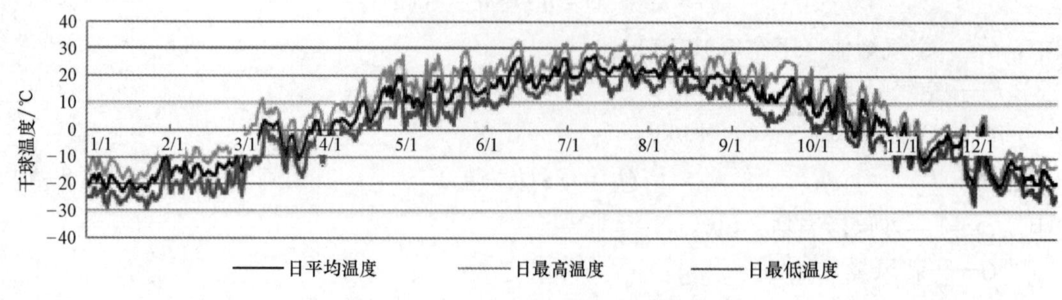

图 5–7 哈尔滨全年逐天干球温度变化

因空调能耗占比大，是建筑节能的重点实施对象。不论是新建建筑设计还是既有建筑节能改造，都会利用建筑能耗模拟软件对建筑冷热负荷进行模拟而获得能如实反映暖通空调负荷全年逐时情况，并以此为依据完成经济高效的设计或改造方案，最终实现建筑节能目标。

因为缺乏实时气象参数实测数据，清华大学 DeST 模拟软件以 270 个台站 1971—2003 年（或建站年—2003 年）的所有全年逐时数据为基础，根据动态模拟分析的不同需要，挑选出 6 套逐时气象数据。这些数据分别为不同的模拟目的服务，包括建筑能耗模拟分析、空调系统设计模拟分析、供暖系统设计模拟分析以及太阳能系统设计模拟分析，见表 5–1。

表 5–1 典型气象年和设计典型年的名称和应用对象

名称	应用对象
焓值极高年	空调系统设计模拟分析
温度极高年	空调系统设计模拟分析
温度极低年	供暖系统设计模拟分析
辐射极高年	太阳能系统设计模拟分析
辐射极低年	太阳能系统设计模拟分析
典型气象年	建筑能耗模拟分析

还应值得注意的是，不同建筑因功能不同，其室内热扰（人员、灯光、设备）也存在巨大差异，为消除这部分热扰所消耗电量也不同。

3. 气象参数对建筑用电影响的案例

基于上述分析，下面将利用模拟案例、实测数据、国家标准对气象参数对建筑能耗的影响进行说明。

1）DeST 建筑能耗模拟软件

北京、上海地区不同功能建筑的能耗模拟结果见表 5–2、5–3。

表 5–2 北京地区不同功能建筑的能耗模拟结果

不同系统	单位	北京地区			
		普通办公楼	商务办公楼	大型商场	宾馆酒店
空调系统全年耗电量	kW·h/（m^2·a）	18	30	110	46
照明系统全年耗电量		14	22	65	18

续表

不同系统	单位	北京地区			
		普通办公楼	商务办公楼	大型商场	宾馆酒店
室内设备全年耗电量	kW・h/（m²・a）	20	32	10	14
电梯系统全年耗电量		—	3	14	3
给排水系统全年耗电量		1	1	0.2	5.8
常规系统全年总耗电量		53	88	200	87

表 5-3　上海地区不同功能建筑的能耗模拟结果

不同系统	单位	上海地区			
		普通办公楼	商务办公楼	大型商场	宾馆酒店
供暖空调系统全年耗电量（包括热源）	kW・h/（m²・a）	23	37	140	54
照明系统全年耗电量		14	22	65	18
室内设备全年耗电量		20	32	10	14
电梯系统全年耗电量		—	3	14	3
给排水系统全年耗电量		1	1	0.2	5.8
常规系统全年总耗电量		58	95	230	95

2）实测数据

（1）上海市（夏热冬冷地区）。

根据上海市住房和城乡建设管理委员会发布的 2013　2017 年度《上海市国家机关办公建筑和大型公共建筑能耗监测及分析报告》数据进行整理，可得上海市办公、旅游饭店、商场及综合建筑在 2013—2017 年的能耗强度情况，见图 5-8。

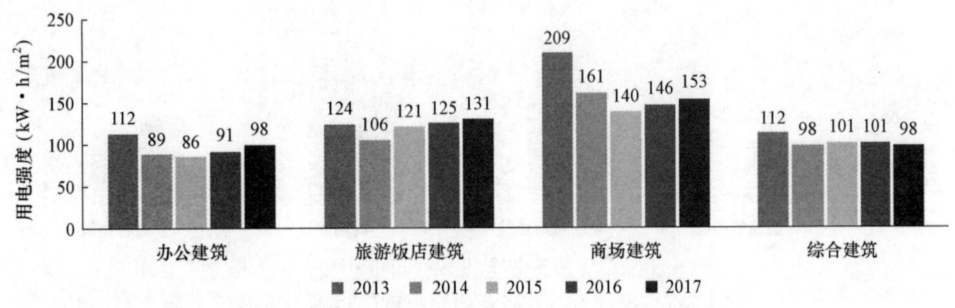

图 5-8　上海市公共建筑能耗强度均值（折合为电力）

从图 5-9 的分项用电占比可以看出，照明与插座用电、空调用电为主要的用电分项，各类型建筑这两项之和均超过 70%。

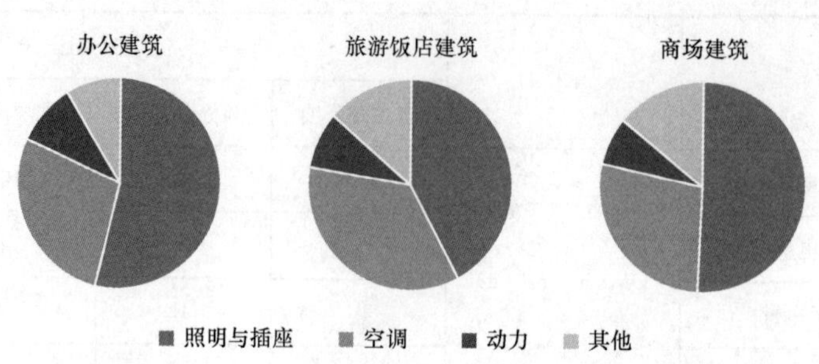

图 5-9　上海市公共建筑分项用电占比（2017 年）

从图 5-10 的逐月用电强度来看，由于夏季空调系统用能需求的增加，5—9 月能耗高于其他月份，7 月、8 月最高，其他月份用电基本稳定。

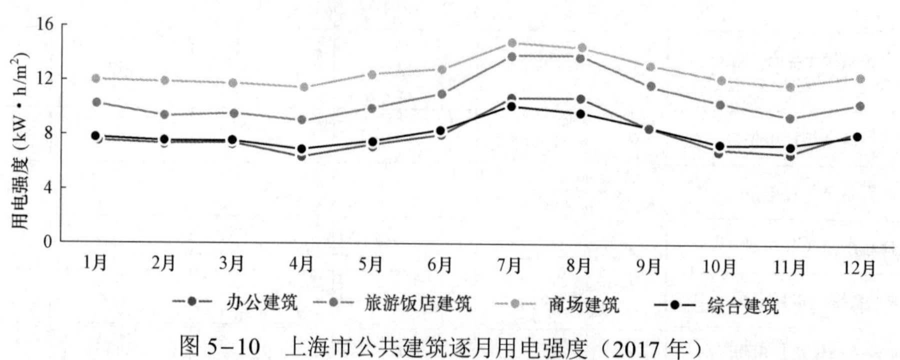

图 5-10　上海市公共建筑逐月用电强度（2017 年）

（2）深圳市（夏热冬暖地区）。

根据深圳市建设科技促进中心、深圳市建筑科学研究院发布的 2015—2017 年度《深圳市大型公共建筑能耗监测情况报告》数据进行整理，可得深圳市办公、旅游饭店、商场及综合建筑在 2015—2017 年的能耗强度情况，见图 5-11。

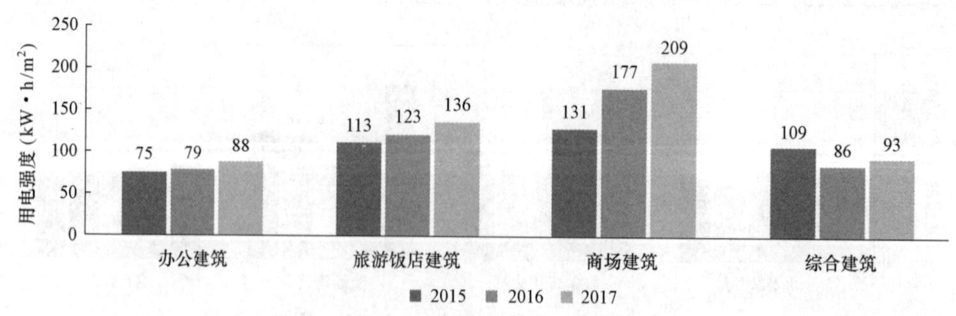

图 5-11　深圳市公共建筑能耗强度（折合为电力）

从图 5-12 的分项用电占比可以看出，深圳市各类公共建筑能耗强度都有小幅上升。此外，与上海市公共建筑类似，照明与插座用电、空调用电为主要的用电分项。

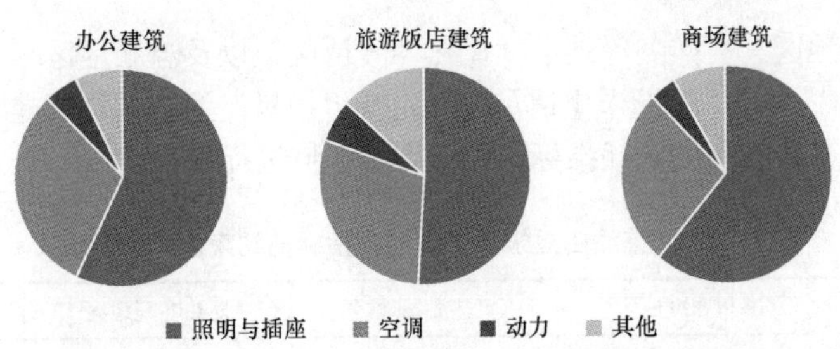

图 5-12 深圳市公共建筑分项用电占比（2017 年）

从图 5-13 的逐月用电强度来看，逐月用电能耗有较强的季节性，夏季空调能耗所占比重较大，且各类建筑逐月变化趋势一致。

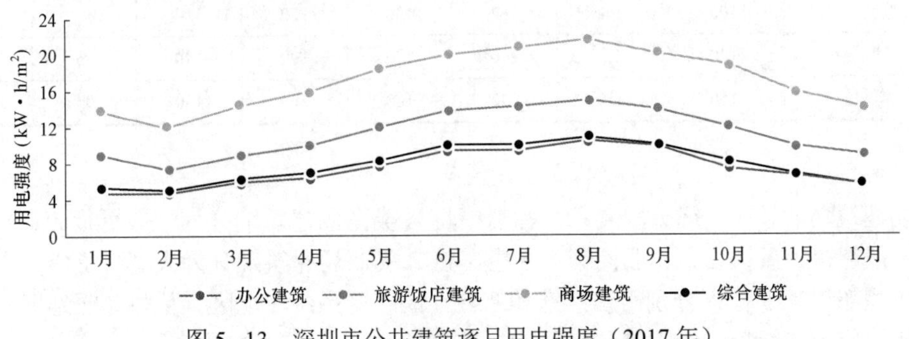

图 5-13 深圳市公共建筑逐月用电强度（2017 年）

3）民用建筑能耗标准

《民用建筑能耗标准》（GB/T 51161—2016）中对各类公共建筑的用能指标取值如下。

（1）办公建筑。

将办公建筑细分为党政机关办公建筑和商业办公建筑，按 A 类和 B 类，分别给出严寒和寒冷地区、夏热冬冷地区、夏热冬暖地区，以及温和地区相对应的能耗指标约束值和引导值，见表 5-4。

表 5-4 办公建筑非供暖能耗指标的约束值和引导值 单位：kW·h/（m²·a）

建筑分类		严寒和寒冷地区		夏热冬冷地区		夏热冬暖地区		温和地区	
		约束值	引导值	约束值	引导值	约束值	引导值	约束值	引导值
A类	党政机关办公建筑	55	45	70	55	65	50	50	40
	商业办公建筑	65	55	85	70	80	65	65	50
B类	党政机关办公建筑	70	50	90	65	80	60	60	45
	商业办公建筑	80	60	110	80	100	75	70	55

（2）宾馆酒店建筑。

将宾馆酒店建筑细分为五星级、四星级、三星级及以下等三个级别，并按 A 类和 B 类分别给出严寒和寒冷地区、夏热冬冷地区、夏热冬暖地区，以及温和地区相对应的能耗指标约束值和引导值，见表 5–5。对于未申请星级评定或“摘星”的宾馆酒店建筑，建议参照标准相对应的宾馆酒店建筑级别的能耗指标约束值和引导值进行管理。

表 5–5　宾馆酒店建筑非供暖能耗指标的约束值和引导值　单位：kW·h/（m²·a）

建筑分类		严寒和寒冷地区		夏热冬冷地区		夏热冬暖地区		温和地区	
		约束值	引导值	约束值	引导值	约束值	引导值	约束值	引导值
A 类	三星级及以下	70	50	110	90	100	80	55	45
	四星级	85	65	135	115	120	100	65	55
	五星级	100	80	160	135	130	110	80	60
B 类	三星级及以下	100	70	160	120	150	110	60	50
	四星级	120	85	200	150	190	140	75	60
	五星级	150	110	240	180	220	160	95	75

（3）商场建筑。

商场建筑功能较多，细分较复杂。标准中将 A 类商场建筑细分为一般百货店、一般购物中心、一般超市、餐饮店、一般商铺等 5 类，将 B 类商场建筑细分为大型百货店、大型购物中心和大型超市等 3 类，分别给出严寒和寒冷地区、夏热冬冷地区、夏热冬暖地区，以及温和地区相对应的能耗指标约束值和引导值，见表 5–6。

表 5–6　商场建筑非供暖能耗指标的约束值和引导值　单位：kW·h/（m²·a）

建筑分类		严寒和寒冷地区		夏热冬冷地区		夏热冬暖地区		温和地区	
		约束值	引导值	约束值	引导值	约束值	引导值	约束值	引导值
A 类	一般百货店	80	60	130	110	120	100	80	65
	一般购物中心	80	60	130	110	120	100	80	65
	一般超市	110	90	150	120	135	105	85	70
	餐饮店	60	45	90	70	85	65	55	40
	一般商铺	55	40	90	70	85	65	55	40
B 类	大型百货店	140	100	200	170	245	190	90	70
	大型购物中心	175	135	260	210	300	245	90	70
	大型超市	170	120	225	180	290	240	100	80

气候因素是影响建筑楼宇负荷的核心要素之一，室内外气象参数是影响暖通空调系统冷热负荷的重要因素，从而间接影响暖通空调系统用电；与建筑冷热负荷相关的气象参数具体包括空气温度、空气湿度、太阳辐射强度、风速及其风向等。众所周知，气象参数都是变化的。在冬夏季，室外气象参数尤其是温度，与室内设计温度相差甚远，对比建筑全年暖通空调用电量发现，特别是没有市政供暖而用空调采暖的地区，将会出现用电峰值；而较为凉爽的春秋过渡季，空调用电则急剧下降。另外，不同气候区，室外温湿度也有明显的区别，各地区建筑的空调用电也呈现明显差别。

5.1.2　大型商业综合体负荷可调减能力

城市综合体是以建筑群为基础，融合商业零售、商务办公、酒店餐饮、公寓住宅、综合娱乐五大核心功能于一体的“城中之城”（功能聚合、土地集约的城市经济聚集体）。而“商业综合体”，是将城市中商业、办公、居住、旅店、展览、餐饮、会议、文娱等城市生活空间的三项以上功能进行组合，并在各部分间建立一种相互依存、相互裨益的能动关系，从而形成一个多功能、高效率、复杂而统一的综合体。

1. 负荷特性

大型商业综合体主要负荷来自空调系统、照明系统、动力系统等，大型商业综合体负荷主要受气候区域和季节性影响，主要会带来空调负荷的较大波动

空调负荷占比在夏季可达到 50%以上；照明负荷较为稳定，占比通常为 20%左右；动力负荷主要来自电梯、水泵等，负荷占比为 15%左右；冷库制冷负荷为 10%左右。负荷曲线见图 5–14。

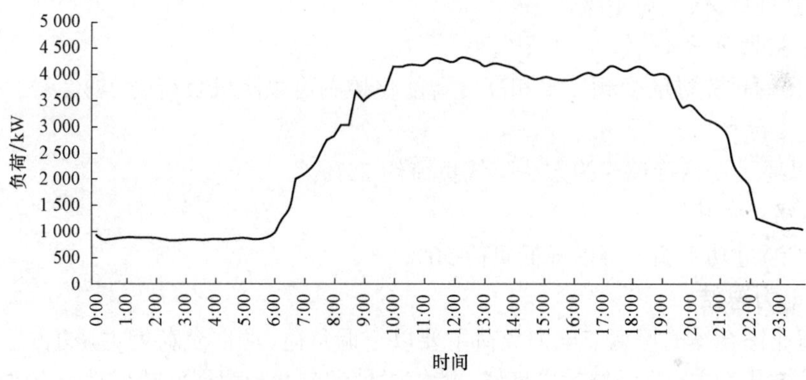

图 5–14　某大型商业综合体负荷曲线图

2. 负荷特点

大型商业综合体负荷分类见表 5–7。

表 5–7　大型商业综合体负荷分类表

负荷类别	负荷占比	主要设备
安全保障负荷	1%～5%	应急照明、生活水泵、消防泵、监控设备、报警系统
经营性负荷	60%～85%	场所照明、餐饮设备、冷库、电梯、风机盘管、风机、冷却水泵、冷冻水泵、冷却塔、冷库、VRV 空调、分体及中央空调、电脑传真打印等办公用电器具等
非经营性负荷	5%～10%	物业办公照明、物业办公空调、开水炉、热泵、电热锅炉、电锅炉、外墙亮化、广告牌

3. 调节方式

1）照明负荷

在日常工作时间，照明负荷多为非经营性负荷，控制方式相对简单，可以通过开断方式进行局部线路控制，达到负荷控制的要求。在紧急情况下，可达到 100%响应。

2）中央空调负荷

中央空调负荷由于用电占比高、控制效果好，是当前建筑楼宇中可调负荷研究的重点。

（1）空调刚性控制方式。一般指直接关停全部或部分空调设备，如关停空调主机、关停循环系统设备或者关停空调系统末端设备等。刚性控制方式的最大优点是方式简单、响应迅速、执行到位、限负荷容量确定。刚性控制方式导致空调制冷能力急剧下降，可能会影响用户舒适度。

（2）空调柔性调节方式。一般指通过改变单一或多个空调设备运行模式、运行参数、运行方式等调整负荷的出力，达到部分削减负荷的目的。

为最大限度发挥建筑本体的保温效果，减少对用户的影响，空调负荷调节时间一般持续 30 min 左右。

3）分体式空调负荷

分体式空调，通过改变设定温度可以降低负荷。在保证人体舒适度的前提下，夏季空调制冷运转时，设定温度每提高 1℃，大约可降低负荷 20%；冬季制热运转时，设定温度每降低 1℃，大约可以降低负荷 10%。

4）VRV 空调负荷

VRV 空调通过先进的变频技术和高度智能化控制可以降低负荷约 28%。

5）冷库负荷

冷库可以通过变运行模式的方法降低负荷约 25%。

6）电热锅炉负荷

电热锅炉通过功率调节可以降低负荷 50%。

4. 调节能力总结

综上，商业综合体的可调节电力负荷主要以空调负荷、照明负荷为主，约占总负荷的 60% 以上，以直控方式为主，且调控效果良好，能够柔性调节并最大程度减少对用户的影响。其中，夏季空调负荷可调节能力最大，约占 19%；照明、冷库、电热锅炉的调节能力可达 13%。综合典型用户负荷数据分析，大型商业综合体可调节负荷占比约 36%，负荷调控情况见表 5-8。

表 5-8　大型商业综合体负荷调控情况表

<table>
<tr><th rowspan="2">主要设备</th><th rowspan="2">负荷占比</th><th rowspan="2">调控类别/方式</th><th rowspan="2">调控策略</th><th colspan="3">调控时间</th><th colspan="3">可调负荷占比</th></tr>
<tr><th>准备时间</th><th>响应时长</th><th>恢复投运时间</th><th>个体占比</th><th>整体占比</th><th>合计</th></tr>
<tr><td rowspan="4">冷水机组</td><td rowspan="4">30%</td><td>直控（柔性）</td><td>提高出水温度</td><td>分钟级</td><td>1～2 h</td><td>分钟级</td><td>3.5%～7%</td><td rowspan="7">19%</td><td rowspan="7">36%</td></tr>
<tr><td>直控（柔性）</td><td>减少运行数量</td><td>分钟级</td><td>1～2 h</td><td>分钟级</td><td>40%～50%</td></tr>
<tr><td>直控（柔性）</td><td>预制冷</td><td>分钟级</td><td>0.5～1 h</td><td>分钟级</td><td>60%</td></tr>
<tr><td>直控（柔性）</td><td>提高全局温度设置</td><td>分钟级</td><td>1～2 h</td><td>分钟级</td><td>8%</td></tr>
<tr><td>冷冻（却）水泵</td><td>10%</td><td>直控（柔性）</td><td>变频控制</td><td>分钟级</td><td>0.5～1 h</td><td>分钟级</td><td>20%</td></tr>
<tr><td rowspan="2">冷却塔风机</td><td rowspan="2">5%</td><td>直控（柔性）</td><td>变频控制</td><td>分钟级</td><td>0.5～1 h</td><td>分钟级</td><td>20%</td></tr>
<tr><td>直控（刚性）</td><td>减少运行数量</td><td>秒级</td><td>0.5～1 h</td><td>秒级</td><td>5%～15%</td></tr>
</table>

续表

主要设备	负荷占比	调控类别/方式	调控策略	调控时间			可调负荷占比		
				准备时间	响应时长	恢复投运时间	个体占比	整体占比	合计
分体式空调	5%	直控（柔性）	调节设定温度	分钟级	0.5～2 h	分钟级	50%	2%	36%
		直控（柔性）	调节功率	分钟级	0.5～2 h	分钟级	50%		
VRV 空调	5%	直控（柔性）	变频控制	分钟级	0.5～1 h	分钟级	16%	2%	
		直控（柔性）	调节设定温度	分钟级	1～2 h	分钟级	40%		
照明负荷	20%	直控（刚性）	直接开断	秒级	0.5～2 h	秒级	30%	8%	
冷库负荷	10%	直控（刚性）	直接开断	秒级	0.5～2 h	秒级	50%		
电热锅炉	5%	直控（刚性）	直接开断	秒级	0.5～2 h	秒级	100%	5%	
		直控（柔性）	调节功率	分钟级	0.5～2 h	分钟级	50%		

5.1.3　宾馆负荷可调减能力

1. 负荷特性

宾馆用电负荷主要来源于照明、空调、厨房冷库等系统。其中，空调系统 24 h 不间断运行，负荷变化趋势与人们的日常生活规律相似。照明系统负荷占比约为 30%以上；空调系统主要为中央空调和分体式空调，负荷占总体的 40%以上；厨房冷库使用负荷接近 20%。负荷曲线见图 5-15。

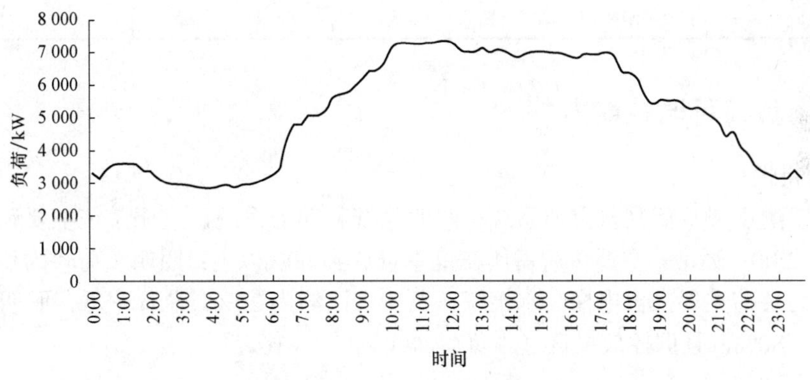

图 5-15　某宾馆负荷曲线图

2. 负荷特点

宾馆负荷分类见表 5-9。

表 5-9　宾馆负荷分类表

负荷类别	负荷占比	主要设备
安全保障负荷	5%～10%	应急照明、电梯、生活水泵、消防泵等
经营性负荷	70%～90%	场所照明、厨房冷库、电梯、风机盘管、风机、水泵、冷却塔、分体及中央空调等
非经营性负荷	1%～5%	宾馆办公照明、电脑、传真打印、公共亮化设备等

3. 调节能力总结

宾馆主要用电负荷集中在空调系统（中央空调、分散式空调）、照明系统、厨房冷库等。其中，空调系统的冷水机组负荷占比高，柔性可调潜力最大，占整体负荷的15%。

综合典型用户负荷数据分析，宾馆可调负荷可达到整体负荷的23%。负荷调控情况见表5–10。

表5–10　宾馆负荷调控情况表

主要设备	负荷占比	调控类别/方式	调控策略	调控时间			可调负荷占比		
				准备时间	响应时长	恢复投运时间	个体占比	整体占比	合计
冷水机组	20%	直控（柔性）	提高出水温度	分钟级	1~2 h	分钟级	3.5%~7%	15%	23%
		直控（柔性）	减少运行数量	分钟级	1~2 h	分钟级	40%~50%		
		直控（柔性）	预制冷	分钟级	0.5~1 h	分钟级	60%		
		直控（柔性）	提高全局温度设置	分钟级	1~2 h	分钟级	8%		
冷冻（却）水泵	5%	直控（柔性）	变频控制	分钟级	0.5~1 h	分钟级	20%		
冷却塔风机	5%	直控（柔性）	变频控制	分钟级	0.5~1 h	分钟级	20%		
		直控（刚性）	减少运行数量	秒级	0.5~1 h	秒级	5%~15%		
分体式空调	10%	直控（柔性）	调节设定温度	分钟级	0.5~2 h	分钟级	50%		
		直控（柔性）	调节功率	分钟级	0.5~2 h	分钟级	50%		
照明负荷	30%	直控（刚性）	直接开断	秒级	0.5~2 h	秒级	50%	8%	
冷库负荷	20%	直控（刚性）	直接开断	秒级	0.5~2 h	秒级	50%		

5.1.4　商场负荷可调减能力

1. 负荷特性

商业楼宇的主要负荷来自空调系统、照明系统和动力系统，空调系统主要运行时段为每日的9:00—22:00。通常，空调负荷占比在夏季可达到60%以上；照明负荷较为稳定，占比约为20%；动力负荷主要来自电梯、水泵等，负荷占比约为20%。总体来看，照明及空调占总负荷的60%~80%，且调控效果良好。负荷曲线见图5–16。

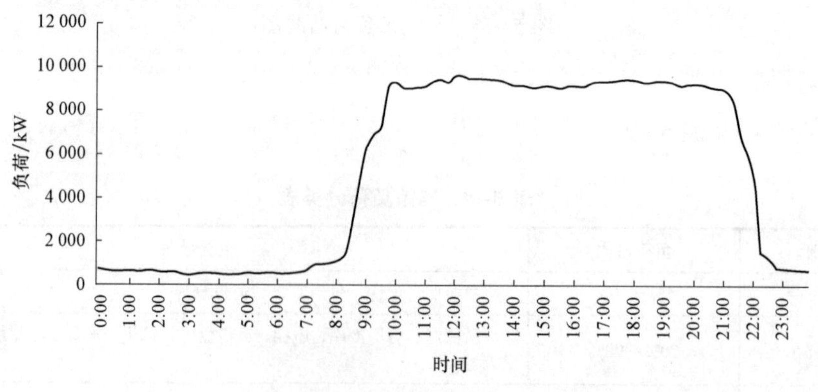

图5–16　某商场负荷曲线图

2. 负荷特点

商场负荷分类见表5-11。

表5-11 商场负荷分类表

负荷类别	负荷占比	主要设备
安全保障负荷	10%～15%	应急照明、生活水泵、消防泵、监控设备、报警系统等
经营性负荷	60%～80%	场所照明、电梯、风机盘管、风机、冷却水泵、冷冻水泵、冷却塔、中央空调等
非经营性负荷	1%～5%	食堂设备、开水炉、电锅炉、物业办公电脑、传真、打印、广告牌等

3. 调节能力总结

目前，商场可控负荷主要设备包含冷水机组负荷、照明负荷、冷冻（却）水泵和冷却塔风机。其中冷水机组占比最大，约为40%。空调相关负荷主要调控方式为直控（柔性）调节，调控准备和恢复投运时间可达到分钟级。照明负荷和部分冷却塔风机采用直控（刚性）调控方式，调控准备和恢复投运时间可达到秒级。空调类负荷可调比例约为20%，照明负荷可调比例约为10%。

综合典型用户负荷数据分析，商场负荷的可调负荷比例约为30%。负荷调控情况见表5-12。

表5-12 商场负荷调控情况表

<table>
<tr><th rowspan="2">主要设备</th><th rowspan="2">负荷占比</th><th rowspan="2">调控类别/方式</th><th rowspan="2">调控策略</th><th colspan="3">调控时间</th><th colspan="3">可调负荷占比</th></tr>
<tr><th>准备时间</th><th>响应时长</th><th>恢复投运时间</th><th>个体占比</th><th>整体占比</th><th>合计</th></tr>
<tr><td rowspan="4">冷水机组</td><td rowspan="4">40%</td><td>直控（柔性）</td><td>提高出水温度</td><td>分钟级</td><td>1～2 h</td><td>分钟级</td><td>3.5%～7%</td><td rowspan="7">20%</td><td rowspan="8">30%</td></tr>
<tr><td>直控（柔性）</td><td>减少运行数量</td><td>分钟级</td><td>1～2 h</td><td>分钟级</td><td>40%～50%</td></tr>
<tr><td>直控（柔性）</td><td>预制冷</td><td>分钟级</td><td>0.5～1 h</td><td>分钟级</td><td>60%</td></tr>
<tr><td>直控（柔性）</td><td>提高全局温度设置</td><td>分钟级</td><td>1～2 h</td><td>分钟级</td><td>8%</td></tr>
<tr><td>冷冻（却）水泵</td><td>10%</td><td>直控（柔性）</td><td>变频控制</td><td>分钟级</td><td>0.5～1 h</td><td>分钟级</td><td>20%</td></tr>
<tr><td rowspan="2">冷却塔风机</td><td rowspan="2">10%</td><td>直控（柔性）</td><td>变频控制</td><td>分钟级</td><td>0.5～1 h</td><td>分钟级</td><td>20%</td></tr>
<tr><td>直控（刚性）</td><td>减少运行数量</td><td>秒级</td><td>0.5～1 h</td><td>秒级</td><td>5%～15%</td></tr>
<tr><td>照明负荷</td><td>20%</td><td>直控（刚性）</td><td>直接开断</td><td>秒级</td><td>0.5～2 h</td><td>秒级</td><td>50%</td><td>10%</td></tr>
</table>

5.1.5 办公楼负荷可调减能力

办公楼指机关、企业、事业单位行政管理人员及业务技术人员等办公的业务用房，现代办公楼正向综合化、一体化方向发展。办公楼按规模有小型、中型、大型和特大型之分。按层数有低层、多层、高层和超高层之分。按总体布局有集中式和分散式之分。此外，按平面形式、结构造型和所用材料，又可分为若干类型。如按平面交通组织形式来分，有内走廊式、外走廊式、双走廊式和无走廊式（大空间灵活隔断）等。

1. 负荷特性

办公建筑一般为一班工作制，设备运行高峰时段约在 8:00—20:00，其主要负荷来自于空调系统、照明系统、办公设备、动力系统等。空调系统包含了中央空调、VRV 空调，负荷占比大约在 45%，由于办公建筑需要高质量的办公照明，所以照明系统负荷占比较高，接近40%。负荷曲线见图 5–17。

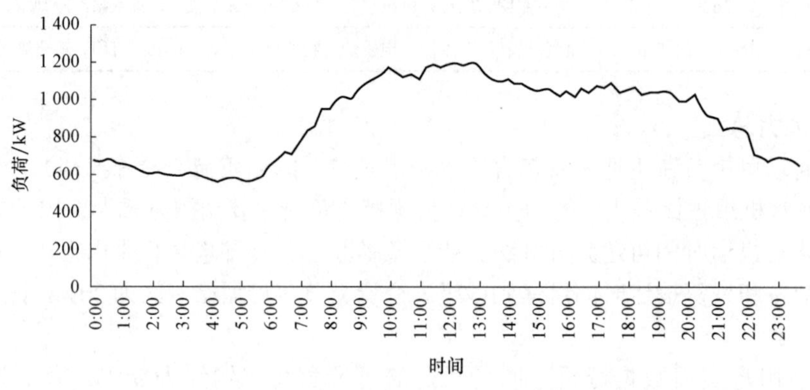

图 5–17　某办公楼负荷曲线图

2. 负荷特点

办公楼负荷分类见表 5–13。

表 5–13　办公楼负荷分类表

负荷类别	负荷占比	主要设备
安全保障负荷	1%～5%	应急照明、生活水泵、消防设备及监控等
主要办公负荷	10%～15%	复印机、打印机、交换机、计算机等
辅助办公负荷	60%～80%	办公照明、中央空调、VRV 空调、冷冻水泵、冷却水泵、电锅炉、电梯等
非办公负荷	5%～10%	食堂设备、楼道照明、开水炉、电热锅炉、热泵等

3. 调节能力总结

办公建筑主要通过对空调设备、照明、电热锅炉的调控，实现削减负荷的目的。根据办公建筑的负荷特性和负荷特点，空调设备、办公照明和电热锅炉的负荷占比较大，对这三类负荷进行调控不会产生较大的安全隐患。因此，办公建筑负荷中以上三类负荷具备较高的调控潜力。

空调可以通过柔性直控的方式，调节空调参数以降低功率，实现分钟级负荷调控；照明可以通过刚性直控的方式，切断负荷电源以减少负荷，实现秒级负荷调控；电锅炉可以通过切断电源和调节控制两种方式来调节功率。

综合典型用户负荷数据分析，办公楼负荷中总体可调负荷占比约为 32%。负荷调控情况见表 5–14。

表 5-14　办公楼负荷调控情况表

<table>
<tr><th rowspan="2">主要设备</th><th rowspan="2">负荷占比</th><th rowspan="2">调控类别/方式</th><th rowspan="2">调控策略</th><th colspan="3">调控时间</th><th colspan="3">可调负荷占比</th></tr>
<tr><th>准备时间</th><th>响应时长</th><th>恢复投运时间</th><th>个体占比</th><th>整体占比</th><th>合计</th></tr>
<tr><td rowspan="4">冷水机组</td><td rowspan="4">25%</td><td>直控（柔性）</td><td>提高出水温度</td><td>分钟级</td><td>1～2 h</td><td>分钟级</td><td>3.5%～7%</td><td rowspan="9">15%</td><td rowspan="12">32%</td></tr>
<tr><td>直控（柔性）</td><td>减少运行数量</td><td>分钟级</td><td>1～2 h</td><td>分钟级</td><td>40%～50%</td></tr>
<tr><td>直控（柔性）</td><td>预制冷</td><td>分钟级</td><td>0.5～1 h</td><td>分钟级</td><td>60%</td></tr>
<tr><td>直控（柔性）</td><td>提高全局温度设置</td><td>分钟级</td><td>1～2 h</td><td>分钟级</td><td>8%</td></tr>
<tr><td>冷冻（却）水泵</td><td>10%</td><td>直控（柔性）</td><td>变频控制</td><td>分钟级</td><td>0.5～1 h</td><td>分钟级</td><td>20%</td></tr>
<tr><td rowspan="2">冷却塔风机</td><td rowspan="2">5%</td><td>直控（柔性）</td><td>变频控制</td><td>分钟级</td><td>0.5～1 h</td><td>分钟级</td><td>20%</td></tr>
<tr><td>直控（刚性）</td><td>减少运行数量</td><td>秒级</td><td>0.5～1 h</td><td>秒级</td><td>5%～15%</td></tr>
<tr><td rowspan="2">VRV 空调</td><td rowspan="2">5%</td><td>直控（柔性）</td><td>变频控制</td><td>分钟级</td><td>0.5～1 h</td><td>分钟级</td><td>16%</td></tr>
<tr><td>直控（柔性）</td><td>调节设定温度</td><td>分钟级</td><td>1～2 h</td><td>分钟级</td><td>40%</td></tr>
<tr><td>照明负荷</td><td>35%</td><td>直控（刚性）</td><td>直接开断</td><td>秒级</td><td>0.5～2 h</td><td>秒级</td><td>30%</td><td>12%</td></tr>
<tr><td rowspan="2">电热锅炉</td><td rowspan="2">5%</td><td>直控（刚性）</td><td>直接开断</td><td>秒级</td><td>0.5～2 h</td><td>秒级</td><td>100%</td><td rowspan="2">5%</td></tr>
<tr><td>直控（柔性）</td><td>调节功率</td><td>分钟级</td><td>0.5～2 h</td><td>分钟级</td><td>50%</td></tr>
</table>

5.1.6　医院、学校及其他楼宇用户负荷可调减能力

医院用电负荷为连续性负荷，不受时段、季节、气候影响。医疗设备全部为一级负荷，禁止作为调节对象。

学校用电主要集中在 8:00—18:00，主要为学校日常运行负荷，调节能力较弱，照明和空调系统作为普通负荷，可以通过控制手段降低负荷比例约 15%～20%。

因此，医院和学校一级负荷占比高，不可快速中断，不宜参与快速错避峰，照明和空调系统作为普通负荷，可以通过控制手段降低负荷比例约 15%～20%。其他非居民楼宇建筑由于功能不同，对应用电负荷占比不同，但主要可调负荷都来自空调和照明系统，通过调节措施，可以达到削减负荷的目的。建筑楼宇可调负荷类型汇总见表 5-15。

表 5-15　建筑楼宇可调负荷类型汇总表

<table>
<tr><th>序号</th><th>楼宇类型</th><th>可调负荷占比</th><th>可调负荷类型</th><th>调节时间</th><th>响应时长</th></tr>
<tr><td rowspan="2">1</td><td rowspan="2">大型商业综合体</td><td rowspan="2">36%</td><td>冷水机组、冷冻水泵、冷却塔风机（变频）、分体式空调、VRV 空调、电热锅炉（调节功率）等</td><td>分钟级</td><td>0.5～2 h</td></tr>
<tr><td>照明负荷、冷库负荷冷却塔风机（减少运行数量）、电热锅炉（开断）等</td><td>秒级</td><td>0.5～2 h</td></tr>
<tr><td>2</td><td>宾馆</td><td>23%</td><td>冷水机组、冷冻水泵、冷却塔风机、照明负荷</td><td>分钟级</td><td>0.5～2 h</td></tr>
<tr><td>3</td><td>商场</td><td>30%</td><td>冷水机组、冷冻水泵、冷却塔风机、照明负荷</td><td>分钟级</td><td>0.5～2 h</td></tr>
<tr><td rowspan="2">4</td><td rowspan="2">办公楼</td><td rowspan="2">32%</td><td>冷水机组、冷冻水泵、冷却塔风机（变频）、分体式空调、VRV 空调、电热锅炉（调节功率）等</td><td>分钟级</td><td>0.5～2 h</td></tr>
<tr><td>照明负荷、冷库负荷冷却塔风机（减少运行数量）、电热锅炉（开断）</td><td>秒级</td><td>0.5～2 h</td></tr>
</table>

5.1.7 楼宇典型设备负荷可调增能力

楼宇内部能够参与填谷或可再生能源消纳的负荷主要包括集中式空调系统、分散式空调系统、电热锅炉系统、电热水器。根据《电力需求响应资源信息模型》中电联系列团体标准中规定的信息模型、数据项，通过分析集中式空调系统、分散式空调系统、电热锅炉系统、电热水器参与填谷或可再生能源消纳的应用场景，定性地描述了上述楼宇典型设备负荷参与填谷或可再生能源消纳的方式，建立了上述楼宇典型设备负荷的可调增能力模型。

1. 集中式空调系统

集中式空调系统具有制冷、制热两种工况，在制热工况下负荷具有可调增能力。

假设在实施需求响应前，建筑物内集中式空调系统已经处于平稳运行状态，即集中式空调系统制热量与建筑物热量消耗量相匹配，基于建筑物采暖面积、平均层高等基础参数，根据当前室内温度、用户允许的最高室内温度，按照式（5–5），可以求得集中式空调系统可增加有功功率及相应的持续时间，当持续时间确定时，最大可增加有功功率便可求得。

$$P_{\mathrm{DR,increased}} \bullet t_{\mathrm{DR}} \bullet \mathrm{COP} = c \bullet S \bullet H \bullet \rho \bullet (T_{\mathrm{limit}} - T_{\mathrm{set}}) \tag{5–5}$$

式中：$P_{\mathrm{DR,increased}}$ 为集中式空调系统可增加有功功率；t_{DR} 为需求响应持续时间；COP 为集中式空调系统制热能效比；c 为空气的比热容，一般选取温度为 300 K 时空气的定压比热容，值为 1.005 kJ/（kg • K）；S 为建筑物的采暖面积；H 为建筑物的平均层高；ρ 为空气的密度，一般选取温度为 300 K 时的干空气密度，值为 1.177 kg/m^3；T_{set} 为用户设置的采暖温度；T_{limit} 为建筑物用户允许的室内最高温度，该值高于用户设置的采暖温度。

2. 分散式空调系统

分散式空调系统通常分为定频空调、变频空调，不同类型空调可增加有功功率计算方法不同。

1）定频空调

定频空调可增加有功功率可按照式（5–6）计算：

$$P_{\mathrm{DR,increased}} = P_x - P_y \tag{5–6}$$

式中：$P_{\mathrm{DR,increased}}$ 为定频空调的可增加有功功率；P_x 为定频空调处于制冷（热）、除湿、电辅加热等工作模式下的有功功率额定值；P_y 为定频空调处于通风、待机等工作模式下的有功功率额定值。

2）变频空调

变频空调可增加有功功率可按照式（5–7）计算：

$$P_{\mathrm{DR,increased}} = P_x - P_y \tag{5–7}$$

式中：$P_{\mathrm{DR,increased}}$ 为变频空调的可增加有功功率；P_x 为变频空调制冷温度调低或制热温度调高后的有功功率；P_y 为变频空调制冷温度调低或制热温度调高前的有功功率。

3. 电热锅炉系统

电热锅炉系统需求响应能力计算需要同时考虑两方面因素，一是电热锅炉系统是否具有蓄热能力，二是电热锅炉系统的应用场景。

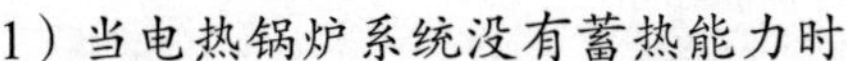

1）当电热锅炉系统没有蓄热能力时

（1）当电热锅炉应用于建筑物采暖时。

假设在实施需求响应前，建筑物内电热锅炉已经处于平稳运行状态，即电热锅炉制热量与建筑物热量消耗量相匹配，基于建筑物采暖面积、平均层高等基础参数，根据当前室内温度、用户允许的最高室内温度，按照式（5–8）、（5–9），可以求得电热锅炉可增加有功功率及相应的持续时间，当持续时间确定时，最大可增加有功功率便可求得。

$$P_{\mathrm{DR,increased}} \cdot t_{\mathrm{DR}} \cdot \mathrm{COP} = c \cdot S \cdot H \cdot \rho \cdot (T_{\mathrm{limit}} - T_{\mathrm{set}}) \tag{5-8}$$

$$t_{\mathrm{DR}} = \frac{c \cdot S \cdot H \cdot \rho \cdot (T_{\mathrm{limit}} - T_{\mathrm{set}})}{P_{\mathrm{DR,increased}} \cdot \mathrm{COP}} \tag{5-9}$$

式中：$P_{\mathrm{DR,increased}}$ 为电热锅炉可增加有功功率；t_{DR} 为需求响应持续时间；COP 为电热锅炉制热能效比；c 为空气的比热容，一般选取温度为 300 K 时空气的定压比热容，值为 1.005 kJ/（kg·K）；S 为建筑物的采暖面积；H 为建筑物的平均层高；ρ 为空气的密度，一般选取温度为 300 K 时的干空气密度，值为 1.177 kg/m^3；T_{set} 为用户设置的采暖温度；T_{limit} 为建筑物用户允许的室内最高温度，该值高于用户设置的采暖温度。

（2）当电热锅炉用途为热水供应时。

受电热锅炉供水温度、供水流量、运行效率等因素影响，暂不考虑需求响应能力。

2）当电热锅炉系统具有蓄热能力时

当电热锅炉运行模式从较低功率运行模式调整为高功率运行模式时，或者提高电热锅炉对应蓄热温度时，电热锅炉可以参与填谷响应。电热锅炉在增加有功功率期间，由于供暖或供应热水引起的释热量与需求响应持续时间相关，在开展电热锅炉需求响应能力计算时，要根据电热锅炉的具体应用场景，确定释热量的算法。本算法中假设释热量为固定值，仅根据蓄热锅炉中蓄热介质的蓄热量开展需求响应持续时间的算法设计。

可增加有功功率的计算方法为：

$$P_{\mathrm{DR,increased}} = P_1 - P_2 \tag{5-10}$$

式中：$P_{\mathrm{DR,increased}}$ 为可增加有功功率；P_1 为电热锅炉处于高功率运行模式的实时功率；P_2 为电热锅炉处于低功率运行模式的实时功率，或者为 0。

参与需求响应持续时间的计算过程为：

$$P_1 \cdot \mathrm{COP} \cdot t_{\mathrm{DR}} = c \cdot V_{\mathrm{ol}} \cdot \rho \cdot (T_{\mathrm{set}} - T_{\mathrm{real}}) + \Delta E \cdot t_{\mathrm{DR}} \tag{5-11}$$

对式（5–10）进行变换，得到式（5–12）：

$$t_{\mathrm{DR}} = \frac{c \cdot V_{\mathrm{ol}} \cdot \rho \cdot (T_{\mathrm{set}} - T_{\mathrm{real}})}{P_1 \cdot \mathrm{COP} - \Delta E} \tag{5-12}$$

式中：P_1 为电热锅炉处于高功率运行模式的实时功率；COP 为电热锅炉的制热能效比；t_{DR} 为参与需求响应的持续时间；c 为电热锅炉蓄热介质的比热容；V_{ol} 为电热锅炉蓄热介质的体积；ρ 为电热锅炉蓄热介质的密度；T_{set} 为调高后的电热锅炉蓄热介质蓄热温度，最大值为电热锅炉蓄热介质允许的最高温度；T_{real} 为需求响应开始时刻电热锅炉蓄热介质的实时温度；ΔE 为需求响应实施过程中单位时间内电热锅炉的释热量，一般通过电热锅炉历史运行数据求得。

4. 电热水器

根据电热水器所处工作模式，电热水器的需求响应能力分两种情况进行计算。

1）当电热水器处于保温模式时

当电热水器处于保温模式时，默认仅具有填谷能力，可增加有功功率及对应持续时间的算法。

（1）可增加有功功率的计算方法为：

$$P_{\mathrm{DR,increased}} = P_1 - P_2 \tag{5-13}$$

式中：$P_{\mathrm{DR,increased}}$ 为可增加有功功率；P_1 为电热水器处于快热或慢热工作模式的实时功率；P_2 为电热水器处于保温工作模式的实时功率。

（2）参与需求响应持续时间的计算方法为：

$$t_{\mathrm{DR}} = \frac{c_{\mathrm{water}} \bullet V_{\mathrm{ol}} \bullet \rho_{\mathrm{water}} \bullet (T_{\mathrm{H}} - T_{\mathrm{real}})}{P_1 \bullet \mathrm{COP}} \tag{5-14}$$

式中：t_{DR} 为参与需求响应的持续时间；c_{water} 为水的比热容；V_{ol} 为电热水器水箱体积；ρ_{water} 为水的密度；T_{H} 为电热水器水箱内所允许的最高温度；T_{real} 为需求响应开始时刻电热水器水箱中水的实时温度；P_1 为电热水器处于快热或慢热工作模式的实时功率；COP 为电热水器的制热能效比。

2）当电热水器处于快热或慢热模式时

当电热水器处于快热或慢热工作模式时，具备一定的填谷响应能力，通过将电热水器的工作模式从慢热调整为快热，并将电热水器制热温度调整为水箱最高允许温度，可以实现填谷响应。

可增加有功功率的计算方法为：

$$P_{\mathrm{DR,increased}} = P_1 - P_2 \tag{5-15}$$

式中：$P_{\mathrm{DR,increased}}$ 为可增加有功功率；P_1 为电热水器处于快热工作模式的实时功率；P_2 为电热水器处于慢热工作模式的实时功率。

参与需求响应持续时间的计算方法为：

$$t_{\mathrm{DR}} = \frac{c_{\mathrm{water}} \bullet V_{\mathrm{ol}} \bullet \rho_{\mathrm{water}} \bullet (T_{\mathrm{set}} - T_{\mathrm{real}})}{P_1 \bullet \mathrm{COP}} \tag{5-16}$$

式中：t_{DR} 为参与需求响应的持续时间；c_{water} 为水的比热容；V_{ol} 为电热水器水箱体积；ρ_{water} 为水的密度；T_{set} 为调高后的电热水器制热温度，最大值为电热水器水箱允许的最高温度；T_{real} 为需求响应开始时刻电热水器水箱中水的实时温度；P_1 为电热水器处于快热工作模式的实时功率；COP 为电热水器的制热能效比。

5.2 工业企业负荷状况

根据国民经济行业分类，工业行业分为采矿业、制造业和电力、热力、燃气及水的生产和供应业，考虑到一次原料、一次能源的重要性，选取非金属矿物品业、黑色金属冶炼和压延加工业、有色金属冶炼和压延加工业、通用及专用设备制造业、纺织业、铁路、船舶、航空航天和其他运输设备制造业作为分析对象。

5.2.1 非金属矿物制品业负荷可调减能力

1. 水泥行业

1）负荷特性

水泥行业生产工艺通常是矿石开采、传输、矿石粉碎、回转旋窑烧制、熟料研磨、成品封装，为了节约用能成本，水泥行业主要在平段及低谷电价时段进行生产，峰谷倒置明显，夜间负荷较高并持续稳定，设备运转周期较长，用电负荷大，供电可靠性要求高。某水泥企业负荷曲线见图5-18。

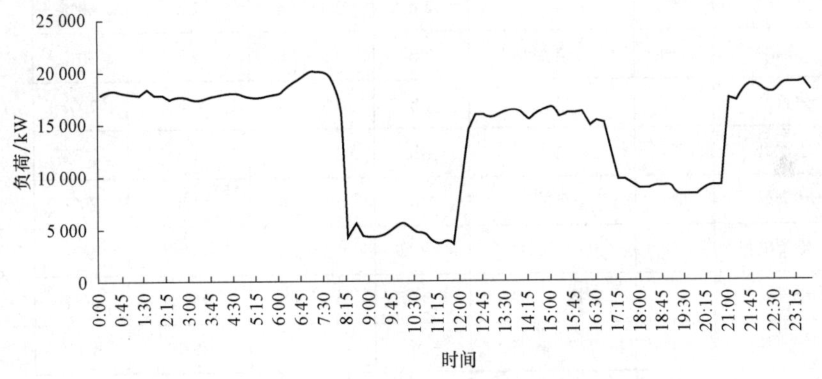

图5-18 某水泥企业负荷曲线

2）负荷特点

主要生产负荷占总负荷的55%～60%，用于生料磨制、原料烧制以及水泥磨制等，包括生料磨、水泥磨、球磨机等设备。

辅助生产负荷占总负荷的15%～20%，用于原料的传输、水泥成品出库、中间产品的制备等，包括传输风机、传输带电机等设备。

安全保障负荷占总负荷的8%～15%，用于水泥生产过程的冷却、旋转设备的润滑等，包括冷却水泵、润滑油泵等设备，突然失电有可能会造成人员的伤害或财产的损失。

非生产性负荷占总负荷的2%～5%，包括办公用电设备、分体及中央空调等。

水泥行业负荷分类见表5-16。

表5-16 水泥行业负荷分类表

负荷类别		负荷占比	主要设备
生产性负荷	主要生产负荷	55%～60%	生料磨、水泥磨、球磨机、回转旋窑、立窑
	辅助生产负荷	15%～20%	传输风机、传输带电机、提升机、空压机、煤粉磨机、吊机
	安全保障负荷	8%～15%	冷却水泵、润滑油泵、回转旋窑辅助、传动设备
非生产性负荷		2%～5%	办公照明，一般办公用电器具、分体及中央空调、鼓风机、厂区道路照明

3）调节能力总结

水泥行业的连续生产是为了提高生产效率，而并非是由于工艺技术所限。在生产工艺上具备中断潜力，适宜参与电力需求响应。主要生产负荷回转旋窑、立窑占总负荷的45%，占总可调节负荷的16%。

综合典型用户生产数据分析，在生产条件允许的情况下，可调控负荷约占总生产负荷的24%。水泥行业负荷调控情况见表5-17。

表5-17　水泥行业负荷调控情况表

负荷类别	主要设备	负荷占比	调控类别/方式	调控时间			可调负荷占比		
				准备时间	响应时长	恢复投运时间	个体占比	整体占比	合计
主要生产负荷	回转旋窑	25%	自控	2 h	0.5～2 h	2 h	40%	19%	24%
	立窑	20%	自控	2 h	0.5～2 h	2 h	30%		
	生料磨	5%	自控	1 h	0.5～2 h	1 h	20%		
	水泥磨	5%	自控	1 h	0.5～2 h	1 h	20%		
	球磨机	5%	自控	1 h	0.5～2 h	1 h	20%		
辅助生产负荷	传输带电机	6%	直控（柔性）	分钟级	0.5～4 h	分钟级	50%	5%	
	空压机	5%	直控（柔性）	分钟级	0.5～4 h	分钟级	50%		
非生产性负荷	办公照明	<1%	直控（刚性）	秒级	0.5～4 h	秒级	<1%	<1%	
	分体及中央空调系统	<1%	直控（柔性）	秒级	0.5～4 h	秒级	<1%		
	生活用电	<1%	直控（刚性）	秒级	0.5～4 h	秒级	<1%		

2. 玻璃行业

1）负荷特性

玻璃行业一般采用24 h连续生产工作制，设备运转周期较长，用电负荷大，负荷波动小，供电可靠性要求高。某玻璃企业负荷曲线见图5-19。

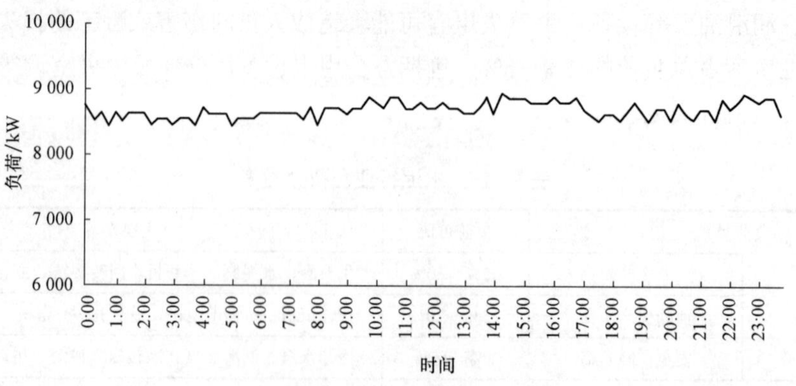

图5-19　某玻璃企业负荷曲线

2）负荷特点

主要生产负荷占总负荷的50%以上，包括玻璃熔窑、延压机、氮氢站、锡槽等。

辅助生产负荷占总负荷的10%以上，包括总循环水泵、原料皮带输送机等。

安全保障负荷占总负荷的15%以上，包括废气废料处理设备、消防及治安用电设备等，突然失电有可能会造成人员的伤害或财产的损失。

非生产性负荷占总负荷的2%～5%，包括办公用电设备、分体及中央空调等。

玻璃行业负荷分类见表5–18。

表5–18　玻璃行业负荷分类表

负荷类别	类别	负荷占比	主要设备
生产性负荷	主要生产负荷	50%～60%	玻璃熔窑、延压机、氮氢站、锡槽、退火窑、全氧燃烧玻璃熔窑氧气站、冷端玻璃切割机、空压机站
	辅助生产负荷	10%～15%	总循环水泵、原料皮带输送机、玻璃钢化炉、离线玻璃镀膜线、夹层玻璃和中空玻璃加工设备
	安全保障负荷	15%～20%	废气废料处理设备、氮氢站、全氧燃烧玻璃熔窑氧气站、水泵房、空气压机站、车间设备照明、消防及治安用电设备
非生产性负荷	非生产性负荷	2%～5%	办公照明、办公电器、分体及中央空调、生活用电（食堂电饭车、电水炉等）、厂区照明及亮化

3）调节能力总结

玻璃行业中生产性负荷可调节能力占比最高，达22%，主要可调节设备为空压机、冷端玻璃切割机，生产性负荷的调节方式以自控为主；非生产性负荷调节能力较小，占比不足1%，可以通过直控方式参与调节。

综合典型用户生产数据分析，玻璃行业在生产条件允许的情况下，综合调控负荷约占到总生产负荷的25%。玻璃行业负荷调控情况见表5–19。

表5–19　玻璃行业负荷调控情况表

负荷类别	主要设备	负荷占比	调控类别/方式	调控时间			可调负荷占比		
				准备时间	响应时长	恢复投运时间	个体效果	整体占比	合计
主要生产负荷	玻璃熔窑	12%	自控	2 h	0.5～2 h	2 h	8%	22%	25%
	退火窑	14%	自控	2 h	0.5～3 h	2 h	2%		
	空压机	23%	自控	0.5 h	0.5～1 h	0.5 h	60%		
	冷端玻璃切割机	12%	自控	0.5 h	0.5～2 h	0.5 h	60%		
辅助生产负荷	原料皮带输送机、玻璃钢化炉等	6%	自控	分钟级	0.5～2 h	分钟级	65%	3%	
非生产性负荷	办公照明	<1%	直控（刚性）	秒级	0.5～2 h	秒级	<1%	<1%	
	分体及中央空调系统	<1%	直控（柔性）	秒级	0.5～2 h	秒级	<1%		
	生活用电	<1%	直控（刚性）	秒级	0.5～2 h	秒级	<1%		

3. 陶瓷行业

1）负荷性质

陶瓷行业全天负荷高且波动小，属于 24 h 连续生产型行业，其生产设备基本为一级或二级负荷。某陶瓷企业负荷曲线见图 5-20。

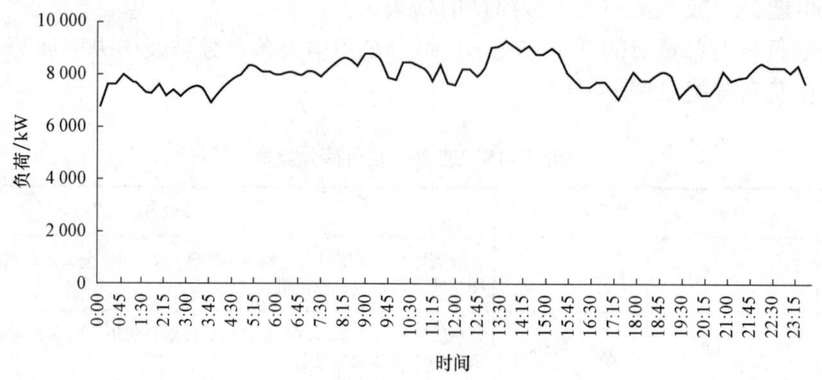

图 5-20　某陶瓷企业负荷曲线

2）负荷特点

陶瓷行业主要生产负荷包括球磨机、抛光机、压机、空压机等，约占总负荷的 50%；安全保障负荷包括废气、尘回收吸入风机、窑炉风机及传动系统等，约占总负荷的 30%；辅助生产负荷包括原料皮带输送机等，约占总负荷的 8%；非生产性负荷约占总负荷的 1%～5%，主要包括办公、办公用电设备、分体及中央空调等。陶瓷行业负荷分类见表 5-20。

表 5-20　陶瓷行业负荷分类表

负荷类别	类别	负荷占比	主要设备
生产性负荷	主要生产负荷	45%～55%	球磨机、抛光机、压机、空压机、电窑炉、碎机、造粉机
	安全保障负荷	25%～30%	废气、尘回收吸入风机、窑炉风机及传动系统、水泵房、空气压机站、车间、设备照明、消防及治安用电设备
	辅助生产负荷	5%～10%	原料皮带输送机
非生产性负荷		1%～5%	办公照明、办公电器、分体及中央空调、生活用电、厂区照明及亮化

3）调节能力总结

陶瓷行业可控潜力主要集中在原料生产工序，生产连续性要求不高，过程中产品可以储存，中断实施对产品影响不大。陶瓷生产环节粉碎、造粉、烧制和抛光流程连续性要求不高，负荷占比总计为 55%，是陶瓷行业的主要可调负荷，可以通过用户自控的方式，调整生产工艺流程和各流程运行工时，实现负荷的调控。主要设备可调负荷占总负荷分别为电窑炉 9%，球磨机 7.5%，抛光机 2.5%，造粉机 2.5%。

综合典型用户生产数据分析，陶瓷行业在生产条件允许的情况下，综合调控负荷约占总生产负荷的25%。陶瓷行业负荷调控情况见表5-21。

表5-21　陶瓷行业负荷调控情况表

负荷类别	主要设备	负荷占比	调控类别/方式	调控时间			可调负荷占比		
				准备时间	响应时长	恢复投运时间	个体占比	整体占比	合计
主要生产负荷	电窑炉	30%	自控	1.5 h	0.5～1 h	1.5 h	30%	21%	25%
	球磨机	15%	自控	1 h	0.5～1 h	1 h	50%		
	抛光机	5%	自控	30 min	0.5～1 h	30 min	50%		
	造粉机	5%	自控	30 min	0.5～1 h	30 min	50%		
辅助生产负荷	原料皮带输送机	5%	自控	分钟级	0.5～1 h	分钟级	50%	3%	
非生产性负荷	办公照明	＜1%	直控（刚性）	秒级	0.5～2 h	秒级	＜1%	＜1%	
	分体及中央空调系统	＜1%	直控（柔性）	秒级	0.5～2 h	秒级	＜1%		
	生活用电	＜1%	直控（刚性）	秒级	0.5～2 h	秒级	＜1%		

5.2.2　黑色金属冶炼和压延加工业负荷可调减能力

1. 钢铁行业

1）负荷特性

钢铁行业属于典型的高耗能行业，一般采用三班24 h连续工作制，全天负荷波动不大，没有明显的波峰和波谷，连续性生产设备较多，例如烧结机、焦炉、高炉等，除检修时间外通常满负荷运行，负荷率较高，对电能质量要求较高。某钢铁企业日负荷特性曲线见图5-21。

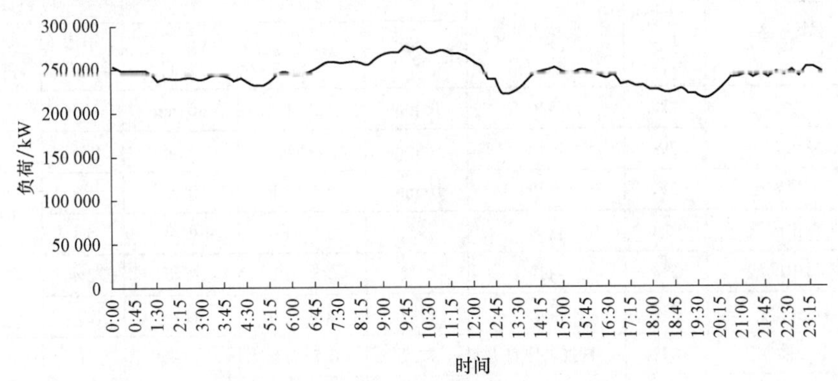

图5-21　某钢铁企业日负荷特性曲线

2）负荷特点

主要生产负荷占总负荷的55%以上，包括高炉、转炉、连铸机、烧结机等。

辅助生产负荷约占总负荷的8%，包括各分厂水泵、传动液压泵和车间通风轴流风机等。

安全保障负荷占总负荷的10%以上，包括废气、粉尘回收吸入风机、循环冷却水泵、消防及治安用电设备等，突然失电有可能会造成人员的伤害或财产的损失。

非生产性负荷占总负荷的2%～5%，包括办公用电设备、分体及中央空调等。

钢铁行业负荷分类见表5-22。

表5-22　钢铁行业负荷分类表

负荷类别		负荷占比	主要设备
生产性负荷	主要生产负荷	55%～60%	电炉、精炼炉、制氧机、高炉、转炉、烧结机
	辅助生产负荷	5%～10%	各分厂水泵、传动液压泵、棒材及线材风机、电炉厂风机、行车、车间通风轴流风机
	安全保障负荷	10%～15%	废气、粉尘回收吸入风机、循环冷却水泵、消防及治安用电设备
非生产性负荷		2%～5%	办公照明、办公电器、分体及中央空调、生活用电（食堂电饭车、电水炉等）、厂区照明及亮化

3）调节能力总结

钢铁生产环节中设备众多，具有较高的调控潜力，结合各生产工艺及设备的负荷特性分析，钢铁行业可控负荷主要分为生产性负荷和非生产性负荷，生产性负荷包括电炉、精炼炉、制氧机、轧钢、棒材和线材生产线。其中，电炉负荷占比最大，约为40%，由于生产性负荷具有连续性，所以调控方式都为自控，调控时间和自身设备特性有关。非生产性负荷包含办公照明、分体及中央空调系统和生活用电，占比较小，调控方式为直控（柔性），准备和恢复时间可以达到秒级，响应时间为0.5～2 h。生产性负荷可调比例为19%，非生产性负荷约占1%。

综合典型用户生产数据分析，钢铁行业在生产条件允许的情况下，综合调控负荷约占到总生产负荷的20%。钢铁行业负荷调控情况见表5-23。

表5-23　钢铁行业负荷调控情况表

负荷类别	主要设备	负荷占比	调控方式	调控时间			可调负荷占比		
				准备时间	响应时长	恢复投运时间	个体效果	整体占比	合计
主要生产负荷	电炉	40%	自控	30 min	0.5 h	30 min	10%	19%	20%
	精炼炉	3%	自控	30 min	0.5 h	30 min	1.5%		
	制氧机	2%	自控	10 min	0.5～1 h	10 min	1%		
	轧钢生产线	15%	自控	秒级	0.5～1 h	秒级	5%		
	棒材生产线	5%	自控	秒级	0.5～1 h	秒级	2%		
	线材生产线	5%	自控	秒级	0.5～1 h	秒级	2%		
非生产性负荷	办公照明	<1%	直控（刚性）	秒级	0.5～2 h	秒级	<1%	<1%	
	分体及中央空调系统	<1%	直控（柔性）	秒级	0.5～2 h	秒级	<1%		
	生活用电	<1%	直控（柔性）	秒级	0.5～2 h	秒级	<1%		

2. 铁合金、工业硅

1）负荷性质

铁合金、工业硅行业一般采用三班24 h连续工作制，全天负荷较为平稳，月最大负荷率通常在 80%～100%，由于受生产过程中塌料或悬料的影响，在某些特定时刻会出现负荷暂降。主要设备是电弧炉类设备，占生产性负荷的 95%，对供电可靠性要求较高。某铁合金、工业硅企业负荷曲线见图 5-22。

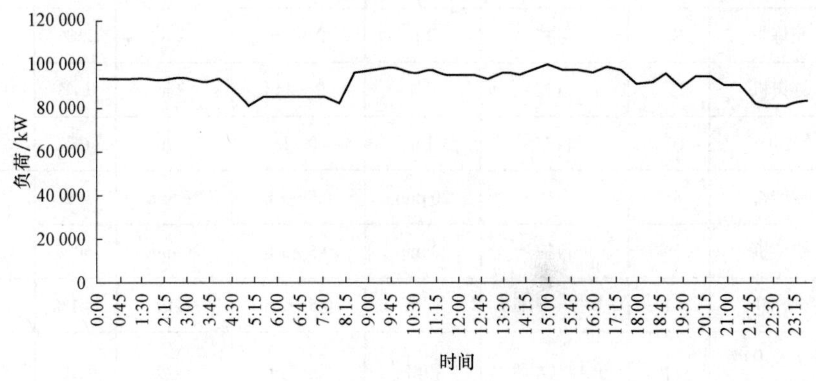

图 5-22 某铁合金、工业硅企业负荷曲线

2）负荷特点

主要生产负荷占总负荷的 65%以上，包括矿热炉、电弧炉、还原炉、精炼炉等。

辅助生产负荷占总负荷的 10%以上，包括余热锅炉、加料装置、电极升降装置、螺旋输送机、链式输送机等。

安全保障负荷占总负荷的 5%以上，包括旋风除尘器、布袋除尘器、消防及治安用电设备等，突然失电有可能会造成人员的伤害或财产的损失。

非生产性负荷占总负荷的 1%～5%，包括办公用电设备、分体及中央空调等。

铁合金、工业硅行业负荷分类见表 5-24。

表 5-24 铁合金、工业硅行业负荷分类表

负荷类别		负荷占比	主要设备
生产性负荷	主要生产负荷	65%～75%	矿热炉、电弧炉、还原炉、蒸汽喷射泵、挤镁机、连续铸造机、精炼炉
	辅助生产负荷	10%～15%	余热锅炉、加料装置、电极升降装置、螺旋输送机、链式输送机、斗式提升机、硅铁球磨机、高压压球机、颚式破碎机、清渣机、双梁桥式起重机、泵房、回转窑、烧结机
	安全保障负荷	5%～10%	旋风除尘器、布袋除尘器、消防及治安用电设备
非生产性负荷		1%～5%	办公照明、办公电器、分体及中央空调、生活用电（食堂电饭车、电水炉等）、厂区照明及亮化

3）调节能力总结

铁合金、工业硅行业设备众多，具有较高的调控潜力。其中，精炼炉是主要耗能设备，通过自主调节可以实现小时级负荷控制，可调潜力约占到总生产负荷的 8%。

综合典型用户生产数据分析，铁合金企业在生产条件允许的情况下，综合调控负荷约占到总生产负荷的 18%。铁合金、工业硅行业负荷调控情况见表 5-25。

表 5-25　铁合金、工业硅行业负荷调控情况表

负荷类别	主要设备	负荷占比	调控方式	调控时间			可调负荷占比		
				准备时间	响应时长	恢复投运时间	个体占比	整体占比	合计
主要生产负荷	精炼炉	40%	自控	2 h	2～4 h	2 h	20%	11%	18%
	连铸机	15%	自控	2 h	2～4 h	2 h	15%		
	电炉	10%	自控	1 h	0.5 h	1 h	10%		
辅助生产负荷	回转窑	8%	自控	20 min	0.5～1 h	20 min	50%	7%	
	烧结机	5%	自控	20 min	0.5～1 h	20 min	60%		
非生产性负荷	办公照明	＜1%	直控（刚性）	秒级	0.5～2 h	秒级	＜1%	＜1%	
	分体及中央空调系统	＜1%	直控（柔性）	秒级	0.5～2 h	秒级	＜1%		
	生活用电	＜1%	直控（刚性）	秒级	0.5～2 h	秒级	＜1%		

5.2.3　有色金属冶炼和压延加工业负荷可调减能力

1）负荷性质

以电解铝为例，电解铝行业一般为三班 24 h 连续工作制，电解直流系统和重要辅助生产系统均为一级负荷，约占全厂总用电负荷的 95%，对供电可靠性要求较高。某电解铝企业负荷曲线见图 5-23。

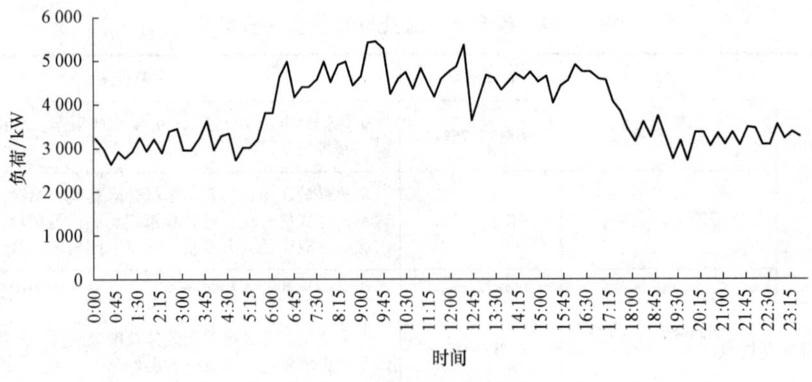

图 5-23　某电解铝企业负荷曲线

2）负荷特点

主要生产负荷占总负荷的 75%以上，包括铝电解槽、铸造炉、铸造机等。

辅助生产负荷占总负荷的 5%～10%，包括多功能天车、空压站、水泵站、风机等。

安全保障负荷占总负荷的 3%～10%，包括废水、废渣处理装置、烟气回收装置等，突然失电有可能会造成人员的伤害或财产的损失。

非生产性负荷占总负荷的 1%～5%，包括办公用电设备、分体及中央空调等。

电解铝行业负荷分类见表 5–26。

表 5–26 电解铝行业负荷分类表

负荷类别		负荷占比	主要设备
生产性负荷	主要生产负荷	75%～85%	铝电解槽、铸造炉、铸造机
	辅助生产负荷	5%～10%	多功能天车、空压站、水泵站、风机
	安全保障负荷	3%～10%	废水、废渣处理装置、烟气回收装置、消防及治安用电设备
非生产性负荷		1%～5%	办公照明、办公电器、分体及中央空调、生活用电、厂区照明及亮化

3）调节能力总结

电解铝行业一般为连续工作制，在生产工艺上具备中断潜力，适宜参与电力需求响应。综合典型用户生产数据分析，主要生产负荷铝电解槽、铸造炉占总负荷的 75%，占总可调节负荷的 18%。

综合典型用户生产数据分析，在生产条件允许的情况下，可调控负荷约占总生产负荷的 22%。电解铝行业负荷调控情况见表 5–27。

表 5–27 电解铝行业负荷调控情况表

负荷类别	主要设备	负荷占比	调控方式	调控时间			可调负荷占比		
				准备时间	响应时长	恢复投运时间	个体占比	整体占比	合计
主要生产负荷	铝电解槽	35%	自控	2 h	1～2 h	2 h	30%	18%	22%
	铸造炉	40%	自控	2 h	0.5 h	2 h	20%		
辅助生产负荷	多功能天车	5%	自控	30 min	0.5～1 h	30 min	40%	4%	
	风机	3%	自控	20 min	0.5～1 h	20 min	60%		
非生产性负荷	办公照明	＜1%	直控（刚性）	秒级	0.5～2 h	秒级	＜1%	＜1%	
	分体及中央空调系统	＜1%	直控（柔性）	秒级	0.5～2 h	秒级	＜1%		
	生活用电	＜1%	直控（刚性）	秒级	0.5～2 h	秒级	＜1%		

5.2.4 通用及专用设备制造业负荷可调减能力

1）负荷特性

通用及专用设备制造业的范围广泛，基本都属于非连续性生产单位。通常生产时间为 8:00—21:00，也有 24 h 连续生产的。用电峰谷差率较大，早峰时间段是全天的生产用电高峰，深夜时段是生产用电低谷。少部分连续生产用户的负荷曲线相对较平稳，约有 20%的波动。某通用及专用设备制造企业负荷曲线见图 5–24。

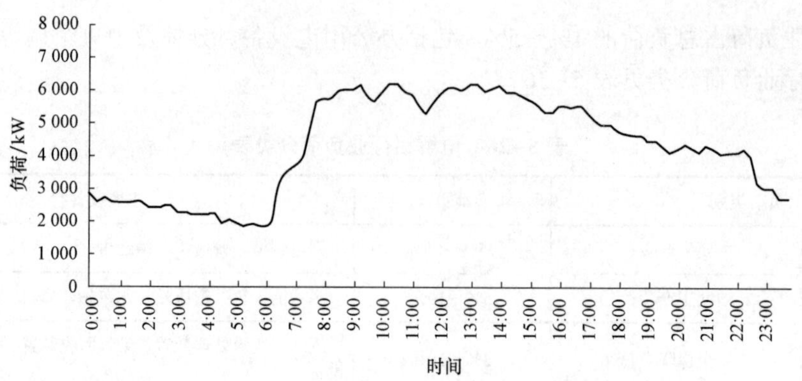

图 5-24　某通用及专用设备制造企业负荷曲线

2）负荷特点

主要生产负荷占总负荷的60%以上，包括热处理炉、熔化炉、高频炉、铸机、电焊机、拉丝机等。

辅助生产负荷占总负荷的5%以上，包括生产设备空调、冷却用泵等。

安全保障负荷占总负荷的5%以上，包括数控机床、车间照明、消防及治安用电设备等，突然失电有可能会造成人员的伤害或财产的损失。

非生产性负荷占总负荷的5%～10%，包括办公用电设备、分体及中央空调等。

通用及专用设备制造业负荷分类见表5-28。

表 5-28　通用及专用设备制造业负荷分类表

负荷类别		负荷占比	主要设备
生产性负荷	主要生产负荷	60%～70%	热处理炉、熔化炉、高频炉、铸机、电焊机、拉丝机、车床、铣床、刨床、冲床、钻床、空锤机、空压机、切割机、剪板机、喷漆机、烘干机、电镀机、数控机床、鼓风机、锅炉、水泵、行吊、镀锌机、生产流水线、组装线等
	辅助生产负荷	5%～10%	生产设备空调、冷却用泵、风机、通风机
	安全保障负荷	5%～10%	数控机床、车间照明、消防及治安用电设备
非生产性负荷		5%～10%	办公照明、电脑传真打印等办公用电器具、分体及中央空调、食堂蒸饭车、鼓风机、厂区道路照明、电开水炉

3）调节能力总结

通用及专用设备制造企业的主要生产负荷可调节能力最高，占16%，主要可调节设备包括熔化炉、鼓风机、烘干机等。其中，熔化炉以自控方式为主，鼓风机、烘干机可以实现柔性直控；辅助生产负荷、非生产性负荷调节能力分别为3%、1%，调节方式分别为自控、刚性直控。

综合典型用户生产数据分析，通用及专用设备制造企业在生产条件允许的情况下，综合调控负荷约占到总生产负荷的20%。通用及专用设备制造业负荷调控情况见表5-29。

表 5–29　通用及专用设备制造业负荷调控情况表

负荷类别	主要设备	负荷占比	调控方式	调控时间			可调负荷占比		
				准备时间	响应时长	恢复投运时间	个体占比	整体占比	合计
主要生产负荷	热处理炉	11%	自控	2 h	0.5～1 h	2 h	20%	16%	20%
	高频炉	8%	自控	2 h	0.5～1 h	2 h	20%		
	熔化炉	12%	自控	2 h	0.5～1 h	2 h	50%		
	鼓风机	7%	直控（柔性）	1 h	0.5～3 h	1 h	50%		
	烘干机	4%	直控（柔性）	1 h	0.5～2 h	1 h	60%		
辅助生产负荷	冷却用泵、风机、通风机	5%	自控	分钟级	0.5～1 h	分钟级	65%	3%	
非生产性负荷	办公照明	<1%	直控（刚性）	秒级	0.5～2 h	秒级	<1%	<1%	
	分体及中央空调系统	<1%	直控（柔性）	秒级	0.5～2 h	秒级	<1%		
	生活用电	<1%	直控（刚性）	秒级	0.5～2 h	秒级	<1%		

5.2.5　纺织业负荷可调减能力

1）负荷特性

纺织行业属于典型的高耗能行业，一般采用三班 24 h 连续工作制，全天负荷波动不大，连续性生产设备较多，除检修时间外通常满负荷运行，负荷率较高，对电能质量要求较高。某典型纺织企业负荷曲线见图 5–25。

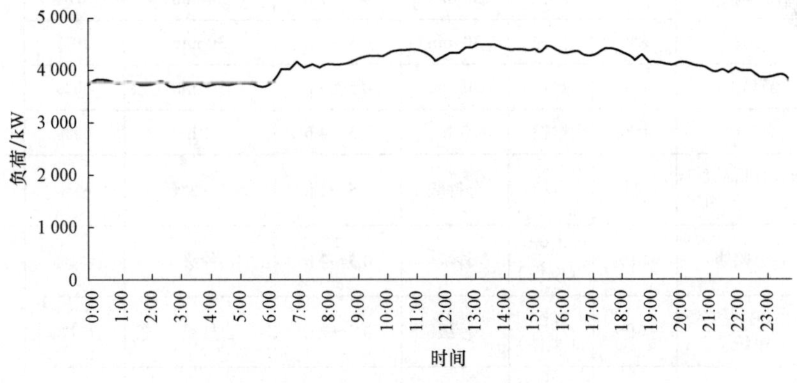

图 5–25　某典型纺织企业负荷曲线

2）负荷特点

主要生产负荷占总负荷的 60%以上，包括纺丝机、加弹机、热箱、空变机等。

辅助生产负荷占总负荷的 5%以上，包括车间通风轴流风机等。

安全保障负荷占总负荷的 5%以上，包括废气、粉尘回收吸入风机、循环冷却水泵、消防及治安用电设备等，突然失电有可能会造成人员的伤害或财产的损失。

非生产性负荷占总负荷的 5%～10%，包括办公用电设备、分体及中央空调等。

纺织行业负荷分类见表 5-30。

表 5-30 纺织行业负荷分类表

负荷类别		负荷占比	主要设备
生产性负荷	主要生产负荷	60%～70%	前纺（纺丝机）、加弹丝（加弹机、热箱）、空变丝（空变机、倍捻机）、织布设备（倒筒机、织布机）
	辅助生产负荷	5%～10%	车间通风轴流风机、车间照明、车间空调、车间加湿等
	安全保障负荷	5%～10%	废气、尘回收吸入风机，消防及治安用电设备
非生产性负荷		5%～10%	办公照明、办公电器、分体及中央空调、生活用电（食堂电饭车、电水炉等）、厂区照明及亮化、空压机

3）调节能力总结

纺织行业主要负荷集中在纺丝机、加弹机、织布设备等主要生产环节设备，负荷占比高，主要设备负荷均具备可调潜力，可调负荷占整体负荷约为 31%。辅助生产负荷以通风机、车间照明灯为主，可调负荷占比约为 3%。非生产性负荷类似于商业楼宇也具备较大可调潜力，如空调系统、办公照明、生活用电等，可调负荷占总体负荷约为 1%。

综合典型用户生产数据分析，纺织企业在生产条件允许的情况下，综合调控负荷约占到总生产负荷的 35%。纺织行业负荷调控情况见表 5-31。

表 5-31 纺织行业负荷调控情况表

负荷类别	主要设备	负荷占比	调控方式	调控时间			可调负荷占比		
				准备时间	响应时长	恢复投运时间	个体占比	整体占比	合计
主要生产负荷	加弹机	11%	自控	30 min	0.5～1 h	30 min	8%	31%	35%
	倍捻机	8%	自控	30 min	0.5～2 h	30 min	20%		
	倒筒机	8%	自控	30 min	0.5～3 h	30 min	60%		
	织布机	41%	自控	1 h	0.5～4 h	1 h	65%		
辅助生产负荷	车间通风轴流风机、车间照明等	5%	自控	分钟级	0.5～1 h	分钟级	65%	3%	
非生产性负荷	办公照明	<1%	直控（刚性）	秒级	0.5～2 h	秒级	<1%	<1%	
	分体及中央空调系统	<1%	直控（柔性）	秒级	0.5～2 h	秒级	<1%		
	生活用电	<1%	直控（刚性）	秒级	0.5～2 h	秒级	<1%		

5.2.6 铁路、船舶、航空航天和其他运输设备制造业负荷可调减能力

1）负荷特性

铁路、船舶、航空航天和其他运输设备制造业基本都属于非连续性生产单位。用电峰谷差率特别大，日负荷曲线属于典型的“中间高、两头低”形态。在高温或严寒季节，该类企

业的负荷随着空调的使用显著上升。铁路、船舶、航空航天和其他运输设备制造企业日负荷曲线见图5-26。

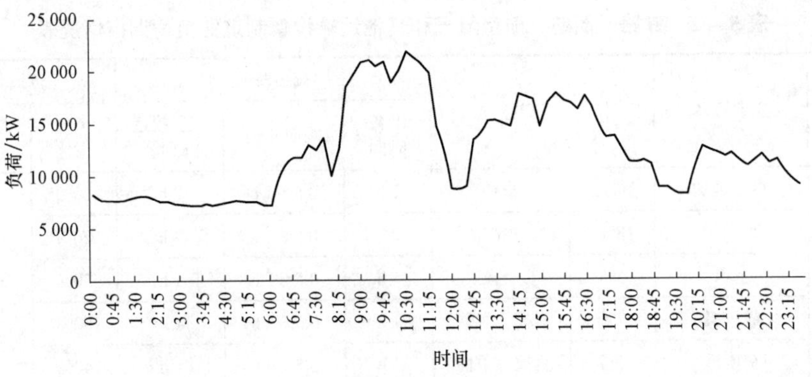

图5-26 铁路、船舶、航空航天和其他运输设备制造企业日负荷曲线

2）负荷特点

主要生产负荷占总负荷的60%以上，包括热处理炉、熔化炉、高频炉、铸机、电焊机、拉丝机等。

辅助生产负荷占总负荷的5%以上，包括生产设备空调、冷却用泵等。

安全保障负荷占总负荷的 5%以上，包括废气回收吸风机、车间照明、消防及治安用电设备等，突然失电有可能会造成人员的伤害或财产的损失。

非生产性负荷占总负荷的5%～10%，包括办公用电设备、分体及中央空调等。铁路、船舶、航空航天和其他运输设备制造业负荷分类见表5-32。

表5-32 铁路、船舶、航空航天和其他运输设备制造业负荷分类表

负荷类别		负荷占比	主要设备
生产性负荷	主要生产负荷	60%～70%	电焊机、行吊、鼓风机、热处理炉、熔化炉、高频炉、喷漆机、烘干机、切割机、剪板机、电镀机、锤机、空压机、水泵、车床、铣床、刨床、冲床、钻床、数控机床、锅炉、拉丝机、镀锌机、弯管机、抛光机、定型机、生产流水线、组装线等
	辅助生产负荷	5%～10%	生产设备空调、风机、冷却用泵、通风机
	安全保障负荷	5%～10%	废气回收吸风机、车间照明、消防及治安用电设备
非生产性负荷		5%～10%	办公照明、分体及中央空调、鼓风机、电开水炉、厂区道路照明、宿舍等

3）调节能力总结

铁路、船舶、航空航天和其他运输设备制造业的可调负荷类别分为主要生产负荷、辅助生产负荷和非生产性负荷，主要生产负荷占比较大，调控时间较长，准备及恢复投运时间1～2 h，可调负荷占比约为13%；辅助生产负荷的调控方式为自控，响应时长0.5～1 h，准备及恢复时间都为分钟级，可调负荷占比约为3%；非生产性负荷的调控方式为直控（柔性），调节方便，可调负荷占比少。

综合典型用户负荷数据分析，铁路、船舶、航空航天和其他运输设备制造企业在生产条件允许的情况下，综合调控负荷约占到总生产负荷的17%。铁路、船舶、航空航天和其他运输设备制造业负荷调控情况见表5-33。

表5-33 铁路、船舶、航空航天和其他运输设备制造业负荷调控情况表

负荷类别	主要设备	负荷占比	调控方式	调控时间			可调负荷占比		
				准备时间	响应时长	恢复投运时间	个体占比	整体占比	合计
主要生产负荷	热处理炉	11%	自控	2 h	0.5～1 h	2 h	20%	13%	17%
	高频炉	8%	自控	2 h	0.5～1 h	2 h	20%		
	水泵	5%	自控	1 h	0.5～1 h	1 h	50%		
	鼓风机	7%	直控（柔性）	1 h	0.5～3 h	1 h	50%		
	空压机	5%	直控（柔性）	1 h	0.5～4 h	1 h	40%		
辅助生产负荷	冷却用泵、风机、通风机	5%	自控	分钟级	0.5～1 h	分钟级	65%	3%	
非生产性负荷	办公照明	＜1%	直控（刚性）	秒级	0.5～2 h	秒级	＜1%	＜1%	
	分体及中央空调系统	＜1%	直控（柔性）	秒级	0.5～2 h	秒级	＜1%		
	生活用电	＜1%	直控（刚性）	秒级	0.5～2 h	秒级	＜1%		

5.3 居民用户负荷状况

5.3.1 北方地区居民

一般情况下，北方地区居民可调负荷主要包括空调、电采暖、热水器、照明等负荷。其中，夏季用电高峰期间主要以空调负荷为主，冬季用电高峰期间主要以电采暖和热水器负荷为主，负荷特性与居民生活和工作习惯相关性高。北京夏季、冬季典型负荷曲线见图5-27、5-28。

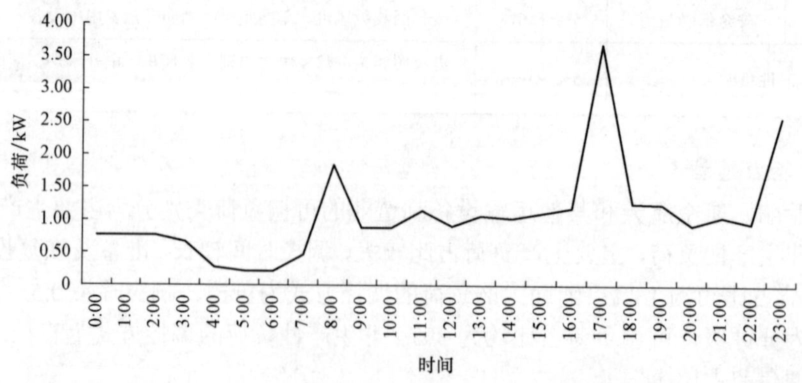

图5-27 北京某典型居民用户夏季负荷曲线

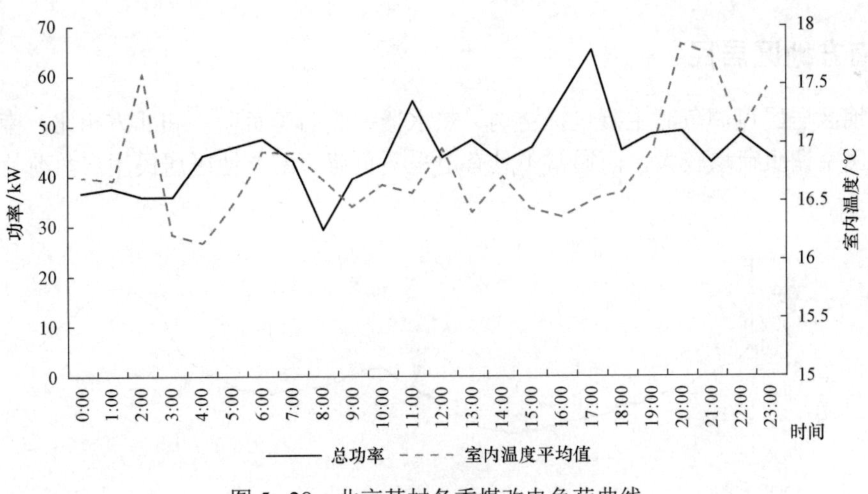

图 5-28　北京某村冬季煤改电负荷曲线

（1）空调负荷：目前北方地区居民家庭空调普及率较高，尤其是城市居民，平均每户拥有 2 台以上的空调设备。在夏季用电高峰期间，居民空调用电负荷占比较高，约占高峰期负荷的 30%～50%，且以高速持续增长。

（2）电采暖负荷：随着电能替代技术的不断推广，北方地区居民用户电采暖负荷呈连年上升趋势。在冬季采暖期间，约占高峰期负荷的 20%～30%。

（3）热水器负荷：北方地区居民的电热水器负荷较大，且和居民用电晚高峰重合度较高，约占高峰期负荷的 10%～20%。

（4）电冰箱负荷：电冰箱是居民家庭的常见用电设备，其负荷不大且相对较稳定，约占居民高峰期负荷的 1%～5%。

（5）照明负荷：居民照明负荷相对较稳定，随着节能灯具的推广使用和大功率家电的普及，居民照明负荷占比相对降低。居民照明负荷约占居民高峰期负荷的 10%～20%。

综合北方典型居民用户负荷数据分析，北方居民用户的总体可调节负荷潜力约为用电负荷的 50%。北方居民负荷调控情况见表 5-34。

表 5-34　北方居民负荷调控情况表

主要设备	负荷占比	调控类别/方式	调控时间		可调负荷占比	
			准备时间	响应时长	个体占比	合计
空调	30%～50%	自控	5 min	0.5～2 h	50%	50%
		直控（柔性）	1 min	0.5～2 h	50%	
		直控（刚性）	秒级	0.5～2 h	100%	
电采暖	30%～40%	自控	5 min	0.5～4 h	50%	
		直控（柔性）	1 min	0.5～4 h	50%	
		直控（刚性）	秒级	0.5～4 h	100%	
热水器	10%～20%	自控	1 min	0.5～4 h	100%	
		直控（刚性）	秒级	0.5～4 h	100%	
电冰箱	1%～5%	自控	1 min	0.5～2 h	100%	
		直控（刚性）	秒级	0.5～2 h	100%	
照明	10%～20%	直控（刚性）	毫秒级	0.5～2 h	100%	

5.3.2 南方地区居民

南方地区居民可调负荷主要包括空调、热水器、照明等负荷。和北方相比，南方地区夏冬两季居民空调负荷均较大，而通常不具有电采暖负荷。南方地区居民用户负荷特性曲线见图 5–29。

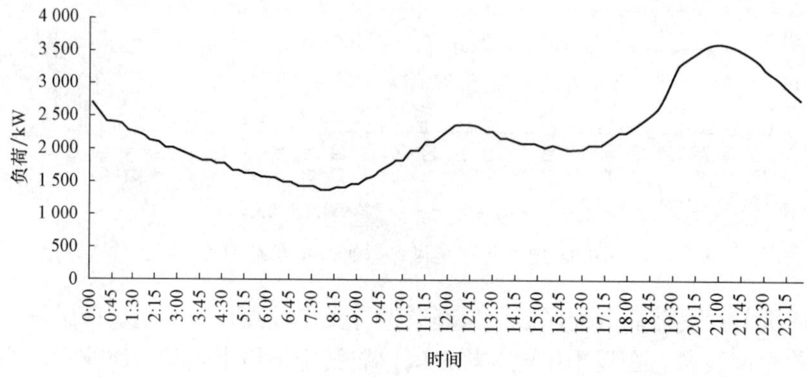

图 5–29　南方地区居民用户负荷特性曲线

居民负荷跟居民生活特性及用电习惯有关，用电一般开始于早晨 7:00—8:00；高峰出现于中午 11:00—13:00、晚间 19:00—23:00。早上由于气温较低和上班因素，负荷较低；中午气温升高，受居家做饭和开空调需求影响，负荷较高；晚上居民用电设备负荷率较高，出现晚高峰并逐步下降到次日凌晨。

（1）空调负荷：南方地区居民家庭空调普及率较高，夏冬两季用电高峰期间，居民空调用电负荷占比均较高，约占高峰期负荷的 40%～50%，且以高速持续增长。

（2）热水器负荷：电热水器是南方地区居民的主要电热设备，负荷相对较大，且和居民用电晚高峰重合度较高，约占高峰期负荷的 10%～30%。

（3）电冰箱负荷：电冰箱是居民家庭的常见用电设备，其负荷不大且相对较稳定，约占居民高峰期负荷的 1%～5%。

（4）照明负荷：居民照明负荷相对较稳定，随着节能灯具的推广使用和大功率家电的普及，居民照明负荷占比相对降低。居民照明负荷约占居民高峰期负荷的 10%～20%。

综合南方典型居民用户负荷数据分析，南方居民用户的总体可调节负荷潜力约为用电负荷的 50%。南方居民负荷调控情况见表 5–35。

表 5–35　南方居民负荷调控情况表

主要设备	负荷占比	调控类别/方式	调控时间		可调负荷占比	
			准备时间	响应时长	个体占比	合计
空调	30%～50%	自控	5 min	0.5～2 h	50%	
		直控（柔性）	1 min	0.5～2 h	50%	
		直控（刚性）	秒级	0.5～2 h	100%	50%
热水器	10%～20%	自控	1 min	0.5～4 h	100%	
		直控（刚性）	秒级	0.5～4 h	100%	

续表

主要设备	负荷占比	调控类别/方式	调控时间		可调负荷占比	
			准备时间	响应时长	个体占比	合计
电冰箱	1%～5%	自控	1 min	0.5～2 h	100%	50%
		直控（刚性）	秒级	0.5～2 h	100%	
照明	10%～20%	直控（刚性）	毫秒级	0.5～2 h	100%	

5.4　新兴负荷

5.4.1　电动汽车

1. 负荷特性

1）公交车

对江苏某地区公交车站的电动公交车负荷进行实测，为方便计算，等比例换算为 1 辆电动公交车的数据，得到公交车充电日负荷曲线见图 5-30。电动公交车白天充电的时集中在 10:00—14:00，夜间充电时间集中在 22:00—5:30。

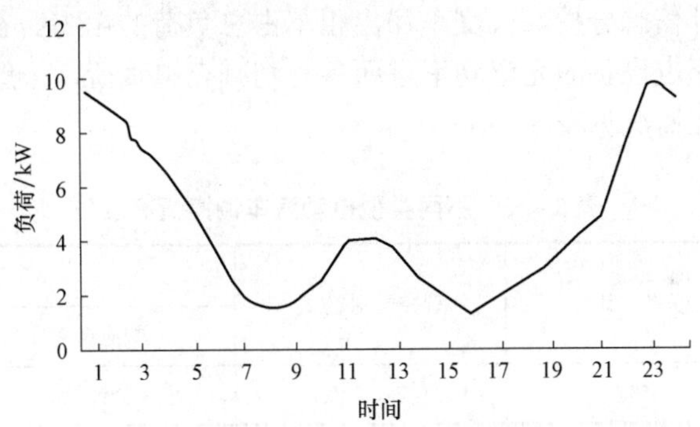

图 5-30　公交车充电日负荷曲线

2）出租车

对江苏某地区的出租车公司充电站出租车进行实测，等比例换算为 1 辆出租车的负荷数据，得到出租车充电日负荷曲线见图 5-31。出租车充电时间主要集中在 23:00—4:00、11:00—13:00、17:00—20:00。

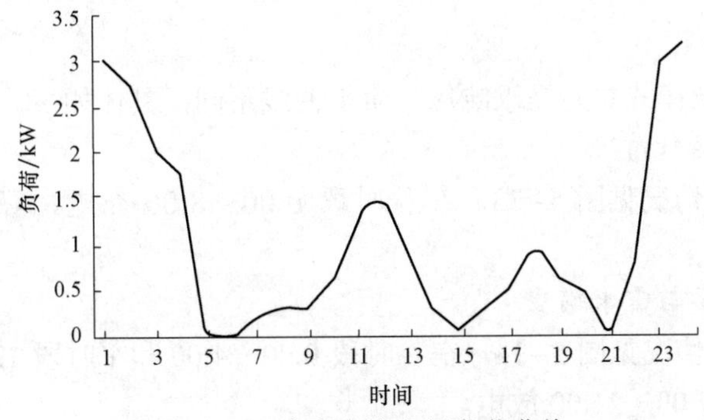

图 5-31　出租车充电日负荷曲线

3）私家车

对江苏某地区几个小区的50个充电桩进行实测，等比例换算为1辆私家车的负荷数据，得到私家车充电日负荷曲线见图5-32。私家车在居民停车场充电时间多集中在12:00—14:00和19:00—4:00。

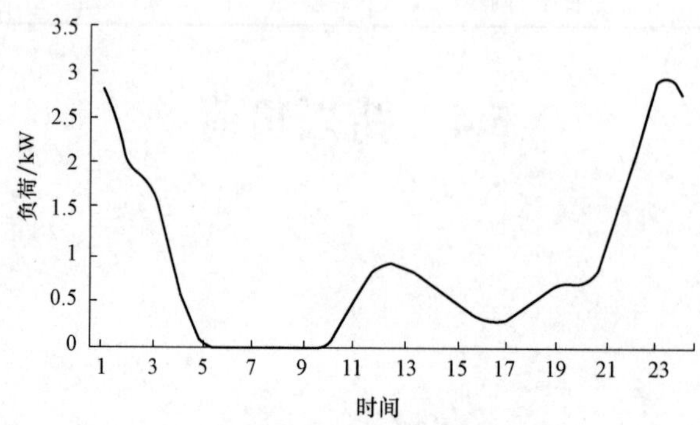

图5-32　私家车充电日负荷曲线

2. 调节能力总结

以苏州某地区统计信息分析，公交车和出租车占总负荷的88%。在充电过充中，可以通过直接控制电动汽车充电设备的充电功率进而参与削减充电负荷，一般可调控时长1～2 h。不同类型电动汽车调控情况见表5-36。

表5-36　不同类型电动汽车调控情况表

电动汽车类型	负荷占比	调控类别/方式	调控时间	
			响应速度	响应时长
公交车	56%	直控（柔性）	分钟级	＜2 h
出租车	32%	直控（柔性）	分钟级	＜1 h
私家车	12%	直控（柔性）	分钟级	3～4 h

注：负荷占比为12:00—14:00时段不同类型充电负荷占比。

5.4.2　客户侧储能

1. 负荷特性

锂电池不同的充放模式参与需求响应，负荷曲线不同，具体如下。

1）“一充两放”运行情况

“一充两放”运行情况见图5-33。在谷时段0:00—8:00充电，峰时段8:00—12:00和17:00—21:00放电。

2）“两充两放”参与需求响应

“两充两放”运行情况见图5-34。在谷时段0:00—4:00和平时段12:00—16:00充电，峰时段8:00—12:00和17:00—21:00放电。

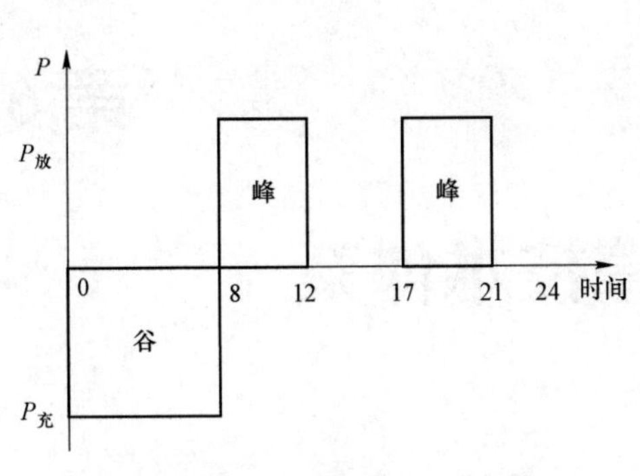

图 5-33 “一充两放”运行情况

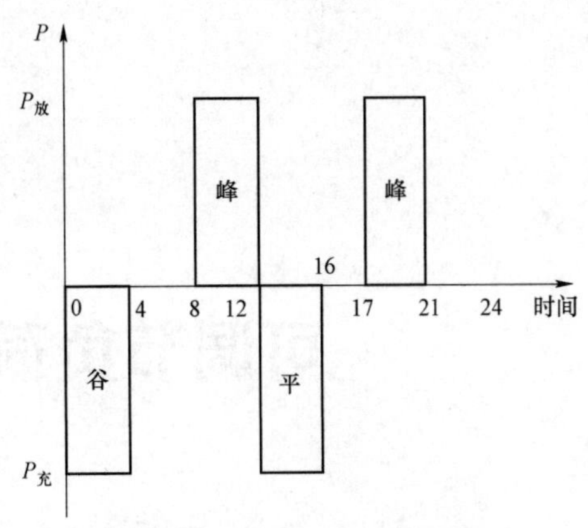

图 5-34 “两充两放”运行情况

2. 调节能力总结

储能多用于工业用户，因为峰谷价差的存在，今后居民和工商业也有可能发展客户侧储能。目前，主要通过控制客户侧储能电池充放电功率进而参与需求响应，不同类型储能电池调控情况见表 5-37。

表 5-37　不同类型储能电池调控情况表

储能类型	容量占比（江苏）	调控方式	调控时间		容量功率比
			响应速度	响应时长	
锂电池	21%	直控（柔性）	毫秒级	<4 h	4:1
铅炭电池	75%	直控（柔性）	毫秒级	<8 h	8:1
铅酸电池	4%	直控（柔性）	毫秒级	<2 h	8:1

第6章

可调节负荷支撑技术体系

6.1 可调节负荷量测技术

用电负荷量测技术是高级量测体系（AMI）最重要的组成部分之一。负荷用电量测是指监测总负荷（如一户居民、整栋楼宇和整个工厂车间等）内部每个/类用电设备的用电信息，主要包括工作状态和用电功率这两项内容，从而知晓不同用电设备的耗电状态和用电规律等。

为保障需求响应业务实施，用户负荷采集终端需要在采集频度、采集精度等方面达到要求。其中，采集频度方面，在非执行需求响应期间，用户用电负荷数据采集周期不大于 15 min；在执行需求响应期间，参与约定需求响应的用电设备须实现用电信息在线监测（数据采集周期为 15 min）并接入国家（省）电力需求侧管理在线监测平台，参与实时需求响应的用电设备数据采集周期为 30 s，上报国家（省）电力需求侧管理在线监测平台。采集精度方面，电力用户用电负荷数据采集设备或系统应由具备相应资质的机构进行检测，居民用户负荷数据测量精度不低于 2.0 级，工商业用户负荷数据测量精度不低于 1.0 级。

监测用电负荷方式分为侵入式监测和非侵入式监测，侵入式电力负荷监测（intrusive load monitoring，ILM）通过在总负荷（包含多个用电设备或子负荷成分的监测对象）内部每个用电设备配以带有数字通信功能的传感器，再经本地（如居民户内）局域网收集和送出用电信息。以居民负荷监测为例，方案如图 6–1 所示。

非侵入式电力负荷监测与分解（non-intrusive load monitoring and decomposition，NILMD）仅在居民小区电源总进口、住户进户线总开关处或者工业负荷总线上安装一个传感器，通过采集和分析电力用户端电压和用电总电流来辨识总负荷内部每个/类用电设备的用电功率和工作状态（如空调具有制冷、制热、待机和停机四种不同工作状态），从而知晓每个/类用电设备的耗电状态和用电规律。发展初期，该传感器可单独设置，与电能表的电流回路串联、电压回路并联，如图 6–2 所示；成熟后，NILMD 算法也可融合到智能电表芯片内，如图 6–3 所示。

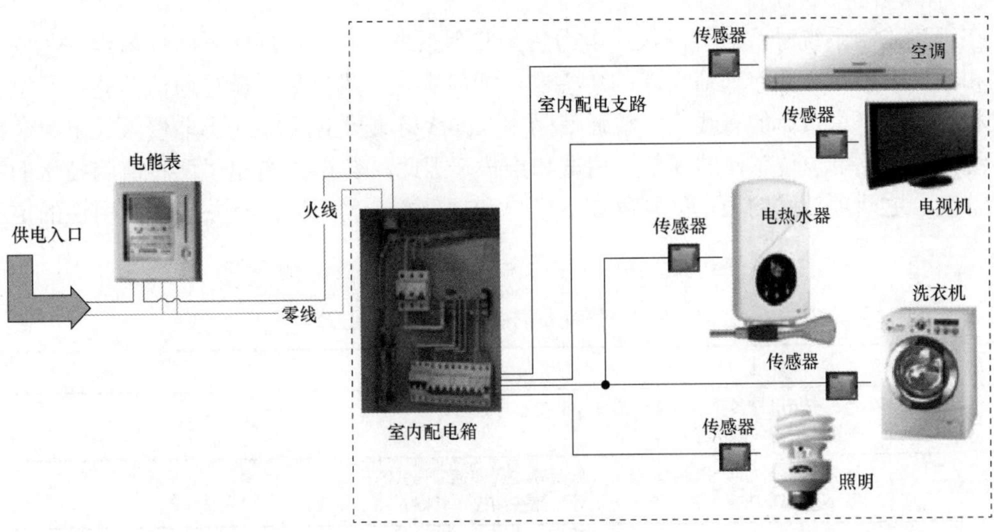

图6-1 侵入式电力负荷监测方案

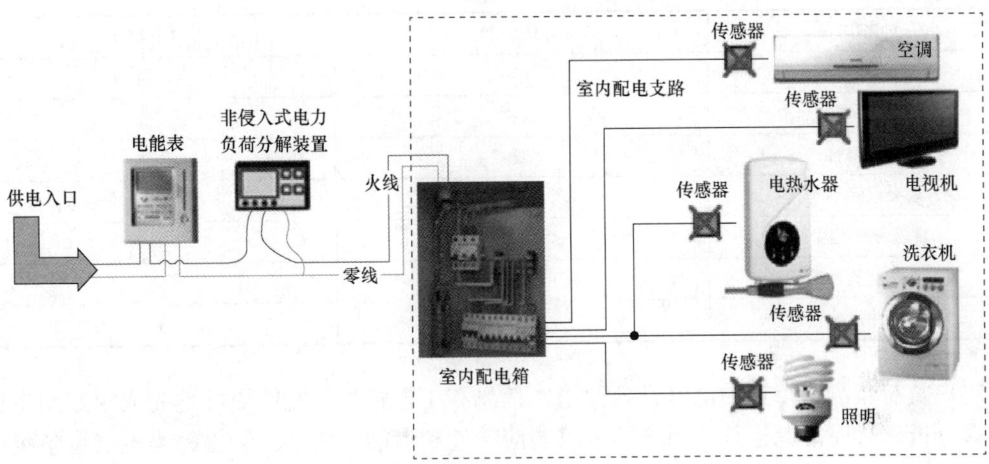

图6-2 非侵入式电力负荷监测与分解方案：即插即用式

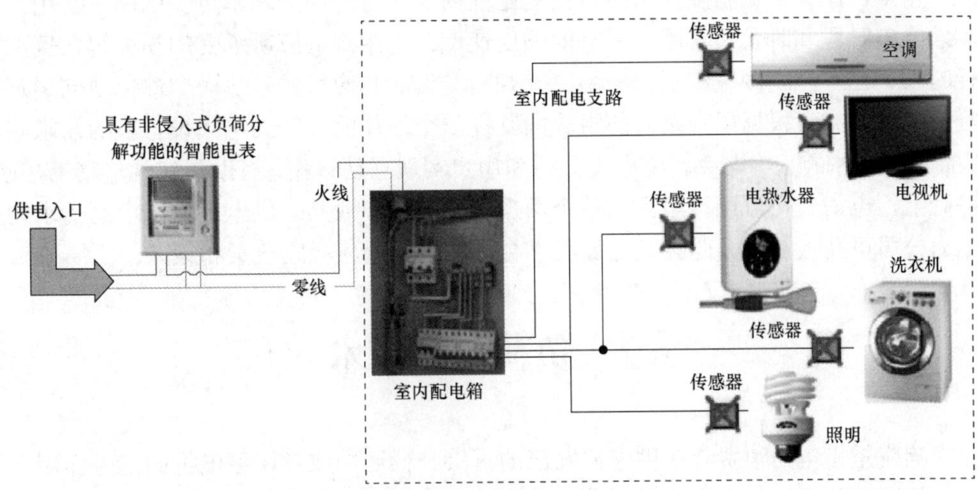

图6-3 非侵入式电力负荷监测与分解方案：集成式

在组建监测系统时，对于侵入式电力负荷监测系统，主要包括如下两项内容：①安装、调试和维护大量带有数字通信功能的传感器，智能家电一般自带测量与通信功能；②组建、调试和维护覆盖总负荷的有线或无线通信网络（包括局域网主机）。对于非侵入式电力负荷监测系统，仅涉及单一传感器的安装、调试和维护。据此，表 6-1 给出了两种监测技术的不同实现方案。这两项技术的根本区别就在于硬件和软件复杂度不同，有关工程实用性的定性对比见表 6-2。

表 6-1　两种监测技术的不同实现方案

监测技术	实施方案
ILM	为每个用电设备安装一个传感器（见图 6-1） 直接采用智能家电建立监测系统
NILMD	每户安装独立的 NILMD 装置（见图 6-2，即插即用式） 将 NILMD 功能集成到智能电表等智能终端内（见图 6-3，集成式）

表 6-2　两项监测技术的工程实用性的定性对比

对比项	ILM	NILMD
实施难易程度	难	易
硬件经济成本	高	低
系统可靠性	低	高
用户接受程度/认可度	低	高
覆盖用户范围	小	大
数据完整性	稍差	好
监测结果准确性	好	稍差

用户负荷监测所得到的电气设备及用电信息和工作特性，能够更好地完成用户用电行为和需求分析，从而准确推导出用户的需求响应特性和潜能，包括：①由每类电气设备类型所决定的用户对电网的友好程度（或受控程度），表明电力需求转移或削减的可能性；②用户响应潜能和裕量，比如空调温度在用户可接受范围内变化时对应的功率可变区间；③用户可接受的需求响应时段和时长；④用户具有的响应速度；⑤用户响应所承受的损失等。例如，根据运行时长、已产生制冷量和室内外温度来判断空调的响应裕量，从而个性化地向用户发送需求响应请求，或者根据用户负荷的组成向其提出个性化的具体到电气设备级的需求响应建议，从而提高需求响应参与率，使电力公司和用户实现互动双赢，有助于实现自动需求响应。在此基础上，电力公司可以科学评估单个用户、某类用户或某个供电区域的电网需求响应潜能和电力公司可获效益，据此制定更加科学合理的需求响应激励政策和策略。

6.2　负荷预测技术

需求响应是指电力消费者在供电方发出的直接补偿通知或者调整电价的信号作用下，改变其原有的用电习惯，从而达到保证电力系统的可靠稳定运行及提高系统收益的目的。通过实施合理的需求响应政策，充分利用需求侧的资源弹性，使电力用户由完全的消费者转变为兼具发电和用电的双重身份，从而减少电力资源的浪费，并且有利于缓解供给侧在高峰用电期的供电压力。

电力系统负荷预测是根据电力负荷、经济、社会、气象等的历史数据，探索电力负荷历史数据变化规律对未来负荷的影响，寻求电力负荷与各种相关因素之间的内在联系，从而对未来的电力负荷进行科学的预测。理论上讲，负荷预测数学理论的核心是如何获得对象的历史变化规律和其受某些因素影响的关系。预测模型实际上是表述这种变化规律的数学函数。建立良好的数学模型，减小负荷预测误差，提高预测精度，是预测人员关注的核心问题。电力负荷预测分为经典负荷预测和现代负荷预测。

电力负荷预测能够预判年度、月度乃至次日的负荷，预判电网供需平衡缺口。对于电网需求响应组织实施机构来说，当缺口大，且用户侧可用的调节资源容量相当或者小于上述缺口时，需求响应组织实施机构就要尽量提高激励标准，以刺激仅有的需求侧资源容量尽量全参与响应。

近年来，我国的用电量快速增长，电力需求呈现出明显的动态变化趋势，结合历史负荷数据情况，选用正确的负荷预测方法，有助于了解未来需要多少电力来平衡供需。在此基础上，灵活运用需求响应技术，把用户与电网有效结合起来，引导用户合理用电，缓解供电压力和实现发电容量的合理调度，达到削峰填谷的目的。具体预测方法分析见表 6-3。

表 6-3　预测方法分析

预测方法	预测时限			所需数据量			方法特点	
	短期	中期	长期	多	适中	少	优势	缺点
自回归模型（AR）	✓					✓	计算原理和结构形式简单，预测速度快，外推性能好	无法详细描述各种影响负荷的因素，模型初始化难度较大，需要丰富的经验
移动平均模型（MA）	✓					✓	当时间序列的数值受制于周期变动和随机波动的影响，呈现较大的变化趋势，无法显示出事件的发展趋势。使用移动平均法可以消除这些因素的影响，显示出事件的发展方向与趋势	不适宜处理非平稳时间序列
自回归－移动平均模型（ARMA）	✓					✓	所需历史数据少、工作量少	没有考虑负荷变化的因素，过于强调数据的拟合，对规律性的处理不足，只适用于负荷变化比较均匀的短期预测的情况
动平均法（MA）	✓					✓	相较于简单的平均值预测法，动平均法可以实现“重近轻远”的预测原则	没有考虑负荷变化的因素，过于强调数据的拟合，对规律性的处理不足，只适用于负荷变化比较均匀的短期预测的情况
指数平滑法	✓	✓				✓	所需数据资料少，兼具全期平均和移动平均的优势，充分利用过去的数据，但是仅给予逐渐减弱的影响程度	此方法赋予远期较小的比重、近期较大的比重，所以只能进行短期和中期的预测

续表

预测方法	预测时限			所需数据量			方法特点	
	短期	中期	长期	多	适中	少	优势	缺点
增长速度法		✓	✓			✓	所需历史数据较少	若负荷出现波动，会有较大误差
马尔可夫预测法	✓				✓		适合于随机波动性较大的数据的预测问题	要求预测对象不但具有马氏链特点，而且要具有平稳过程等特点。现实世界中往往多是随时间变化而呈现某种变化趋势的非平稳随机过程，从而影响该模型预测的精度
灰色预测模型	✓	✓				✓	需要数据样本量小，数据的分布与变化对模型没有影响，运算较为简单，便于检验，实用性好	不能针对离散程度较高的数据进行负荷预测，不适合长期负荷预测，受外界因素影响较大
生长曲线法		✓	✓			✓	适用于数据变化呈现出类似于生物生长的规律的负荷预测	受制于模型结构，参数自由度小，无法精确地拟合原始数据
单耗法	✓	✓		✓			方法简单，对负荷预测效果直观，有一定的普适性，近期预测效果较佳	需做大量细致的调研工作，比较笼统，很难反映现代经济、政治、气候等条件的影响
电力弹性系数法			✓	✓			方法简单、易于计算	需做大量细致的调研工作，需要准确的经济发展预测，人为主观影响过大
负荷密度法		✓	✓	✓			能紧密结合城市发展规划，不依赖历史数据，预测过程中的不确定因素较少。该方法较为直观，预测结果简单准确，可用于城市区域的电力负荷预测	对预测区域大小有要求，预测结果准确性受区域划分标准、城市规划目标等的影响
聚类预测法		✓	✓	✓			能源预测准确，减少识别性、波动性、异常值存在带来的不确定性问题，能对不同数据之间的差异性进行有意义的比较	当样本数据较多时，获得理想的聚类结论较为困难
计量经济法		✓	✓	✓			基于未来的经济指标的预测结果，借助于经济指标与用电量的关系，进行负荷预测	受制于人的认识的限制，没有考虑所有的相关因素，降低模型的解释能力。另外，无法处理一些呈现随机变化的相关因素，比如气象要素
系统动力学法		✓	✓	✓			适用于多因素、多变量、长时间、各因素之间存在复杂的多重因果关系的情况	当时间序列较长时，初始条件的变化对模拟结果影响很大，不利于参数识别和模型建立
混沌负荷预测模型	✓					✓	避免了传统负荷预测方法在数学模型选择时存在的主观性，减少了气候、时间等随机因素所带来的不确定性，能较好地保证预测的准确性	容易产生预测误差，相空间重构的优劣直接决定模型的预测精度

续表

预测方法	预测时限			所需数据量			方法特点	
	短期	中期	长期	多	适中	少	优势	缺点
基于小波分析的负荷预测方法	✓	✓	✓			✓	通过变尺度分析的小波变换，处理奇异性强的不平稳信号。在时域和频域上同时具有良好的局部化性质，可根据信号频率高低自动调节采样的疏密，容易捕捉和分析微弱信号以及信号、图像的任意细小部分	小波基的选取较难，无法解决预测突发的负荷变化与紧随其后的短时变化趋势问题
人工神经网络预测模型	✓	✓	✓	✓			可以模仿人脑的智能化处理，对大量非结构性、非精确性规律具有自适应功能，具有信息记忆、自主学习、知识推理和优化计算的特点；数据驱动不依赖于对系统的先验知识；可以在数据不完整的情况下提供很好的估计；通过对输出误差进行评估，从而有效减小预测误差	存在学习速度慢、不易收敛等缺点，并且建模过程中知识表达困难。在小样本的情况下，神经网络容易陷入局部极小点并且容易存在过拟合的问题
随机森林回归预测模型	✓	✓				✓	具有预测精度高、调节参数少、不易过拟合以及较好的泛化性能等优点，在分类、回归、聚类等方面具有较好的适用性，对噪声和异常值有良好的包容性，在负荷预测中应用广泛	在某些噪声较大的分类或回归问题上会存在过拟合；取值划分较多的属性会对随机森林产生很大的影响，在这种数据上产出的属性权值不可靠
支持向量机预测模型	✓			✓			有效解决了传统的神经网络局部极小值和过拟合等问题，并且在小样本、非线性、数据高维等机器学习问题中表现出明显的优势。具有要求确定参数少、在理论上存在全局最优、预测能力强、速度快等优点，另外在小样本条件下具有良好的泛化能力，在电力系统负荷预测中应用广泛	在应用时需要依靠经验选取一些参数，可能会影响支持向量机的预测精度。对于大规模样本训练较困难，计算量大导致运算速度偏慢
深度学习预测模型	✓			✓			具有鲁棒性强，学习能力强的特点，拥有强大的表征能力和非线性建模能力，适用于电力大数据的深层挖掘场景	在一些重要参数的选取上，模型比较依赖历史经验，可能会使得预测结果存在一定的误差

随着智能电网的发展，用电数据在采集的粒度、频度及质量上都有明显改进。传统的用电负荷预测方法，由于条件局限，人工经验介入比较多，预测的准确度、稳定度难以保证。大数据、机器学习在最近几年得到大力的应用与发展的同时，用电负荷的数据量已经积累到足够用于挖掘数据规律，完成负荷预测。未来，包括神经网络、支持向量机、深度学习在内的大数据技术将为电力行业的发展带来新的发展空间。

6.3 可调节负荷控制技术

6.3.1 电压型控制

电压响应负荷能秒级响应电网频率变化，在电网大功率缺额的情况下，通过改变负荷两端电压，快速改变用电功率，补偿机组快速调节能力的不足，减少对用户舒适度的影响，并可以协同现有的调控手段，快速拉升系统频率水平，降低负荷并抑制负荷反弹。通常，电压升高则用电功率增大，电压降低则用电功率减小，国外称其为降压节能（conservation voltage reduction，CVR）。

现有的研究主要分为两种，一种是针对用户侧，通过改变用户设备端电压来调节设备用电功率。例如，针对用户侧冰箱、空调等制冷负荷可以通过调节电压实现对其用电功率的调整。但该方法需要在用户设备中加入相应的控制器，成本较高且用户接受程度较低。另一种是针对母线侧，通过改变母线负荷电压实现对特定区域的功率调节，由于对母线侧实施 CVR 技术不涉及对现有设备的改造，并且调节效果基本可控，目前在工业用户中应用普遍。

1. 负荷电压响应特性

1）单负荷电压响应模型

负荷电压响应即通过调节负荷两端电压间接调整其吸收的有功功率值，实质是利用了负荷有功功率与电压的关系模型。几种常见负荷有功功率与端电压及频率的幂指数模型①：

$$P = P_0 \left(\frac{U}{U_0} \right)^{p_u} \left(\frac{f}{f_0} \right)^{p_f} \tag{6-1}$$

式中：P_0、U_0、f_0 分别表示在初始运行点的有功功率、端电压和频率值；p_u 表示有功电压静态特征系数，p_f 表示有功频率静态特征系数。其中，静态系数是指当负荷功率、电压、频率均取标幺值时，功率对电压及频率的变化率。

当负荷两端电压发生改变时，负荷吸收的有功功率也会随之变动，因此可以通过调节负荷两端电压来调整其消耗的有功功率值。

2）母线负荷电压响应模型

母线负荷由不同成分的负荷构成，因而其消耗的有功功率与电压之间也同样存在着一定的规律性。经过大量数据和测试，电网中的低压母线（一般指 10 kV、35 kV 母线）负荷的用电功率随电压变化而改变，实际中通常可以采用 ZIP 模型描述低压母线负荷电压响应模型：

$$P = f(U) = P_0 \left(\frac{U^2}{U_0^2} \bullet Z_{\%} + \frac{U}{U_0} \bullet I_{\%} + P_{\%} \right) \tag{6-2}$$

式中：P 表示负荷消耗的有功功率；U 表示负荷电压；$Z_{\%}$、$I_{\%}$、$P_{\%}$分别表示恒阻抗、恒电流和恒功率部分在负荷中占的比例，也称为恒阻抗系数、恒电流系数和恒功率系数，这三个系数都大于等于 0，并且满足 $Z_{\%}+I_{\%}+P_{\%}=1$。

---

① 薛松，王致杰，成欢，等. CVR 与 AVC 技术的节能减排效果评估研究[J]. 华东电力，2013，41（5）：908-911.

2. 母线负荷功率调节潜力评估

母线负荷潜力评估主要针对具体母线节点，通过调节变压器挡位和投切电容器都可以改变母线节点的电压状况，进而改变母线电压负荷功率。其中，实现主变分接开关调节次数最少、电容器投切最合理、发电机出力最优是主动电压控制中的综合优化目标，需要多种手段进行协调。另外，调节变压器挡位属于遥调操作，投切电容器属于遥控操作。

本节以调节变压器分接头为主，根据电网实时运行信息计算可控变压器每挡可调节功率值 P_r 和最大可调节负荷功率 P_r^{max}。

1）负荷功率调节量

根据电压响应因子 γ 的定义可得：$\gamma|_{\Delta U=0.01}=\Delta P_{\%}$。在得到各母线电压响应模型之后，具体计算为：

$$\gamma=\frac{P_0-f(0.99\bullet U_0)}{P_0}=Z_{\%}(1-0.99^2)+I_{\%}(1-0.99) \tag{6-3}$$

只有 $\gamma>\gamma_{ref}$ 的负荷母线可作为可控对象参与电网调度运行。其中，γ_{ref} 为电压响应因子阈值，通常取 0.5%～1.5%，具体取值可根据实际情况进行灵活调整。

2）负荷电压可调范围

记变压器低压侧电压下限值为 U_{2lim}，高压侧设 $2n+1$ 个调节挡位，每挡调节步长为 λ。记高压侧当前电压为 U_1，低压侧当前电压为 U_2，则变压器当前变比可表示为：

$$K_{cur}=\frac{U_1-(P_1R_1+Q_1X_1)/U_1}{U_2+(P_2R_2+Q_2X_2)/U_2} \tag{6-4}$$

式中：R_1、X_1、P_1、Q_1 分别为有载调节变压器高压侧电阻值、电抗值、有功功率和无功功率；R_2、X_2、P_2、Q_2 分别为有载调节变压器低压侧电阻值、电抗值、有功功率和无功功率。

高压侧挡位每调节 1 挡，低压侧电压变化 U_{2_1s} 可表示为：

$$U_{2\_1s}=\left(\sqrt{\left(\frac{U_1-(P_1R_1+Q_1X_1)}{1+n\lambda}\right)^2-4(P_2R_2+Q_2X_2)}-\frac{U_1-(P_1R_1+Q_1X_1)}{K_{cur}+\lambda}\right)/2 \tag{6-5}$$

在高压侧调节 1 挡后，低压侧电压可调节下限可表示为：

$$U_{2\min}=\max\{U_{2lim},U_{2\_1s}\} \tag{6-6}$$

3）负荷功率可调范围

当高压侧调节 1 挡，低压侧电压变化为负荷功率 $f(U_{2\_1s})$，则每一挡功率调节潜力可以表示为：

$$P_r=f(U_2)-f(U_{2\_1s}) \tag{6-7}$$

对于每一台可控变压器，负荷功率最大调节潜力可以表示为：

$$P_{max}=f(U_2)-f(U_{2\min}) \tag{6-8}$$

在参与母线电压负荷响应的区域中，对于 n 台可控变压器，负荷功率最大调节潜力可以表示为：

$$P_{max}=\sum_{i=1}^{n}[f_i(U_2)-f_i(U_{2\min})] \tag{6-9}$$

式中：$f_i(U_2)-f_i(U_{2\_1s})$ 为第 i 台可控变压器调挡后的负荷功率调节潜力；U_2 和 U_{2_1s} 对于不同的可控变压器，其参数设置可能不同。

6.3.2 电流型控制

电流型控制技术包括瞬时值电流型控制技术和平均值电流型控制技术。

1. 瞬时值电流型控制技术

主要包括恒定截止时间、恒定导通时间、恒定开通时刻、恒定关断时刻和恒定迟滞环宽等五种，见图 6-4。

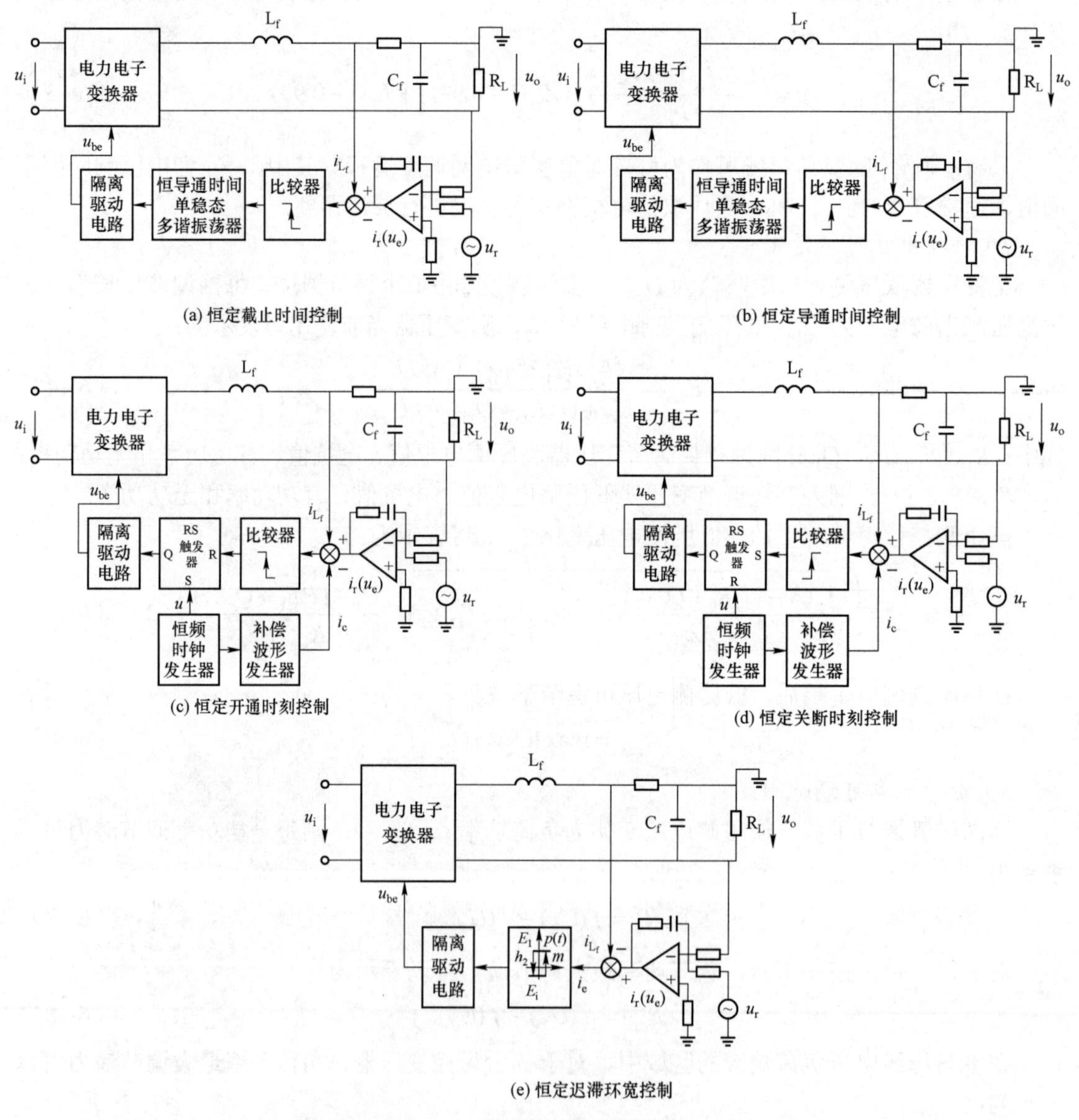

(a) 恒定截止时间控制

(b) 恒定导通时间控制

(c) 恒定开通时刻控制

(d) 恒定关断时刻控制

(e) 恒定迟滞环宽控制

图 6-4　瞬时值电流型控制图

这类电流型控制技术是检测并将电感电流或功率开关电流作为电流内环的反馈信号与电

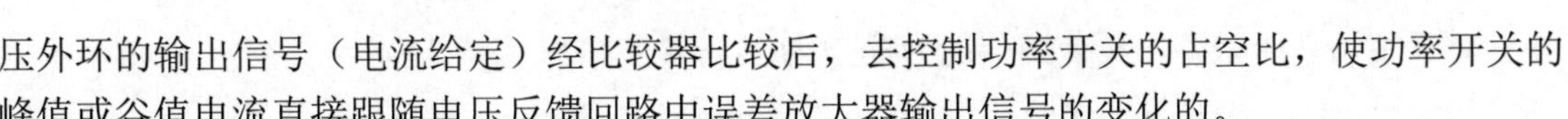

压外环的输出信号（电流给定）经比较器比较后，去控制功率开关的占空比，使功率开关的峰值或谷值电流直接跟随电压反馈回路中误差放大器输出信号的变化的。

2. 平均值电流型控制技术

将电感电流检测电阻 R_f 上的电压作为电流内环的反馈信号与电压外环的输出信号（电流给定）比较，经电流误差放大器放大后，并在 PWM 比较器的输入端与振荡器产生的幅值较大的锯齿波进行比较，去控制功率开关的占空比，见图 6–5。

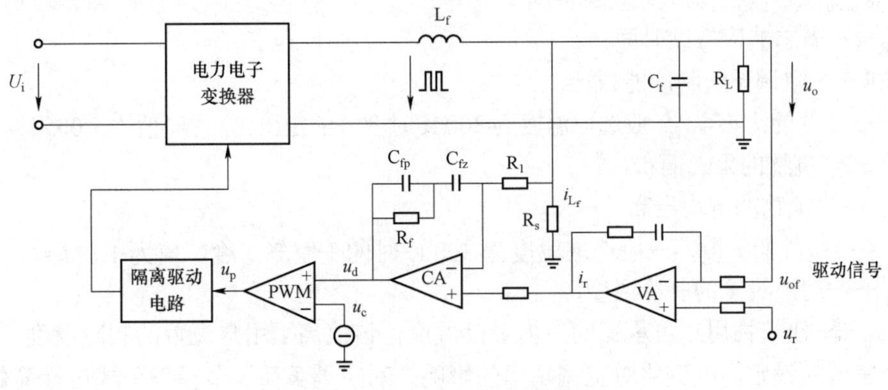

图 6–5　平均值电流型控制图

6.3.3　频率型控制

变频调速是通过改变定子电源的频率来改变同步频率实现电机调速的。在调速的整个过程中，从高速到低速可以保持有限的转差率，因而具有高效、调速范围宽（10%～100%）和精度高等性能，节电效果可达到 20%～30%。

变频调速有两种方法：一是交—直—交变频，适用于高速小容量电机；二是交—交变频，适用于低速大容量拖动系统。

电机拖动系统的转速与功率成正比，频率与转速成正比，变频后的功率计算为：

$$P_1 = \frac{P_0 \bullet f_1}{f_0} \tag{6-10}$$

式中：P_1 为变频后的功率，P_0 为额定功率，f_0 为额定频率，f_1 为实际频率。

以变频空调为例，能根据室内气温的变化，调节制冷速度，一个 15 m^2 的房间，变频空调比定频空调调温速度快 6～10 min，达到设定温度后，变频空调又能以仅为定频空调 10% 的功率低速运转，以调节温度细微损耗，维持恒温状态。

6.3.4　其他控制方式

用电设备的其他控制方式包括基于温度、压力等运行状态参数的调节，间接达到调整用电负荷的目的，主要适用对象包括空调、空压机等设备。

1. 温度

对于空调制冷、电热水器加热等温控性负荷，通过调节设备的设定温度可以间接调整其用电负荷。

对于空调系统来讲，负荷调节能力模型为：

$$P_{\mathrm{DR,decreased}} \cdot t_{\mathrm{DR}} \cdot \mathrm{EER} = c \cdot S \cdot H \cdot \rho \cdot (T_{\mathrm{limit}} - T_{\mathrm{set}}) \quad (6\text{-}11)$$

从而得出空调可调节能力为：

$$P_{\mathrm{DR,decreased}} = \frac{c \cdot S \cdot H \cdot \rho \cdot (T_{\mathrm{limit}} - T_{\mathrm{set}})}{t_{\mathrm{DR}} \cdot \mathrm{EER}} \quad (6\text{-}12)$$

式中：$P_{\mathrm{DR,decreased}}$——空调系统可削减有功功率；

t_{DR}——需求响应持续时间；

EER——空调系统制冷能效比；

c——空气的比热容，一般选取温度为 300 K 时空气的定压比热容，值为 1.005 kJ/（kg·K）；

S——建筑物的采暖面积；

H——建筑物的平均层高；

ρ——空气的密度，一般选取温度为 300 K 时的干空气密度，值为 1.177 kg/m^3；

T_{set}——用户设置的制冷温度；

T_{limit}——建筑物用户可承受的室内最高温度，该值高于用户设置的制冷温度。

结合空调的设定温度变化对空调功率的影响，对空调负荷调节模型公式进行简化为：

$$\Delta P = f_{\mathrm{K}} \cdot \Delta T \quad (6\text{-}13)$$

式中：f_{K} 需要考虑建筑物采暖面积、平均层高等基础参数，根据当前室内温度、用户允许的最低室内温度等相关的参数，f_{K} 的计算公式为：

$$f_{\mathrm{K}} = \frac{c \cdot S \cdot H \cdot \rho}{t_{\mathrm{DR}} \cdot \mathrm{EER}} \quad (6\text{-}14)$$

在实际使用过程中，f_{K} 可以根据实践数据进行分析获得，得到不同区域的参数。计算方法分为物理模型法和统计分析法。物理模型法主要通过热力学建模，按照典型楼宇设计参数，计算得到 f_{K}。统计分析方法主要是选择典型地区的楼宇（需要达到一定的样本数），进行空调温度设定与负荷变化的调节实验，通过线性回归或神经网络等方法构建 f_{K} 的参考值，得到不同地区的参数集。

2. 压力

压力调节主要用于空气压缩系统的负荷调节。空气压缩机的功率与压力的关系模型为：

$$P = \frac{F \cdot Q}{\eta \cdot \gamma \cdot \sigma} \quad (6\text{-}15)$$

式中：P 为空压机功率，F 为工作压力，Q 为容积流量，η 为容积效率，γ 为热效率，σ 为机械效率。可见，空气压缩机的运行功率与工作压力成正比。

6.4 可调节负荷关键装置需求分析

综合考虑可调节负荷的单体响应容量和负荷调控装置的成本，科学合理地规划和设计负荷调控终端，针对单体响应容量比较大的设备，如工业热负荷、中央空调、电采暖等设备，研发配套的专用负荷调控终端，确保调控的准确性和安全性。针对设备数量多、单体响应量非常少、总体具有一定响应规模的系统，如智能家居系统等，研发面向系统的负荷调控终端，通过对负荷终端的协调控制来实现负荷整体调控的目的。

6.4.1　中央空调负荷调控装置

1. 采集功能

中央空调负荷调控装置采集的电参数数据项包括 A、B、C 三相电流、电压，A、B、C 三相有功、无功功率，总有功功率，总无功功率等，误差应不高于±1%；采集间隔应根据需求响应业务实施需求设置，间隔时间 10 s～30 min 可调，默认为 15 min；采集可采用以太网、BACnet 总线、LonWorks 控制网络、RS-485 总线或微功率无线通信网络等；采集参数来源于空调系统中冷水机组、热泵、冷（热）水泵、冷却塔、风机盘管等组成部件对应的电能表。

中央空调负荷调控装置应针对空调系统中各台主机机组（冷水机组、热泵）的运行状态参数进行采集，采集数据项包括启停状态、运行模式、冷（热）水出水温度、冷（热）水进水温度、冷（热）水流量、负荷百分比等；采集间隔应根据需求响应业务实施需求设置，间隔时间 10 s～30 min 可调，默认为 15 min；采集可通过以太网、BACnet 总线、LonWorks 控制网络、RS-485 总线或微功率无线通信网络等，从空调系统主机通信接口板采集上述参数。但部分空调系统在安装时没有部署温度传感器、流量传感器等，此类情况下需要在重新部署相关数据传感器后，通过中央空调负荷调控装置的以太网、BACnet 总线、LonWorks 控制网络、RS-485 总线或微功率无线通信网络等接口，获取数据传感器采集的温度、流量等参数。

中央空调负荷调控装置采集的环境参数数据项包括温度、湿度等；采集间隔应根据需求响应业务实施需求设置，间隔时间 10 s～30 min 可调，默认为 15 min；采集室外、室内环境参数，室外应部署一个温湿度传感器，室内应针对典型区域，部署多个温湿度传感器，通过以太网、BACnet 总线、LonWorks 控制网络、RS-485 总线或微功率无线通信网络等接口获取温度、湿度参数。

相关采集参数信息，见表 6-4。

表 6-4　中央空调负荷调控装置采集参数

序号	数据项	数据子项
1	电参数采集	A、B、C 相电压
		A、B、C 相电流
		A、B、C 相有功功率
		A、B、C 相无功功率
		A、B、C 相功率因数
		总有功功率
		总无功功率
		功率因数
		视在功率
		频率

续表

序号	数据项	数据子项
1	电参数采集	正向有功电能
		反向有功电能
		感性无功电能
		容性无功电能
		视在电能
		有功最大需量
		无功最大需量
2	运行状态参数采集	启停状态
		运行模式
		冷（热）水出水温度
		冷（热）水进水温度
		冷（热）水流量
		负荷百分比
3	环境参数采集	室内采集点温度
		室内采集点湿度
		室外温度
		室外湿度

2. 控制功能

中央空调负荷调控装置应连续执行需求响应策略，生成针对所辖冷水机组、热泵、冷（热）水泵、冷却塔、风机盘管等集中式空调系统组成部件的负荷调整需求信息；应根据所生成的负荷调整需求信息，结合终端内部预设的控制策略，生成具体的控制指令，并将控制指令发送至集中式空调系统中冷水机组、热泵、冷（热）水泵、冷却塔、风机盘管等组成部件。控制指令包括：针对单台或多台冷水机组（热泵）的启停控制信号；针对单台或多台冷水机组（热泵）冷（热）水出水温度设定信号；针对单台或多台冷水机组（热泵）负荷限定百分比信号；针对单台或多台冷（热）水泵进行启停控制或转速控制；针对单台或多台冷却塔进行启停或风机转速控制；针对单台或多台风机盘管进行开关、调温或调整运行模式的控制。具体的控制流程见图 6-6。

首先，中央空调负荷调控装置接收来自需求响应系统主站的需求响应信号，该需求响应信号通常是电价信息或者邀约响应、实时响应事件信息；其次，中央空调负荷调控装置对接收的需求响应信号进行解析，解析后基于内置的需求响应策略，结合外部采集的电参数、中央空调运行状态参数及环境参数等，确定初步的响应等级、响应容量，并向需求响应系统主站反馈；再次，在获得需求响应系统主站服务器的确认信息后，正式生成针对中央空调系统的调控策略，明确生成具体的响应等级、响应容量；最后，根据响应等级的紧急程度，调控策略会有不同的执行方式。如果响应等级为不紧急，则中央空调负荷调控装置既可以自动执行相关控制指令，同时也允许用户自行控制；如果响应等级为紧急，则中央空调负荷调控装置直接关停部分空调机组或调整特定机组的运行负荷，是否直接关停部分空调机组，取决于响应容量的大小。

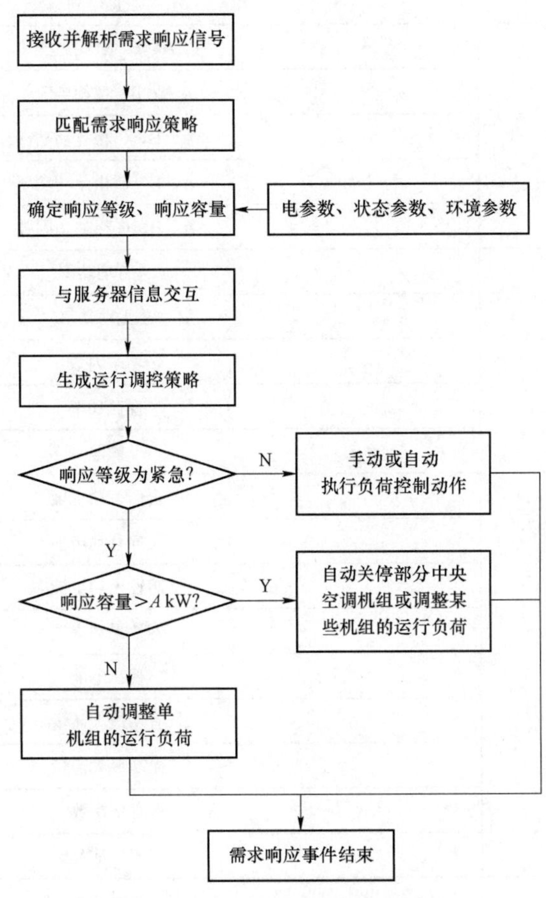

注：*A* 表示响应等级为紧急时的响应容量

图 6-6　中央空调负荷调控装置控制流程

6.4.2　蓄热锅炉负荷调控装置

1. 参数采集功能

电参数采集功能包括：采集数据项包括 A、B、C 三相电流、电压，A、B、C 三相有功、无功功率，总有功功率，总无功功率等，采集间隔可根据需求响应业务实施需求设置，间隔时间 10 s～30 min 可调，默认为 15 min。

运行状态参数采集包括：加热器启停状态、供热状态、蓄热量等，采集间隔可根据需求响应业务实施需求设置，间隔时间 10 s～30 min 可调，默认为 15 min；采用以太网、RS-232 或 RS-485 总线等方式，从电蓄热锅炉系统主机通信接口板采集上述参数。

环境参数采集功能包括：采集数据项包括温度、湿度等，采集间隔可根据需求响应业务实施需求设置，间隔时间 10 s～30 min 可调，默认为 15 min；主要采集室外、室内环境参数，室外通常部署一个温湿度传感器，室内需要针对典型区域，部署多个温湿度传感器，通过串口总线或以太网等获取相关温度、湿度参数。采集参数见表 6-5。

表 6-5　蓄热锅炉负荷调控装置采集参数

序号	数据项	数据子项
1	电参数采集	A、B、C 相电压
		A、B、C 相电流
		A、B、C 相有功功率
		A、B、C 相无功功率
		A、B、C 相功率因数
2	电参数采集	总有功功率
		总无功功率
		功率因数
		视在功率
		频率
		正向有功电能
		反向有功电能
		感性无功电能
		容性无功电能
		视在电能
		有功最大需量
		无功最大需量
		有功常数
		无功常数
3	运行状态参数采集	蓄热运行负荷率（%）
		供热运行状态
		当前储热量（%）
		当前炉内温度（℃）
		回水温度
		循环流量
		出水温度
4	环境参数采集	风速
		光照度
		环境温度
		环境湿度

2. 控制功能

蓄热电锅炉负荷调控装置通信模块接收来自需求响应系统主站的需求响应信号，信号包括：电价信息或者邀约响应、实时响应时间、响应容量等信息；蓄热电锅炉负荷调控装置边缘计算模块对接收的需求响应信号进行解析，触发边缘计算控制模块，结合外部采集的电参数、蓄热锅炉运行状态参数及环境参数等，通过逻辑决策的方式决策响应等级、响应容量，并向需求响应系统主站反馈并互相确认控制命令；正式生成针对蓄热锅炉系统的调控策略，生成明确的响应等级、响应容量、响应时间等信息。根据响应等级的紧急程度，调控策略会有不同的执行方式：如果响应等级为不紧急，则蓄热锅炉负荷调控装置既可以自动执行相关控制指令，同时也允许用户自行控制；如果响应等级为紧急，则锅炉负荷调控装置直接调节或关停锅炉运行状态。控制流程见图 6-7。

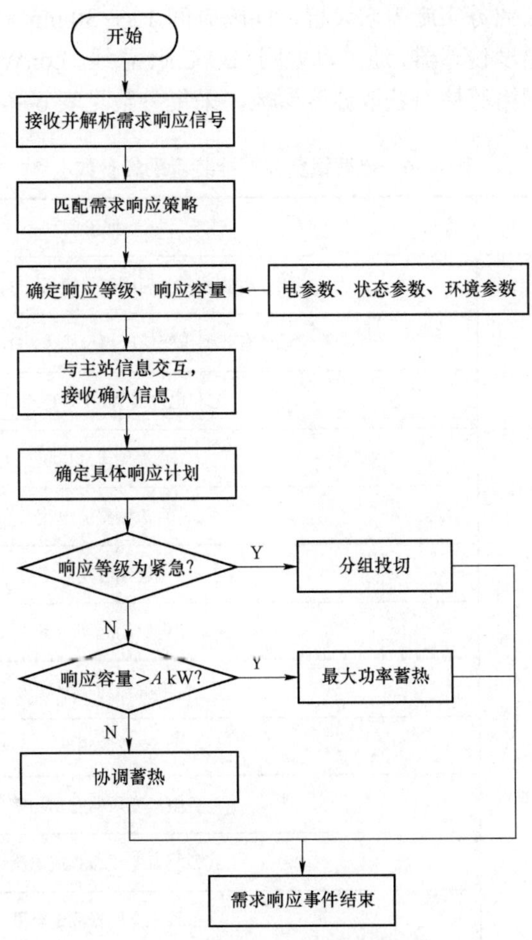

图 6-7　蓄热锅炉负荷调控装置控制流程

6.4.3　电解铝负荷调控装置

1. 采集功能

电解铝负荷调控装置采集的电参数数据项包括铝厂有载调压变高压侧母线、低压侧母线的 A、B、C 相电压，饱和电抗器 A、B、C 相压降，铝厂有功功率、无功功率、功率因数，交流侧频率，直流侧母线电压和整流电流，各整流变压器有功功率、直流电流，误差应不高于±1%；采集间隔应根据需求响应业务实施需求设置，间隔时间 1 s～30 min 可调，默认为 1 min；采集可采用以太网、BACnet 总线、LonWorks 控制网络、RS−485 总线或微功率无线通信网络等。

电解铝负荷调控装置应针对电解铝生产的运行状态参数进行采集，采集数据项包括有载调压变压器分接头挡位、铝厂侧无功补偿装置投切状态、各整流变压器投运状态等；采集间隔应根据需求响应业务实施需求设置，间隔时间 1 s～30 min 可调，默认为 1 min；采集可通过以太网、BACnet 总线、LonWorks 控制网络、RS−485 总线或微功率无线通信网络等。

电解铝负荷调控装置采集的环境参数数据项包括电解槽内冶炼温度、车间室内温度等；采集间隔应根据需求响应业务实施需求设置，间隔时间 1 s～30 min 可调，默认为 1 min；采集环境参数应部署相应温度传感器，通过以太网、BACnet 总线、LonWorks 控制网络、RS−485 总线或微功率无线通信网络等接口获取温度参数。采集参数见表 6−6。

表 6−6　电解铝负荷调控装置采集参数

序号	数据项	数据子项
1	电参数采集	铝厂有载调压变高压侧母线 A、B、C 相电压
		铝厂有载调压变低压侧母线 A、B、C 相电压
		饱和电抗器 A、B、C 相压降
		直流侧母线电压
		直流侧整流电流
		电解铝有功功率
		电解铝无功功率
		电解铝功率因数
		交流侧频率
		各整流变压器有功功率
		各整流变压器直流电流
		各整流变压器额定容量
2	运行状态参数采集	有载调压变压器分接头挡位
		铝厂侧无功补偿装置投切状态
		整流变压器投运状态
3	环境参数采集	电解槽内冶炼温度
		车间温度

2. 控制功能

电解铝负荷调控装置应连续执行需求响应策略，生成针对所辖饱和电抗器、有载调压变等部件的负荷调整需求信息；应根据所生成的负荷调整需求信息，结合预设的控制策略，生成具体的控制指令，并将控制指令发送至饱和电抗器、有载调压变分接头等部件控制中心。控制指令包括：针对本地频率变化，自动参与电网一次调频（通过设置控制死区避免电解铝频繁参与一次调频，仅在电网紧急情况，如频率下降 0.3 Hz 后再自动参与调节），控制装置生成饱和电抗器电流参考值信号、有载调压变分接头挡位调节信号；针对调度中心功率控制指令，参与电网二次调频、调峰，控制装置接收调度中心的功率控制指令，然后生成控制装置生成饱和电抗器电流参考值信号、有载调压变分接头挡位调节信号。控制流程见图 6-8。

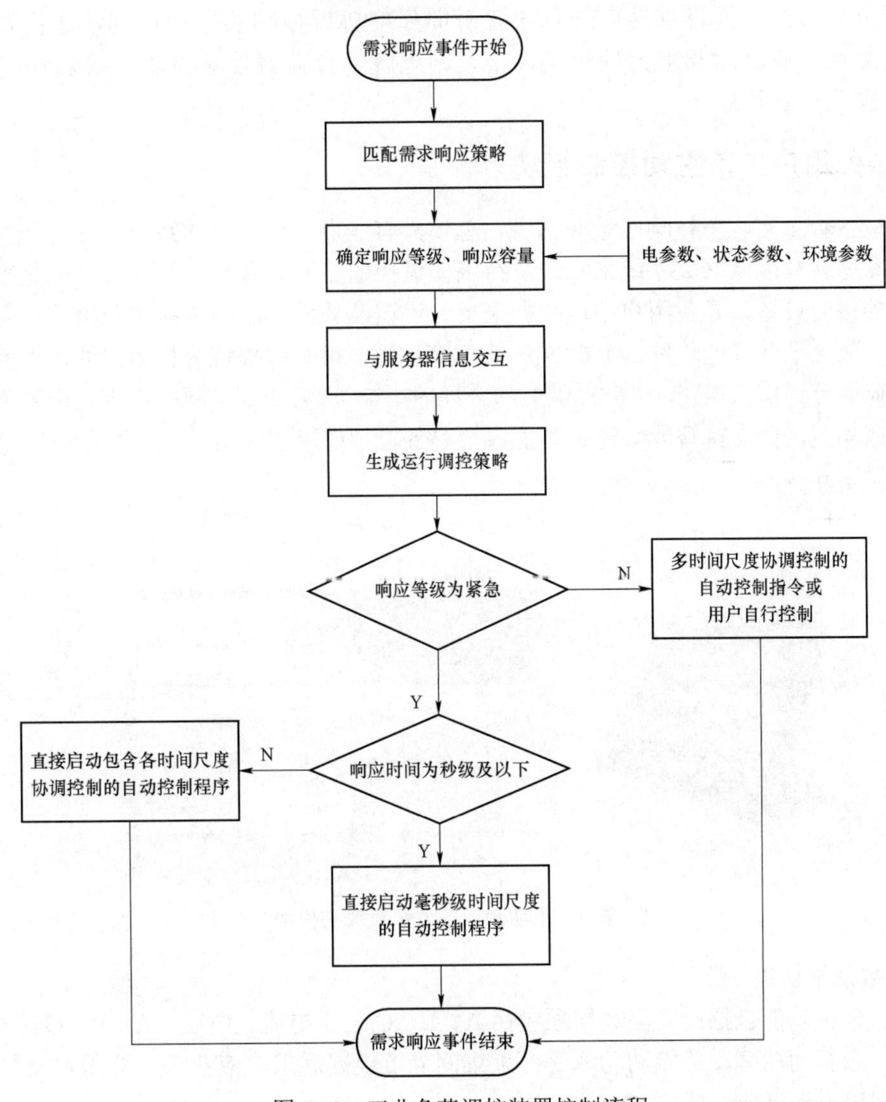

图 6-8　工业负荷调控装置控制流程

电解铝负荷调控装置能够与有载调压变分接头、饱和电抗器控制系统通信，通过调节有载调压变分接头挡位、饱和电抗器电流参考值，实现对电解铝负荷的直接功率控制。

首先，电解铝负荷调控装置接收来自需求响应系统主站的需求响应信号，该需求响应信号通常是功率信息或者电价信息、邀约响应、实时响应事件信息；其次，电解铝负荷调控装置对接收的需求响应信号进行解析，解析后基于预设的需求响应策略，结合外部采集的电参数、电解铝负荷运行状态参数及环境参数等，确定初步的响应等级、响应容量，并向需求响应系统主站反馈；再次，在获得需求响应系统主站服务器的确认信息后，正式生成针对电解铝负荷的调控策略，明确具体的响应等级、响应容量；最后，根据响应等级的紧急程度和响应时间要求，调控策略会有不同的执行方式。如果响应等级为不紧急，则电解铝负荷调控装置既可以自动执行包含各时间尺度协调控制的自动控制指令，同时也允许用户自行控制；如果响应等级为紧急，但在分钟级及以上时间尺度，则电解铝负荷调控装置将直接启动包含各时间尺度协调控制的自动控制程序；如果响应等级为紧急且响应时间要求为秒级及以下，则电解铝负荷调控装置将直接启动毫秒级时间尺度的自动控制程序。

6.4.4 居民用户负荷主动控制模块

针对设备数量多、单体响应量非常少、总体具有一定响应规模的系统，如智能家居系统等，研发家庭智慧能源网关系统来实现负荷整体调控的目的。家庭智慧能源网关是家庭能效管理系统的核心设备，具备用户用电数据采集、辨识及分析功能，并能实现用电设备的远程控制调节，配合平台管理软件、手机 App 等配套软件，可有效提炼分析用户的用电习惯，为电网的负荷调节提供依据，为用户提供更加合理的用电策略。此外，网关自带室内温度、$PM_{2.5}$等环境监测功能，并支持智能灯光、智能窗帘等各类智能家居设备接入。主动响应单元负荷控制模块见图 6-9。

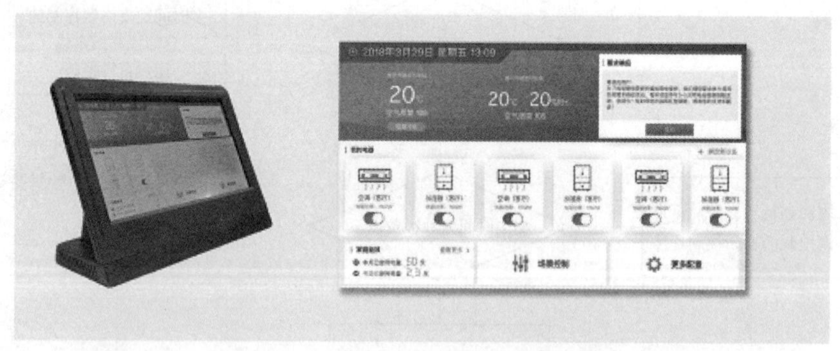

图 6-9　主动响应单元负荷控制模块

1. 参数采集功能

电参数采集功能包括：采集数据项包括 A、B、C 三相电流、电压，A、B、C 三相有功、无功功率，总有功功率，总无功功率等；采集间隔可根据需求响应业务实施需求设置，间隔时间 10 s～30 min 可调，默认为 15 min。

运行状态参数采集包括：分散式空调、分散式电采暖、电热水器、电冰箱等家用电器启停状态、实施功率等；采集间隔可根据需求响应业务实施需求设置，间隔时间 10 s～30 min 可调，默认为 15 min。

环境参数采集功能包括：采集数据项包括温度、湿度、光照等；采集间隔可根据需求响应业务实施需求设置，间隔时间 10 s～30 min 可调，默认为 15 min。主要采集室外、室内环境参数，室外通常部署一个温湿度传感器，室内需要针对典型区域，部署多个温湿度传感器。居民用户负荷调控装置采集参数见表 6-7。

表 6-7　居民用户负荷调控装置采集参数

序号	数据项	数据子项
1	电参数采集	总有功功率
		总无功功率
		功率因数
		视在功率
		频率
		正向有功电能
		反向有功电能
		感性无功电能
		容性无功电能
		视在电能
		有功最大需量
		无功最大需量
		有功常数
		无功常数
2	运行状态参数采集	分散式空调运行状态参数
		电热水器运行状态参数
		电采暖运行参数
		电冰箱运行参数
		电厨具运行参数
3	环境参数采集	风速
		光照度
		环境温度
		环境湿度

2. 控制功能

家庭智慧能源网关通过无线网络实现与能效管理平台的数据交互，通过配套智能插座来实现对电气设备的采集与控制；采用支持 Mesh 网络的 ZigBee 技术实现智能插座间组网。电力公司可通过能效管理平台实现对居民用户的用电数据分析及双向互动。用户可通过手机 App 实现对家庭能耗、环境监测及用电设备的远程控制。系统框架见图 6–10。

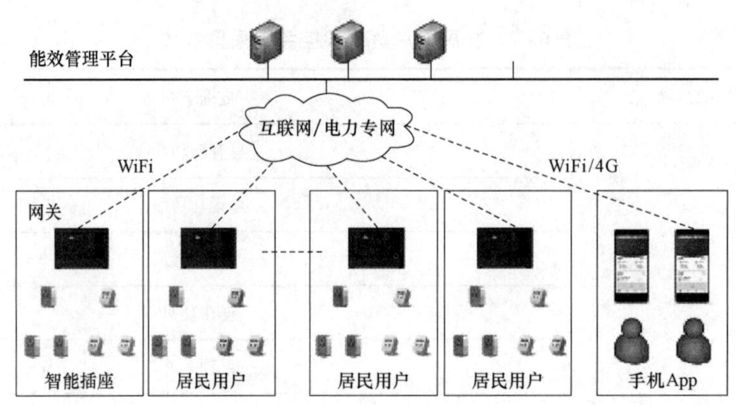

图 6–10　系统框架

核心亮点是：实现需求响应策略分析及家用电器主动控制，可根据用户的用电数据分析预判用电行为，为电力公司的负荷调节提供有效保障；实现用户用电的可视化、可控化、为用户提供节能降耗的优化用电策略；具备智能家居控制中心功能，支持多种电器设备的智能控制、家居环境监测及第三方智能家居设备的拓展接入，提高用户生活舒适度。

6.5　信息技术系统架构与功能要求

6.5.1　系统软件功能设计

需求响应系统需要具备用户管理与设备管理两大模块，同时也需要实现效果评估、数据监测、响应执行、调用策略、调控需求五大基本功能。需求响应系统能够通过负荷集成商完成对建筑楼宇、工业用户、居民用户、新兴负荷的负荷调节与数据采集，对目标对象进行负荷监测与大数据分析。

需求响应系统能够制定控制策略并发布控制需求给负荷集成商，由负荷集成商平台响应后实时下达调控策略，并将相关数据信息反馈给需求响应系统主站。用户端部署的各设备在收到负荷集成商下达的指令时，能通过传感器将物理设备及其状态信息实现就地感知与融合，运用需求响应终端、能源网关及优化控制策略，实现设备自动化、智能化响应能力。需求响应信息技术系统架构见图 6–11。

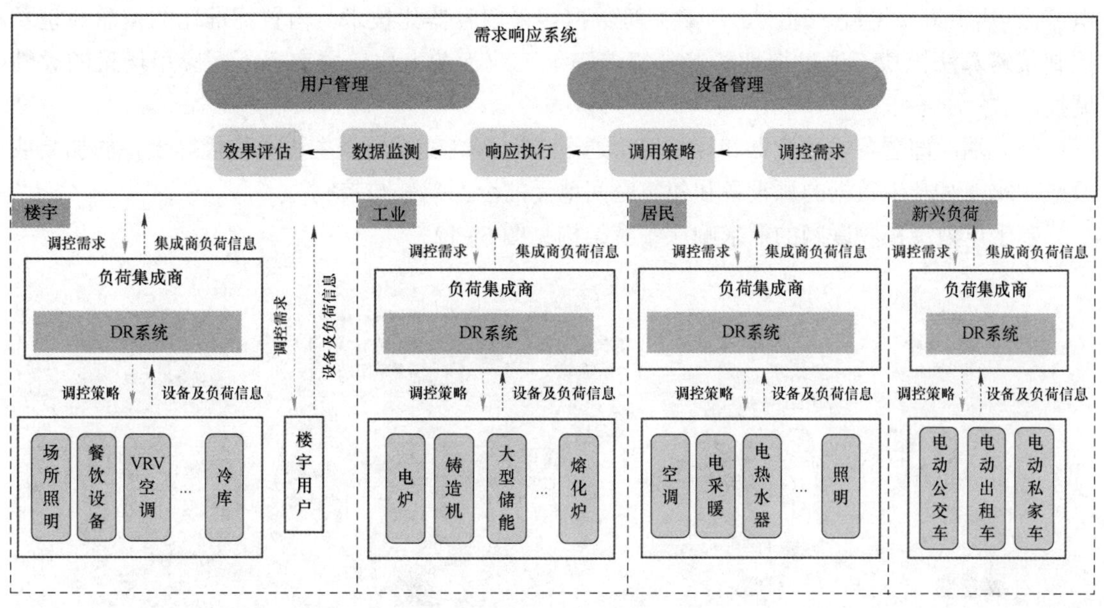

图 6–11　需求响应信息技术系统架构

6.5.2　系统架构设计

结合 CPS 系统架构设计理念和泛在电力物联网技术架构，打造“一硬，一软，一网络，一平台”的云 – 管 – 边 – 端需求响应技术体系。“一硬”指用户侧设备的智能感知与控制终端，“一软”指基于大数据、人工智能、边缘计算的需求响应核心算法软件包，“一网络”指需求响应的综合数据网，“一平台”指需求响应业务系统。

需求响应系统需要联合负荷聚合商、节能服务商等社会资源，采用“管”的先进信息通信技术，接入“端侧”多样化用户侧设备和控制装置，应用“边缘计算”技术提升负荷响应策略的智能化、自动化，与“云侧”聚合商系统等资源进行协同，实现需求响应数据流、能源流、业务流的协调互动。

需求响应系统省级主站、需求响应聚合商系统、需求响应监管系统主站等 SoS 级 CPS 通过光纤、4G、5G 等公共通信网络实现云 – 云协同。

需求响应系统省级主站、需求响应聚合商系统、需求响应监管系统主站等 SoS 级 CPS 通过公共通信网络实现与工业用户能源管理系统、楼宇用户自控系统等系统级 CPS，以及需求响应终端、智能插座等单元级 CPS 的云 – 端协同。

（1）云：在云端部署需求响应系统，提供负荷实时监测、负荷潜力预测、调控策略制定、需求响应执行等微服务。支持海量设备接入管理、高速数据处理和空调资源可视化管理。结合大数据挖掘技术，利用边端、云边设备协同控制，提升柔性调控能力。

（2）管：采用光纤、4G 专网、1.8 GHz LTE 专网、230 MHz 专网及 4G 公网构建的电力物联网，负责为云边协同提供安全可靠通信通道，包括有线与无线两种传输方式。云边支持互联网、无线专网、电力载波等方式。

（3）边：部署需求响应终端、能源网关等边缘计算设备，采集端层各类电气量（电压、电流）、热工量（温度、压力、流量）等数据；采用容器化技术，内置标准化的信息模型及控制策略算法模块，通过属地边缘计算，满足工业行业、建筑楼宇等不同应用场景的柔性调控。

（4）端：部署各类传感器和控制器，通过电磁阀、变频器及主机通信板等设备的加装或改造，实现对产生数据的源设备和建筑空间单元的全面感知与控制。

基于电力泛在物联网的需求响应系统架构见图 6–12。

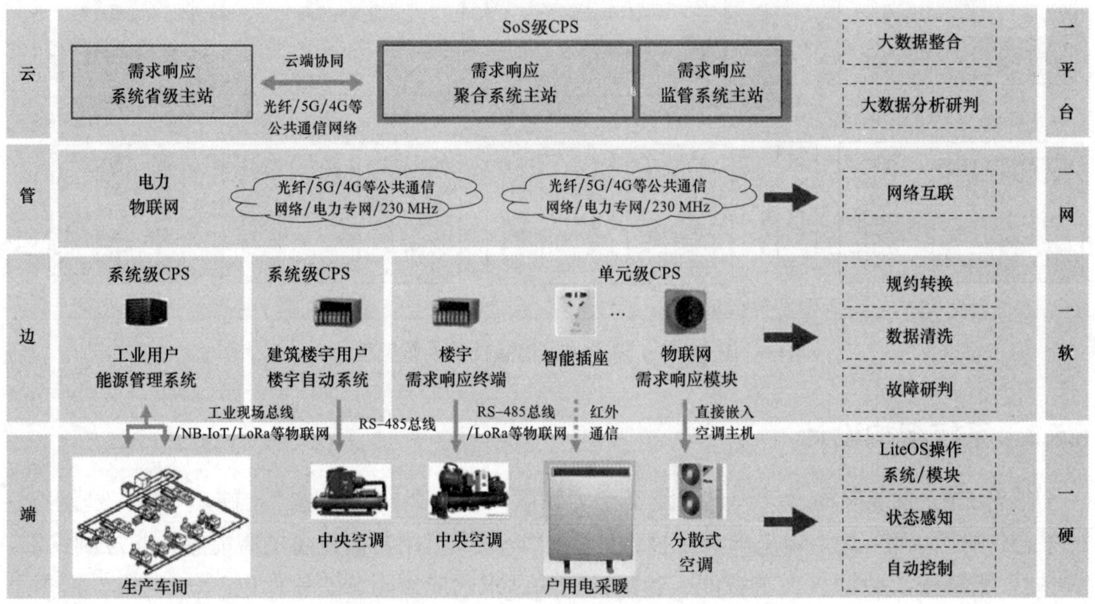

图 6–12　基于电力泛在物联网的需求响应系统架构

系统侧需求响应系统具备用户资源管理、用户信息接入、电网调控指令接收、控制策略制订下发、需求响应过程监控、绩效考核与费用结算等功能。同时实现与智能家电云平台、需求响应聚合系统的对接，通过大数据分析与智能决策，支持各种用户侧需求响应应用场景。

用户侧在系统级 CPS 协同中，由“边”侧工业用户运行管理系统、建筑楼宇自控系统等用户侧能源管理系统集成，为进一步向需求响应聚合系统汇聚，无法直接在“云”侧实现资源整合，需要借助需求响应综合数据网实现信息的云边协同。在单元级 CPS 系统中直接由智能采集终端和现场采集部件采集控制，包括各类传感器和控制器等，直接接入公司运营的需求响应业务系统，并在“云”侧完成负荷的分拣识别与集成调用。

负荷聚合商通过需求响应聚合商系统，综合管理各类用电客户可调控资源，通过灵活通信方式经安全接入区连接企业级控制主站，实时接收并响应后者的负荷调控需求。负荷聚合平台作为电网运行的“自治域”单元，具备较强的内部综合协调以及灵活调节的能力，具体体现为：一是广泛接入工业客户、商业客户、居民客户等各类用电客户；二是能够将与电网的交换功率控制在可预测的固定范围内；三是在一定范围内能实时响应电网对负荷的双向调控需求。

6.6 可调节负荷评估评价技术

6.6.1 投入产出经济性评价技术

1. 需求响应实施成本与效益指标

1）需求响应系统性成本效益

DR 的实施成本可以分为用户成本和系统成本两部分。DR 项目管理者需要创建必要的基础设施来启动和支持 DR 产生系统成本。系统成本可以从缴纳电费者那里得到偿还。成本补偿决定一般要受政府相关部门监管。DR 实施的用户成本是指在实施 DR 项目的过程中为用户提供及安装设备而由用户负责支付缴纳的部分。DR 实施的系统成本是由电网企业承担的实施 DR 项目系统所产生的部分。需求响应项目成本分析见图 6–13。

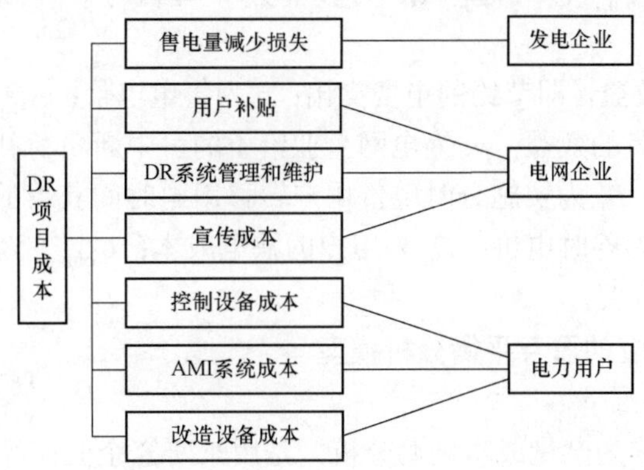

图 6–13 需求响应项目成本分析

DR 的效益包括电网企业效益、用户效益和发电企业效益。电网企业效益包括降低尖峰负载成本、减少电网电能损耗、维持系统供电可靠性、提供辅助服务以及减缓新建电厂和输电线的压力。用户效益包括健全电力市场运作机制、防止市场操纵、防止批发价格跃涨以及降低终端用户电力成本。发电企业效益包括减少装机投资及其他配套设备投资、减少燃料费用和机组不正常启停及环境污染补偿等可变成本以及电源缓建效益。需求响应项目效益分析见图 6–14。

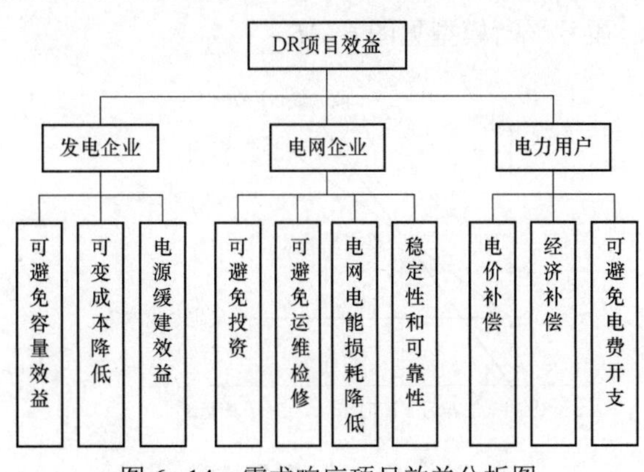

图 6–14 需求响应项目效益分析图

2）电力用户需求响应实施成本与效益

针对用户，DR 的成本主要指用户控制设备成本、系统运行管理费、建设高级量测体系 AMI（advanced metering infrastructure）系统的成本和改造设备的成本。考虑用户已提前与电网签合同进行 DR 互动，不计算用户的停电损失。用户侧的成本电网补贴为α，政府补贴为β。

$$C_{\mathrm{u}}=(1-\alpha-\beta)\left[\sum_{i=1}^{N}(C_1\bullet n_i)+\sum_{i=1}^{N}C_{2,i}+\sum_{i=1}^{N}C_{\mathrm{AMI},i}\right]+\sum_{i=1}^{N}(C_{\mathrm{OM},i}\bullet T) \tag{6-16}$$

式中：C_1为每户实施 DR 的设备成本，包括控制设备和通信设备；$C_{2,i}$为第 i 个单位改造照明设备的成本；N为参与试点的单位数量；n_i为参与试点的第 i 个单位的用户数量；$C_{\mathrm{OM},i}$为第 i 个单位 DR 项目的运行维护成本，包括行销管理费和设备运行维护成本，按照设备成本的一定比例进行计算；T为运行年数；$C_{\mathrm{AMI},i}$为第 i 个参与试点的单位建设 AMI 系统的费用。

DR 的效益主要包括用户因参与需求项目、改变用电习惯获得的额外补偿和少购电的费用减去用户的缺电成本。

$$B_{\mathrm{u}}=B_{\mathrm{j}}+B_{\mathrm{k}}+B_{\mathrm{f}}-C_{\mathrm{q}}=[p\bullet\Delta Q_{\mathrm{j}}+(p+p_{\mathrm{b}})\bullet\Delta Q_{\mathrm{k}}+\Delta Q_{\mathrm{t}}\bullet(p_{\mathrm{p}}-p_{\mathrm{v}})]\bullet T-\Delta Q_{\mathrm{k}}\bullet C_{\mathrm{outage}} \tag{6-17}$$

式中：B_{j}为节能改造的效益，即节约的电费支出；p 为售电电价；ΔQ_{j}为每年节能改造而节省的电量；B_{k}为可中断负荷的效益；p_{b}为电网企业给予的可中断负荷补偿价格；ΔQ_{k}为每年可中断负荷而中断的电量；B_{f} 为实施分时电价用户转移用电时间获得的收益；ΔQ_{t} 为年转移电量；p_{p} 为峰时电价；p_{v} 为谷时电价；C_{q} 为用户的缺电成本；C_{outage} 为缺电导致的单位电量经济损失，其大小与行业有关。

2. 用户实施需求响应的盈亏平衡分析模型

1）盈亏平衡基本模型

盈亏平衡分析的全称为产量成本利润分析，是用来研究企业在经营中一定时期的成本、业务量（生产量或销售量）和利润之间的变化规律，从而对企业利润进行规划的一种技术方法。基本计算模型如下：

$$C=C_1+C_2\bullet S \tag{6-18}$$

$$Y=P\bullet S \tag{6-19}$$

$$T_{\mathrm{P}}=Y-C=P\bullet S-(C_1+C_2\bullet S)=(P-C_2)\bullet S-C_1 \tag{6-20}$$

式中：C_1为固定总成本，S 为销售量，C 为总成本，T_{P}为利润，C_2为单位变动成本，Y 为销售收入，P 为单位价格。盈亏平衡模型见图 6–15。

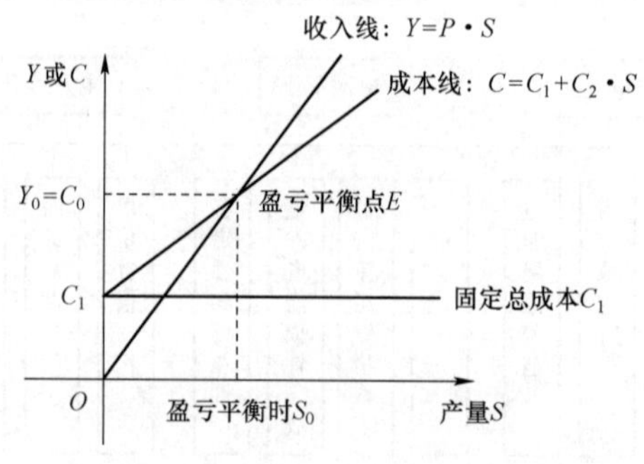

图 6–15　盈亏平衡模型

盈亏平衡时，收入等于成本，即利润 $T_P=0$。

由 $Y=C$ 即 $P \cdot S=C_1+C_2 \cdot S$，得到盈亏平衡时的产量 $S_0=C_1/(P-C_2)$，此时的收入 $Y_0=S_0 \cdot P$。

2）考虑需求响应的用户盈亏平衡分析模型

在企业经营的盈亏平衡基本模型基础上，考虑需求响应实施的成本与效益，构建考虑需求响应的用户盈亏平衡分析模型如下：

$$C'=C_1+C_2 \bullet S+C_u \tag{6-21}$$

$$Y'=P \bullet S+B_u \tag{6-22}$$

当企业达到盈亏平衡时，$Y'=C'$，此时企业的产量为：

$$S_u=\frac{C_1+C_u-B_u}{P-C_2} \tag{6-23}$$

企业的收入为：

$$Y_u=P \bullet S_u+B_u=\frac{P \bullet (C_1+C_u)-B_u \bullet C_2}{P-C_2} \tag{6-24}$$

3. 用户实施需求响应敏感度分析

用户实施需求响应敏感度可以通过分析需求响应实施成本与效益的变化率对企业收入变化率的影响进行分析，计算公式如下：

$$\varphi=\frac{\Delta Y_u}{Y_u}=\frac{\Delta Y_u(\Delta C_u,\Delta B_u)}{Y_u} \tag{6-25}$$

式中：ΔC_u 为实施需求响应的成本变化，ΔB_u 为实施需求响应的效益变化。

可见，对于不同企业，当 ΔC_u、ΔB_u 的变化率相同时，φ 值越大，实施需求响应对企业的影响越大。

6.6.2 效果的核证技术

效果核证示意图见图 6–16。

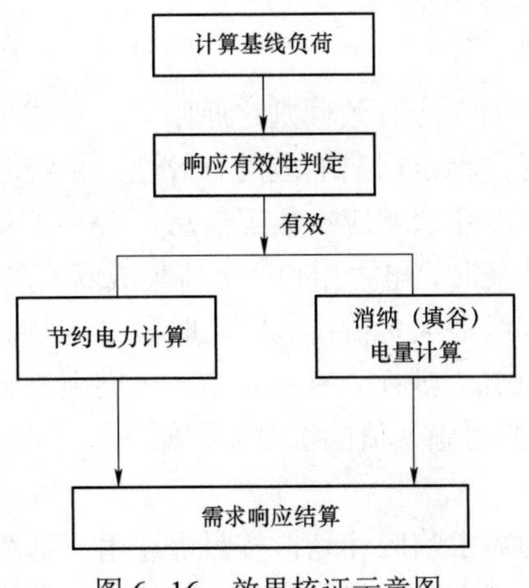

图 6–16 效果核证示意图

1. 基线负荷计算

为便于需求响应实施机构与电力用户达成一致意见，并接受各方监督，采用日期匹配法计算用户基线负荷。

首先确定典型日，如果需求响应发生在工作日，则选取需求响应日或执行需求响应月份第一个需求响应日前 N 天（N=5，7，10），其中需剔除非工作日、电力中断及用户参与需求响应日，剔除后不足 N 天的部分向前顺序选取，应补足 N 天。从上述 N 天中再剔除电力用户日最大负荷最大、最小的两天，剩余（N–2）天称作典型日。如果需求响应发生在非工作日，则选择需求响应日前最近的 3 个非工作日为典型日，其中需剔除电力中断以及用户参与需求响应日，剔除后不足 3 天的部分向前顺序选取，应补足 3 天。

其次计算基线负荷，第一步假设用户负荷数据采集周期为 T_0，将需求响应期内各数据采集时刻与用户典型日对应时段各数据采集时刻相对应，取典型日相应时段内各个时刻的用户负荷数据；第二步求不同典型日中，同一时刻负荷数据的平均值；第三步将各个负荷数据平均值按时间顺序排列，获得未修正的基线负荷。

最后修正基线负荷，对于用电负荷受气候等因素影响较大的商业用户、居民用户等，应对基线负荷进行修正，步骤如下。

（1）第一步：计算修正系数 K，根据式（6–26）求得 K，K 取值范围限定为 0.8～1.2，若低于 0.8 按 0.8 计算，超出 1.2 按 1.2 计算。

$$K = \frac{P_{2\mathrm{h}}}{P'_{2\mathrm{h}}} \tag{6–26}$$

式中：$P_{2\mathrm{h}}$——执行需求响应当日，需求响应期前 2 h 内各个采集时刻的负荷平均值，kW；

$P'_{2\mathrm{h}}$——需求响应日前所有典型日中，与上述采集时刻对应历史负荷值的平均值，kW。

（2）第二步：结果修正，根据式（6–27），利用修正系数 K 对未修正的基线负荷序列值进行修正。

$$P_{\mathrm{b}} = K \cdot P'_{\mathrm{b}} \tag{6–27}$$

式中：P'_{b}——未修正的用户基线负荷；

P_{b}——修正后的用户基线负荷。

2. 响应有效性判定

系统应按需求响应项目中的响应有效性判定原则，以及需求响应计划实施过程中用户关口电表所采集的用电负荷信息，判定用户响应的有效性；系统应根据用户响应的有效性，维护更新需求响应参与用户的年度剩余响应次数等信息。

通过需求响应削减用电负荷时，电力用户（负荷集成商）在需求响应过程中如同时满足：①响应时段最大负荷不高于基线最大负荷；②响应时段平均负荷低于基线平均负荷，其差值大于等于响应能力确认值的 80%，则视为有效响应，否则视为无效响应。其差值大于响应能力确认值的 120%，按照响应能力确认值的 120%计算。

3. 节约电力计算

系统应针对调峰场景下的需求响应计划，按照上述用户基线负荷计算方法，利用用户的历史用电负荷信息计算用户的需求响应基线负荷，并结合需求响应计划实施过程中的用电负荷信息进一步计算用户通过参与需求响应实现的节约电力。

节约电力计算步骤如下。

（1）第一步：以 T_0 为周期，记录执行需求响应当日需求响应期所辖各数据采集时刻的负荷值，得到用户需求响应期的实测负荷 P。

（2）第二步：节约电力即基线负荷平均值与实测负荷平均值的差，根据式（6–28）求得。

$$P_s = \overline{P_b} - \overline{P} \tag{6-28}$$

式中：P_s——节约电力值，kW；

$\overline{P_b}$——修正后用户基线负荷的平均值，kW；

$\overline{P}$——需求响应期用户实际负荷的平均值，kW。

4. 消纳（填谷）电量计算

系统应针对消纳（填谷）场景下的需求响应计划，参考上述用户基线负荷计算方法，利用用户的历史用电负荷信息计算用户的需求响应基线负荷，同时根据用户在参与需求响应过程中的用电负荷信息、响应持续时间等，计算用户消纳的可再生能源电量。

5. 结算

系统应按照周期进行结算，结算周期应支持年度、季度、月度、天、次等。系统在计算需求响应参与用户的激励费用时，应区分需求响应参与用户参与的需求响应项目类型。

（1）如果是激励型需求响应项目，则激励费用等于节约电力数值（或消纳电量数值）乘以对应需求响应项目中的激励标准，同时需要乘以响应有效性判定之后得出的量化数值。

目前，山东省出台《关于开展电力需求响应市场试点工作的通知》规定，参与需求响应的用户和售电公司每年至少参与 8 次响应，响应不足 8 次的，按照响应次数百分比获得补偿，响应不足一半的按违约处理，不享受补偿。如因发布需求响应次数少于 4 次而导致用户和售电公司响应不足，则按照响应次数百分比（邀约次数不足 8 次的，分母为实际邀约次数）获得补偿（见表 6–8）。实时需求响应的补偿价格按照约定补偿价的 2 倍计算。

表 6–8 单次补贴系数标准

序号	响应量占比	补贴系数
1	80%～95%（含）	0.5
2	95%～105%（含）	1
3	105%～115%（含）	1.1
4	＞115%	1.2

补贴计算方法：协议约定响应负荷×响应次数百分比×平均补贴系数×补偿价格。

（2）如果是价格型需求响应项目，对通过需求响应临时性减少（错避峰）的可中断负荷，按照其响应类型和响应速度试行可中断负荷电价。约定响应结束时间为到达约定响应时刻，实时响应结束时间为下发允许恢复指令时刻。需求响应可中断负荷电价为调控时长对应电价标准乘以响应速度系数。相关对照表见表 6–9、6–10。

表 6-9　需求响应可中断电价标准对照表

序号	调控时间/min	电价标准/（元/kW）
1	＜60	10
2	60～120	12
3	＞120	15

表 6-10　需求响应可中断负荷电价响应速度系数对照表

序号	通知时间	响应速度系数	响应类别
1	＞4 h	1	约定需求响应
2	0.5～4 h	1.5	
3	不通知	3	实时需求响应

（3）对通过需求响应临时性增加（填谷）负荷，促进可再生能源电力消纳，执行可再生能源消纳补贴。目前江苏省规定约定响应谷时段可再生能源消纳补贴为 5 元/kW，平时段补贴为 8 元/kW。

6.6.3　效益综合评价

需求响应综合效益可按照效益获得方式和受益主体两种方式分类，根据效益获得方式可分为直接效益和间接效益，其中间接效益可包含集合效益、附属效益及减排效益。根据受益主体类型，可分为用户效益、电网效益、电厂效益和社会效益。需求响应效益综合评价分类见图 6-17。

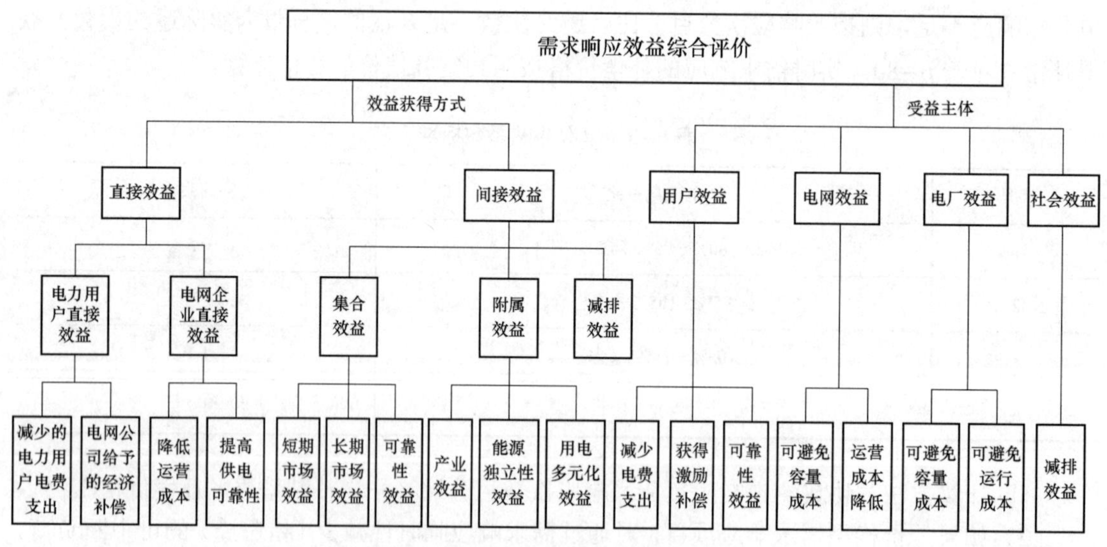

图 6-17　需求响应效益综合评价分类

（1）直接效益。包括参与项目的电力用户直接效益和推行项目的电网企业直接效益。电力用户直接效益包括需求响应项目减少的电力用户电费支出和电网公司给予的经济补偿，提高用户电力设备能效及寿命等；电网企业直接效益包括降低电网企业运营成本，提高供电可靠性等。

（2）集合效益。包括短期市场效益、长期市场效益和可靠性效益。短期市场效益是指通过需求响应项目经济有效地降低边际成本和现货市场价格，系统尖峰价格出现的概率和频率等可作为其计量指标；长期市场效益是指将需求响应资源纳入综合资源规划，以推迟发电、输电和配电等基础设施建设；可靠性效益是指通过需求响应项目降低中断用户供电的概率和严重程度，系统运行可靠性指标、切负荷概率、切负荷容量和事故停电损失等可作为其计量指标。

（3）附属效益。包括产业效益、能源独立性效益和用户用电多元化效益。产业效益体现在实施需求响应可带动智能楼宇、智能家居、智能交通等产业的发展，推动技术升级和产业结构调整；能源独立性效益体现在调用本地需求响应资源可减少突发事件情况下对外部电力供应的依赖性；用户用电多元化效益体现在需求响应为用户提供多样化的供电服务，帮助用户灵活配置负荷资源，有效降低用电成本。

（4）减排效益。体现在需求响应项目有助于提高清洁能源利用率和电能使用效率。

（5）用户效益。是指在电力用户通过参与需求响应，减少电费支出，获得激励补偿，并获得更高的供电可靠性。

（6）电网效益。是指电网企业通过实施需求响应，延缓输电和配电设备等设施的投资，提高输配电资产利用率，降低购电成本。

（7）电厂效益。是指发电企业通过需求响应项目，延缓发电机组的扩容投资，降低发电成本。

（8）社会效益。是指需求响应项目提高清洁能源利用率和电能使用效率，优化负荷曲线，促进节能减排，全社会从中受益。

根据受益主体不同，需求响应效益量化和成本估算可考虑以下因素，见表6-11。

表6-11　需求响应效益和成本

受益主体	效益	成本	备注
电力用户	减少电费支出； 获得激励补偿； 可靠性效益	设备成本； 安装成本； 负荷转移成本	设备成本与安装成本指用户购买智能电表等设备，用于事件期间参与需求响应，所产生的设备成本和安装（维护）成本； 负荷转移成本指负荷高峰期转移负荷需提前调整生产运营计划（工商业用户）或改变用电计划（居民用户）而产生的负荷转移成本
电网企业	可避免容量成本 （电网企业）； 运营成本降低 （电网企业）	设备成本； 管理成本； 电费收入损失； 激励补偿支出	设备成本指电网企业承担的智能用电管理系统、主站、光纤通道等主要设备的成本； 管理成本指安排人员通过专业设备和技术管理需求响应项目所产生的管理成本
发电企业	可避免容量成本 （发电企业）； 可避免运行成本 （发电企业）	售电损失	售电损失指由于实施需求响应项目使得用户侧电能消耗降低，从而降低了发电企业面向电网企业的售电收入
社会	减排效益	—	—

1. 电力用户减少电费支出

减少电费支出指用户参与实施基于价格的需求响应项目，放弃或转移高电价时段的负荷用电带来的电费支出的减少。

用户电量计算公式：

$$E = \int_0^T P(t)\mathrm{d}t \tag{6-29}$$

式中：$P(t)$——日负荷-时间序列；

t——计量时长。

实施需求响应前，用户在相应时间段的日电费支出：

$$M_0 = E \cdot p \tag{6-30}$$

实施需求响应后，用户在相应时间段的日电费支出：

$$M_{\mathrm{DR}} = \sum_{t=1}^{n} E(\Delta t) \cdot p(\Delta t) = \sum_{t=1}^{n} \int_0^{\Delta t} P(t)\mathrm{d}t \cdot p(\Delta t) \tag{6-31}$$

式中：E——用电量，kW·h；

p——电价，元/（kW·h）；

$p(\Delta t)$——随周期变化的电价，元/（kW·h）；

Δt——电价变化周期；

n——时段数。

减少电费支出产生的效益为实施需求响应前后的电费支出差额：

$$B_1 = \sum_{i=1}^{I} (M_0 - M_{\mathrm{DR}}) \tag{6-32}$$

式中：I——用户总数；

M_0——实施需求响应前用户的日电费支出，万元。

上述计算方法适用于基于电价的需求响应下减少电费支出的评估计算。

2. 电力用户获得激励补偿

用户获得激励补偿有两种形式：一种是对用户在事件发生期间参与需求响应而削减或转移的节约电量进行补贴；另一种是对响应的用户在某一时段的总电费有所折扣。

1）方式一：电量补贴

用户 i 由于激励型需求响应项目，可以获得激励补偿：

$$B_{2,1} = \sum_{i=1}^{I} \Delta P_i \cdot T_i \cdot P_i \tag{6-33}$$

式中：ΔP_i——负荷削减量；

T_i——削减持续时间；

P_i——单位电量补贴，元/（kW·h）。

2）方式二：电费折扣

用户在某一规定时段内获得折扣激励补偿后节约的电费为：

$$B_{2,2} = M_{\mathrm{ct}} \cdot \rho \tag{6-34}$$

式中：M_{ct}——折扣前用户在某一规定时段内的总电费；

ρ——电费折扣率。

总的激励补偿：

$$B_2 = B_{2,1} + B_{2,2} \tag{6-35}$$

上述计算方法适用于基于激励的需求响应下获得激励补偿计算。

3. 电力用户可靠性效益

实施需求响应降低了停电概率，提高了供电可靠性：

$$B_3 = \sum_{i=1}^{I} \mathrm{VOLL}_i \cdot \Delta P_i \cdot T_{\mathrm{TOTAL},i} \cdot (\mathrm{LOLP} - \mathrm{LOLP}') \tag{6-36}$$

式中：VOLL_i——用户 i 电力失负荷价值，元/（kW·h）；

$T_{\mathrm{TOTAL},i}$——用户 i 理想供电的总时间；

LOLP——实施需求响应前失负荷概率；

LOLP′——实施需求响应后失负荷概率；

ΔP_i——用户 i 参与需求响应后削减的负荷值。

若供电时间可做更精细化划分，则可靠性效益的公式为：

$$B_3 = \sum_{i=1}^{I} \mathrm{VOLL}_i \cdot \left[\sum_{i=1}^{n} \Delta P_{i,t} \cdot T_{i,t} \cdot (\mathrm{LOLP}_t - \mathrm{LOLP}_t') \right] \tag{6-37}$$

式中：$\Delta P_{i,t}$——时段 t 内用户 i 参与需求响应后削减的负荷值；

$T_{i,t}$——每个时段时长；

LOLP_t——时段 t 的失负荷概率；

LOLP_t'——实施需求响应后时段 t 的失负荷概率。

4. 电网企业可避免容量成本

归算到电网侧的可避免容量与用户降低的峰荷、用户总数、用户同时率、系统备用容量系数、电网配电损失系数有关。计算公式为：

$$\Delta P_1 = \frac{\sum_{i=1}^{I} \Delta P_i \cdot \sigma}{(1-\lambda)(1-\alpha)} \tag{6-38}$$

式中：ΔP_i——第 i 个用户降低的峰荷值；

σ——用户同时率；

λ——系统备用容量系数；

α——电网配电损失系数。

ΔP_i 取值宜为年最大负荷日峰时段削减的最小负荷，若未能获取此数据，可以用持续负荷曲线中负荷较高的那一天的峰时段最小负荷削减量替代。

可避免容量成本（电网企业）可通过少建或者缓建的变电站和输电线路的平均造价确定：

$$B_4 = \Delta P_1 \cdot \beta_1 \tag{6-39}$$

式中：β_1——可避免容量成本（电网企业）的折算因子，通过每年减少的输配投资费用摊销到每年的可避免容量中进行计算。

5. 电网企业运营成本降低

归算到电网侧的可避免电量与终端措施节电量、终端配电损失系数、电网配电损失系数有关。计算公式为：

$$\Delta E_1=\frac{\sum_{i=1}^{I}\Delta E_i}{(1-l)(1-\alpha)} \tag{6-40}$$

式中：ΔE_i——用户 i 终端措施节约电量，通过每年减少用电的时间与归算到电网侧的可避免容量的乘积估算；

l——用户终端配电损失系数；

α——电网配电损失系数。

运营成本降低（电网企业），可根据电网企业降低的年运营成本费用摊销到当年的可避免电量中去计算：

$$B_6=\Delta E_1\bullet\omega_1 \tag{6-41}$$

式中：ω_1——可避免电量（电网企业）的折算因子。

6. 发电企业可避免容量成本

归算到发电侧的可避免容量与用户降低的峰荷、用户总数、用户同时率、系统备用容量系数、电网配电损失系数和厂用电率有关。计算公式为：

$$\Delta P_2=\frac{\sum_{i=1}^{I}\Delta P_i\bullet\sigma}{(1-\lambda)(1-\alpha)(1-\gamma)} \tag{6-42}$$

式中：ΔP_i——第 i 个用户降低的峰荷值；

σ——用户同时率；

λ——系统备用容量系数；

α——电网配电损失系数；

γ——厂用电率。

ΔP_i 取值宜为年最大负荷日削减的最小负荷，若未能获取此数据，可以用持续负荷曲线中负荷较高的那一日的最小负荷削减量替代。

可避免容量成本（发电企业）可以通过减少发电燃料消耗的平均价格确定：

$$B_5=\Delta P_2\bullet\beta_2 \tag{6-43}$$

式中：β_2——可避免容量成本（发电企业）的折算因子，通过每年减少的发电机组扩容投资费用摊销到每年的可避免容量中进行计算。

7. 发电企业可避免运营成本

归算到发电侧的可避免电量与终端措施节电量、终端配电损失系数、电网配电损失系数和厂用电率有关。计算公式为：

$$\Delta E_2=\frac{\sum_{i=1}^{I}\Delta E_i}{(1-l)(1-\alpha)(1-\gamma)} \tag{6-44}$$

式中：ΔE_i——用户 i 终端措施节约电量，通过每年减少用电的时间与归算到电网侧的可避免容量的乘积估算；

l——用户终端配电损失系数；

α——电网配电损失系数；

γ——厂用电率。

可避免运营成本（发电企业）可根据发电企业的发电费用均价确定：

$$B_7 = \Delta E_2 \bullet \omega_2 \tag{6-45}$$

式中：ω_2——可避免电量（发电企业）的折算因子。

8. 社会环境效益

环境效益由两部分组成，一是由于实施需求响应减少矿物燃料使用而使发电侧少发电，等于二氧化碳、二氧化硫等污染气体的减排量与减排价值的乘积。

$$\begin{aligned} B_{8,1} &= N_{CO_2} \bullet V_{CO_2} + N_{SO_2} \bullet V_{SO_2} + N_{NO_x} \bullet V_{NO_x} \\ &= \Delta E_2 \bullet (\sigma_{CO_2} \bullet V_{CO_2} + \sigma_{SO_2} \bullet V_{SO_2} + \sigma_{NO_x} \bullet V_{NO_x}) \end{aligned} \tag{6-46}$$

式中：N_{CO_2}、N_{SO_2}、N_{NO_x}——二氧化碳、二氧化硫、氮氧化物减排量；

V_{CO_2}、V_{SO_2}、V_{NO_x}——二氧化碳、二氧化硫、氮氧化物减排价值；

σ_{CO_2}、σ_{SO_2}、σ_{NO_x}——二氧化碳、二氧化硫、氮氧化物减排系数。

二是由于实施需求响应带来的削峰填谷的效果，负荷率提升，减少发电机组启停频率，提高发电效率。

$$B_{8,2} = (E_2 - \Delta E_2) \bullet \Delta\xi \bullet \varphi \bullet (\sigma_{CO_2} \bullet V_{CO_2} + \sigma_{SO_2} \bullet V_{SO_2} + \sigma_{NO_x} \bullet V_{NO_x}) / b_g \tag{6-47}$$

式中：$\Delta\xi$——实施需求响应提升的负荷率百分点；

b_g——需燃煤机组供电煤耗，g/（kW • h）；

φ——负荷率与燃煤机组单位煤耗的相关因子，表示负荷率每提升 1 个百分点，燃煤机组单位煤耗下降 φ；

E_2——实施需求响应前归算到发电侧的电量。

总的环境效益：

$$B_8 = B_{8,1} + B_{8,2} \tag{6-48}$$

6.6.4　可调节负荷对减少电网投资的价值分析

1. 比例法

根据《全国电力供需与经济运行形势分析预测报告（2011—2012 年度）》中 2011 年《“十一五”期间投产电力工程项目造价情况通报》，火电工程全国平均决算单位造价为 3 746 元/kW，以及国际上投资比例标准（发:输:配投资比例为 1:0.5:0.5）计算可以得到节约电网投资价值计算公式如下，其中 F 代表需求响应负荷量。

$$f = 3\,746 \times F + 3\,746 \times F \times 0.5 + 3\,746 \times F \times 0.5 \tag{6-49}$$

2. 要素法

要素法主要是根据需求响应所节约的发输配电所关联的设备和线路投资等分项进行精确

计算，通过核算各环节的投资，来精确核算可调节负荷对减少电网投资的价值。具体计算方式见表 6-12。

表 6-12　要素法减少电网投资计算方式

缺电类型	投资类型	电压等级	投资金额
电源性缺电	火电投资	—	4 000［元/（kW·h）］×需求响应削减负荷（kW·h）
电网性缺电	架空线路投资	220 kV 输电线路受限	280（万元/km）×线路平均长度（km）
		110 kV 输电线路受限	200（万元/km）×线路平均长度（km）
		110 kV 主变受限	15［万元/（MV·A）］×线路输电容量（MV·A）
		35 kV 输电线路受限	70（万元/km）×线路平均长度（km）
		35 kV 主变受限	40［万元/（MV·A）］×线路输电容量（MV·A）； 22（万元/座）×变电箱座数（座）
		10 kV 输电线路受限	60（万元/km）×线路平均长度（km）

第7章

有序用电管理及实施模式

7.1 工作概述

有序用电工作是指在发生电力供应不足、突发事件等情况下，通过行政措施、经济手段、技术方法，依法控制部分用电需求，维护供用电秩序平稳的管理工作。在电力供应突然减少或自然灾害等紧急状态下，为保障电网安全运行，应执行事故限电序位表、处置电网大面积停电事件应急预案和黑启动预案等措施，系统稳定后根据需要及时启动有序用电方案。

有序用电工作遵循“政府主导、统筹兼顾、安全稳定、有保有限、节控并举”方针，把确保电网安全稳定运行、保障重点用电需求放在有序用电工作的首位，常态管理，动态调整，合理安排有序用电措施，减少限电影响。按照“四定”原则（定企业、定设备、定容量、定时间）将有序用电工作方案落实到户，按照先错峰、后避峰、再限电、最后有序拉闸的顺序制定有针对性的有序用电措施。严格按照“有保有限、区别对待”的原则，编制和执行有序用电工作方案，优先保障以下用电：

（1）居民生活，排灌、化肥生产等农业生产用电；

（2）应急指挥和处置部门，主要党政军机关，广播、电视、电信、交通、监狱等关系国家安全和社会秩序的用户；

（3）危险化学品生产、矿井等停电将导致重大人身伤害或设备严重损坏企业的保安负荷；

（4）重大社会活动场所、医院、金融机构、学校等关系群众生命财产安全的用户；

（5）供水、供热、供能等基础设施用户；

（6）国家重点工程、军工企业。

重点限制以下用电：

（1）违规建成或在建项目；

（2）产业结构调整目录中淘汰类、限制类企业；

（3）单位产品能耗高于国家或地方强制性限额标准的企业；

（4）景观照明、亮化工程；

（5）其他高耗能、高排放企业。

有序用电工作主体主要包括国家发展和改革委员会（简称国家发展改革委）、各级电力运行主管部门、电网企业、发电企业、电力用户等。国家发展改革委负责全国有序用电管理工作，国务院其他有关部门在各自职责范围内负责相关工作。各级电力运行主管部门负责本行政区域内的有序用电管理工作，应发挥主导作用，组织指导下级电力运行主管部门、电网企业、发电企业、电力用户开展工作；在政策、组织、资金等方面积极创造条件；确定年度有序用电调控指标并分解下达；组织编制、实施年度有序用电方案，并加强演练；监督检查工作进展、方案执行等情况。电网企业是有序用电工作的重要实施主体，应在电力运行主管部门组织指导下，开展电力供需平衡预测；编制、演练、实施有序用电方案；指导电力用户合理用电；统计上报有序用电工作情况等。发电企业应积极参与有序用电工作，加强机组运行及检修管理。电力用户应支持配合实施有序用电，根据政府发布的有序用电方案，编制具有可操作性的内部负荷控制方案，做好负荷管理系统相关设备的运行维护，严格执行有序用电指令；优化生产组织和设备检修，积极应用节能新工艺、新技术、新设备，加强节电管理，减少不合理的用电需求。

有序用电工作的主要内容包括基础管理、方案编制和演练、方案实施、监督检查、发布管理、保障措施等内容。

基础管理：包括收集整理用户信息，进行用电负荷调查分析，开展电力供需平衡预测，建设、应用电力负荷管理系统等技术支撑手段。

方案编制和演练、方案实施：包括通过加强基础管理获得用户信息和分析成果后，科学编制有序用电方案，合理组合有序用电措施，并安排相应用户；运用电力负荷管理系统等技术支撑手段，严格执行有序用电方案，实现负荷调控目标。

监督检查：包括对各地有序用电工作开展情况进行检查和总结，确保政策顺利执行，促进提高工作水平。

发布管理：包括规范、及时地发布电力供需形势、有序用电方案、预警信息等，维护社会正常用电秩序。

保障措施：包括为有序用电工作提供政策、组织、资金、技术等方面的保障，确保工作顺利开展。

7.2 基础管理

有序用电是一项涉及面广、技术要求高、操作过程复杂的长期综合性管理工作。各级电力运行主管部门应组织相关单位，扎实开展信息管理、用电负荷分析、电力供需平衡预测、电力负荷管理系统建设运行等基础工作，提供数据和技术支撑。

7.2.1 信息管理

加强信息管理，便于准确及时把握用户用电情况，并和用户形成互动。各级电力运行主管部门应组织电网企业收集整理用户信息。电力用户应积极配合做好有序用电管理基础信息的维护、更新工作。

电力用户信息主要如下：

（1）基本信息包括企业负责人、错避峰联系人、所属行业、变压器容量、最高负荷、正常负荷、保安负荷等；

（2）主要设备的负荷及运行特点、重要程度；
（3）企业生产班次和厂休情况；
（4）企业生产设备检修计划；
（5）有序用电对企业生产安全、生产成本、待工范围等方面的影响。

7.2.2　用户负荷分析

受企业规模、生产工艺等影响，不同企业的用电负荷特性不同。通过用户负荷特性分析，可以对不同用户采取有针对性的措施。科学、合理制定有序用电方案，有利于提高方案的可操作性，有利于企业合理安排生产经营活动。开展重点行业、重点用户负荷特性调查可以采取多种形式，包括现场调查、问卷调查、交流访谈等。

（1）工作职责。各级电力运行主管部门应组织电网企业开展用户负荷特性调查，了解各类用户用电特性和参与有序用电的能力，实施差异化管理。用户应积极配合调查，企业负责人及联系人、重要产品工艺、主要用电设备、生产班次调整、生产计划和设备检修等发生较大变化，应及时书面通知电网企业，并对提供数据的真实性负责。

（2）负荷分类依据。各级电力运行主管部门组织电网企业归纳整理用户负荷调查数据，分析行业用户负荷特性、参与有序用电的能力和措施，对用户进行分类，实施差异化管理。根据用户的生产工艺和负荷特性，采取相应的有序用电措施。

分类的主要依据如下。

（1）行业特性。

同行业企业的生产运行特点和用电特性相近。对用户按照所属行业分类，分析该行业的生产特点、工艺流程、主要设备、用电特性，研究该行业用户参与有序用电的能力、措施及响应时间。

（2）企业规模。

大企业的用电负荷较高，对地区负荷的影响较大，参与有序用电的能力较强。可根据企业用电负荷的大小进行分类，同等条件下优先安排大企业参与有序用电，可缩小社会影响范围。

（3）单位产品能耗。

有序用电工作应贯彻国家产业政策。分析比较企业单位产品能耗，作为确定企业参与有序用电程度和顺序的重要依据。对同行业的不同企业，首先安排单位产品能耗高的企业实施有序用电。

（4）用电时间。

受电价政策和生产工艺影响，企业生产组织安排存在时间差异，对电网负荷形成不同影响。统计企业高峰和低谷用电时间，结合电网负荷特性进行比较分析，合理评价企业执行有序用电措施的能力，准确安排企业参与错避峰措施及执行时间。

7.2.3　电力供需平衡预测

根据全社会电力需求情况、自然条件和经济社会发展等多种因素，预测未来一段时期电力供需平衡情况，作为制定和实施有序用电方案的重要依据。

1）工作职责

各级电力运行主管部门组织电网企业开展电力供需平衡预测。电网企业应密切关注经济社会发展动态、产业结构调整政策等，加强负荷预测研究，提高预测的科学性和准确性。

2）预测内容

按照预测周期的不同，可分为年、季、月、周、日供需平衡预测。

年（季）预测：每年（季）开展，主要利用经济运行、气象、电力供应、电力需求、电力用户等数据，预测年度或季度电力供应能力、用电需求、供电缺口，预测结果主要用于指导编制年度有序用电方案，确定工作计划。

月（周）预测：每月（周）开展，主要利用电力供应、电力需求、电力用户等数据预测未来一个月或一周的电力供应能力、用电需求、供电缺口，预测结果主要用于确定有序用电预警等级、指导有序用电措施安排。

日预测：每日开展，主要利用电力供应、电力需求、电力用户等数据预测次日的用电需求、供电缺口，预测结果主要用于确定有序用电日执行计划。

3）预测方法

电力供需平衡预测的关键是电力负荷预测。常用的电力负荷预测方法有电力弹性系数法、负荷密度法、回归分析法、时间序列法、趋势外推法、指数平滑法、灰色预测法、人工神经网络法等，应根据实际情况选择建立合适的预测模型。为缩小预测误差，可采用多种方法进行预测，并根据预测效果对模型进行修正。

7.2.4 调控方式

根据电力缺口和负荷控制能力综合运用错避峰用电、负控、停限电等方式实施有序用电。

1）错避峰用电方式

当电网出现非持续、小负荷缺口时，采取错避峰措施实施有序用电调控。通过安排连续性生产企业调整生产工序、非连续性生产企业错峰生产、调整周休、设备检修等方式参与错避峰用电，组织用户转移、削减或中断用电负荷，减少高峰用电需求。对有序用电调控指标执行不到位的企业，由供电公司实施负控限电措施。

2）限电方式

当电网出现较长时间的持续性负荷缺口（持续天数超过 2 天，电力缺口较大时），先启动错避峰方案，超出部分采用限电方式。

7.2.5 电力负荷管理系统

电力负荷管理系统是指用于对电力用户用电信息进行采集、分析及对电力负荷进行控制的软硬件平台和开展电力需求侧管理的信息技术辅助系统。电力负荷管理系统是电力需求侧管理的重要技术手段，也是有序用电工作的重要实施平台，可以实现对电力用户用电负荷的信息采集、实时监测和控制，提高有序用电的自动化管理水平和快速响应能力。

1）工作职责

各级电力运行主管部门负责协调电力负荷管理系统建设、运行维护、实施有序用电方案过程中的相关问题，充分发挥负荷管理系统的监测与控制功能。电网企业负责实施电力负荷管理系统主站建设、运行维护，将负荷管理终端纳入电力负荷管理系统；利用系统实施有序用电方案，开展有序用电执行情况数据统计，确保系统稳定、可靠运行。电力用户负责投资安装电力负荷管理终端，配合将负荷管理终端接入电力负荷管理系统；负责维护负荷管理终端，按要求将负荷分轮次接入控制开关。

2）建设要求

电力负荷管理系统的负荷监测能力应达到本地区最大用电负荷的 70%以上，负荷控制能力应达到本地区最大用电负荷的 10%以上，100 kV・A 及以上用户应全部纳入负荷管理系统。各地可根据实际情况，合理提高负荷管理系统监测和控制负荷的范围。电力用户应保证负荷控制开关动作可靠，控制负荷的大小和轮次应与电网企业共同确定，按照用电负荷的重要程度依次接入，原则上除保安负荷外均应接入控制开关。

3）运行维护

（1）配备专门人员维护电力负荷管理系统主站和电力负荷管理终端，包括主机环境、系统软件、服务器、网络连接等。

（2）定期开展电力负荷管理系统运行情况统计分析工作，按期完成运行情况统计报表并及时上报。

（3）定期分析系统数据，对数据缺失、异常，以及负荷管理终端异常等进行跟踪，对系统故障应及时处理，终端故障处理时间一般不超过 2 个工作日。

（4）定期对断路器等设备进行检修维护，确保负荷管理终端、控制开关等设备运行状态良好。

（5）加强对电力负荷管理系统的安全防护，防止非法入侵。

4）系统应用

通过电力负荷管理系统实施有序用电，主要包括采集用户负荷数据，并对其进行分类汇总，为负荷分析预测提供依据；指导电力用户积极参与需求侧管理，提高用户需求响应的能力；实时监控用户用电情况，对违反有序用电方案的用户发出预警信息，并可实施遥控跳闸；对有序用电执行情况、实施效果进行统计，为完善有序用电方案和考核执行情况提供依据。

7.3　方案编制和演练

根据电力供需形势，制定各级有序用电方案，对各级有序用电工作预先作出安排，明确相关各方的职责和义务，组织开展有序用电演练，提高应对能力，确保电网安全稳定运行，最大限度地维持社会正常用电秩序。方案编制主要流程示意图见图 7-1。

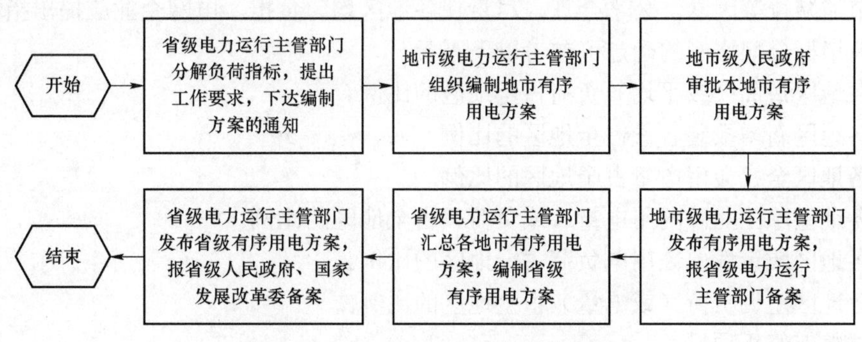

图 7-1　方案编制主要流程示意图

7.3.1 方案编制

根据电力供需平衡情况及各时期最大负荷缺口预测，分解负荷指标，编制有序用电方案。

1. 工作职责

省级电力运行主管部门组织分析预测全省电力供需情况，分配各地市负荷指标，下达编制年度有序用电方案的通知，提出有序用电工作要求，汇总各地市有序用电方案，编制省级年度有序用电方案，并报省级人民政府、国家发展改革委备案。地市级电力运行主管部门根据下达的负荷指标，结合本地实际，预测本地区负荷缺口，组织编制地市有序用电方案，报同级人民政府审批后，发布有序用电方案并报省级电力运行主管部门备案。县级电力运行主管部门参照有关要求编制县级有序用电方案。

2. 工作流程

（1）省级电力运行主管部门以文件形式下达有序用电方案编制任务，分配各地市负荷指标。各省（自治区、直辖市）应根据供电形势和负荷缺口预测情况，结合国家有关政策、当期社会要求和经济发展特点，明确工作原则，对编制有序用电方案提出具体措施要求和完成时间等。

（2）地市级及以下电力运行主管部门组织分析本地区电力需求情况，根据负荷指标，组织编制有序用电方案。电力运行主管部门可委托电网企业起草有序用电方案。

（3）有序用电方案编制完成并报同级人民政府审批后，报省级电力运行主管部门备案。地市级有序用电方案原则上应在省级电力运行管理部门下达编制任务通知后 45 个工作日内完成并上报。

（4）地市级电力运行主管部门向社会发布有序用电方案。

（5）省级电力运行主管部门汇总各地市有序用电方案，编制省级有序用电方案，并于每年 5 月底前报省级人民政府、国家发展改革委备案。

（6）电力用户应按照有关通知要求填写并反馈有序用电调控指标告知书，及时制定可操作的内部负荷控制方案。

3. 指标分配

各级电力运行主管部门应结合本地实际，合理制定负荷指标分配的基本原则和计算方法，按期（可选季、月、周、日）组织分解所辖各地区的负荷指标。

负荷指标的分配，应充分考虑保供电要求、用电结构和特性、有保有限、电网结构、经济价值、节能减排等因素，公平合理，尽量使各地区均匀负担。电网企业应提出指标分配的建议。负荷指标分配比例的确定可参考以下因素。

（1）各地区最高（或平均）负荷占全地区的比例。

（2）各地区新增报装容量占全地区的比例。

（3）各地区全社会用电量占全地区的比例。

（4）各地区除工业外的用电量（或负荷）占全地区的比例。

（5）各地区政策性保证用电负荷占全地区的比例。

（6）各地区空调负荷（或电量）占全地区的比例。

（7）调整或修正项目。

（8）其他应考虑或临时增补的项目。

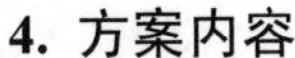

4. 方案内容

有序用电方案一般以年度为周期、以全区域为范围编制，包括应对全网电力供需紧张、局部地区网络受限的多种措施。各地可根据实际情况细化有序用电方案实施计划。有序用电方案一般应包括以下内容。

（1）电力供需形势分析。说明电力供应与需求情况，预计电力缺口。

（2）有序用电工作原则。包括有序用电工作方案编制原则、组织实施原则等。

（3）有序用电方案。包括全网有序用电方案和局部电网有序用电方案，列出方案构成、级别、用途。市、县级有序用电方案应包括错峰、避峰、限电、拉闸等措施明细，做到定用户、定负荷、定线路等。

（4）方案动态管理。明确方案在季节变化时的调整原则和方法。

（5）有序用电工作要求。对组织领导、职责分工、方案启动、方案执行、监督检查、统计上报等方面工作提出具体工作要求。

（6）附则。简述有序用电方案修编要求、解释部门及生效时间等。

5. 方案等级

年度有序用电方案负荷调控数量和等级应以本地区年度预计最高用电负荷或用电量为基准，预设若干个缺电等级，通常可对应预警信号等级，也可以根据当地实际进一步细分。方案等级对应不同预警信号见表 7–1。

表 7–1　方案等级对应不同预警信号

方案等级	电力或电量缺口占当期最大用电需求比例	预警信号
Ⅰ级	20%以上	红色（特别严重）
Ⅱ级	10%～20%	橙色（严重）
Ⅲ级	5%～10%	黄色（较重）
Ⅳ级	5%以下	蓝色（一般）

6. 措施安排

（1）根据预测的最大电力或电量缺口，按照“缺多少错避多少”和“留有余度”的原则，合理安排有序用电措施，一般应高于预计最大电力或电量缺口，以切实保证实施效果。

（2）原则上按照“先错峰、后避峰、再限电、最后拉闸”的顺序安排有序用电措施，即优先采用错峰、避峰措施，当错峰、避峰、限电负荷不能满足要求时，方可采取拉闸措施。

（3）根据负荷调查分析结果，按“有保有限”的原则安排参与有序用电的电力用户，确定其参与程度和方式。原则上优先保障以下用电：应急指挥和处置部门，主要党政军机关，广播、电视、电信、交通、监狱等关系国家安全和社会秩序的用户；危险化学品生产、矿井等停电将导致重大人身伤害或设备严重损坏企业的保安负荷；重大社会活动场所、医院、金融机构、学校等关系群众生命财产安全的用户；供水、供热、供能等基础设施用户；居民生活，排灌、化肥生产等农业生产用电；国家重点工程、军工企业；积极采取电力需求侧管理措施并取得明显效果的电力用户。原则上重点限制以下用电：违规建成或在建项目；产业结构调整目录中淘汰类、限制类企业；单位产品能耗高于国家或地方强制性能耗限额标准的企业；景观照明、亮化工程；其他高耗能、高排放企业。

7.3.2 方案演练

为检验有序用电方案的合理性和可操作性，理顺有序用电工作流程和协调机制，保证通信渠道畅通可靠，提升快速响应能力，各级电力运行主管部门可适时组织开展有序用电方案演练工作。方案演练主要流程示意图见图 7–2。

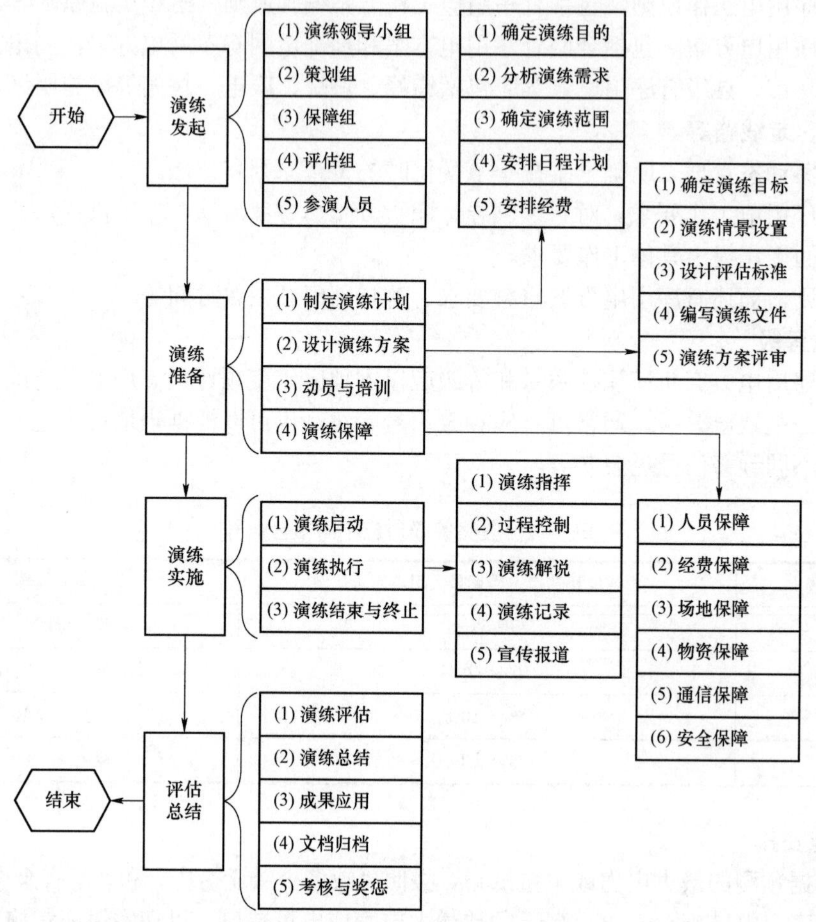

图 7–2 方案演练主要流程示意图

1. 工作职责

各级电力运行主管部门负责组织开展有序用电演练工作。各级电网企业在电力运行主管部门指导下实施有序用电演练。电力用户配合实施有序用电方案演练，组织开展企业内部演练。

2. 演练准备

（1）成立各级演练机构，制定演练方案，确定演练目的、演练范围、演练步骤、日程计划和经费等。

（2）在演练开始前进行演练动员和培训，确保所有演练参与人员掌握演练规则、演练情景和各自在演练中的任务，告知用户演练要求。

（3）做好有序用电方案演练保障准备（人员、经费、场地、物资、通信、安全等）。

3. 演练步骤

（1）发布启动演练指令，启动省级有序用电演练方案。

（2）各参演单位和人员按照演练方案，完成各项演练活动，并作出信息反馈。

（3）发布终止演练指令，演练终止。

4. 评估总结

在演练结束后应形成演练评估报告，分析演练记录及相关资料，对演练效果、组织过程、参演人员表现进行评价，分析、总结演练过程中暴露的问题和不足，并组织整改。

7.4　方案实施

根据电力供需情况，及时发布预警信息和启动实施有序用电方案，平衡电力供需。有序用电方案实施主要流程示意图见图 7-3。

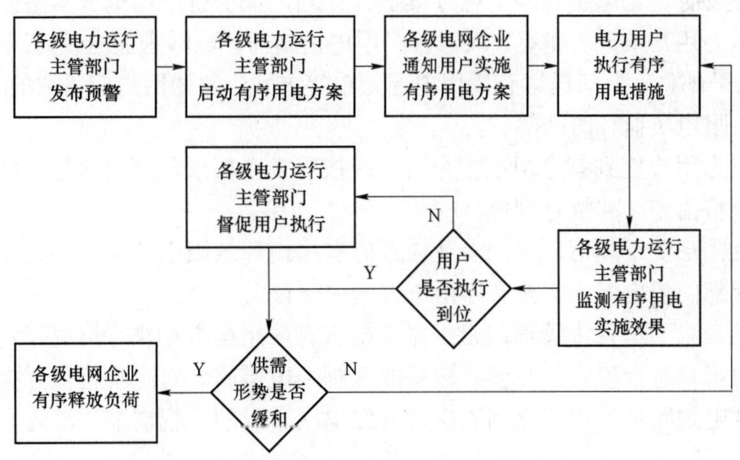

图 7-3　有序用电方案实施主要流程示意图

7.4.1　方案启动

各级电力运行主管部门根据电力供需平衡情况，及时发布预警信息，适时启动有序用电方案。省级电力运行主管部门根据电力供需平衡情况，及时发布预警信息，适时启动有序用电方案。一般遇以下情形时，应启动有序用电方案。

（1）因用电负荷增加或电力供应不足，全网或局部电网将在一段时期内出现电力缺口。

（2）因突发事件造成电力供应不足，且短时间内无法恢复正常供电能力。市、县级电力运行主管部门依据上级发布的预警，结合本地电力供需缺口情况，适时启动本地区有序用电方案。有序用电方案一经启动，电网企业根据预警和电力供需状况制定有序用电方案执行计划，并及时采用有效措施通知用户，直至电力运行主管部门发布有序用电方案终止执行信息。相关电力用户应启动内部有序用电方案。

7.4.2 方案执行

电网企业、电力用户执行有序用电方案，电力运行主管部门对执行过程和效果组织开展监督检查，发电企业保证机组出力，共同落实各项预定措施，最大限度地平衡电力供需矛盾。

1. 工作职责

各级电力运行主管部门组织相关各方实施有序用电，对有序用电过程和效果组织开展监督检查，对执行不到位的采取相应处理措施。各级电网企业根据实际情况制定有序用电方案执行计划，提前通知相关电力用户实施有序用电措施，监督有序用电方案执行情况，做好有关统计工作。相关电力用户及时启动内部有序用电方案，严格执行有序用电措施，保证负荷调控效果。

2. 执行要求

（1）电力供需形势紧张期间，发电企业要特别加强设备运行维护和燃料储运，保证机组稳发满发。

（2）有序用电方案实施期间，电网企业应依据有序用电方案，结合实际电力供应能力和用电负荷情况，及时优化调整有序用电方案执行计划，保证有序用电方案整体执行效果。

（3）在对电力用户实施、变更、取消有序用电措施前，电网企业应及时通过公告、电话、传真、短信、电子邮件、上门送达有序用电通知单等方式，告知用户应采取的有序用电措施，包括方案等级、限电负荷、时间等。

（4）相关电力用户接到有序用电指令后，应按照指令要求，严格执行有序用电方案，采取相应的负荷调整措施，并执行到位。

（5）电力供需形势缓和后，电网企业应及时有序地释放限电负荷，并根据实际情况适时向电力运行主管部门提出停止实施有序用电方案的建议。

（6）市、县级电力运行主管部门组织监督检查有序用电方案执行情况，对执行不到位的电网企业和电力用户进行警告，必要时应采取强制限电措施。对阻挠检查，拒绝实施有序用电，造成所属供电线路被迫实施强制限电或导致电网事故的，视情节依法追究有关单位和人员责任。

（7）有序用电方案实施期间，电网企业应每日统计并向本级电力运行主管部门报送有序用电执行情况，包括最大负荷、最大电力缺口、错峰负荷、错峰户数、避峰负荷、避峰户数、限电负荷、限电户数、拉电条次、拉电负荷等。

7.5 监督检查

1. 工作职责

国家发展改革委负责对各省（自治区、直辖市）有序用电工作情况开展监督检查，确保有序用电政策执行到位。各省级电力运行主管部门负责对各地市有序用电工作情况开展监督检查，确保有序用电工作规范、有效。

2. 检查内容

有序用电工作检查主要包括以下内容：

（1）有序用电组织体系和制度是否健全。县级及以上电力运行主管部门应建立健全有序用电工作机制，统筹指挥地区有序用电工作开展；建立工作制度，明确各级电力运行主管部门、电网企业、发电企业、电力用户的职责分工，细化有序用电工作的各项保障措施；各部门、单位应明确有序用电工作人员，建立完善有序用电工作流程。

（2）有序用电方案的编制、审批是否符合规定。市、县级电力运行主管部门应根据《电力需求侧管理办法》《有序用电管理办法》等有关规定，结合地区用电负荷特点，及时编制有序用电方案，并报同级人民政府审批；省级电力运行主管部门应加强对各地区有序用电方案编制工作的指导；保证有序用电方案公开透明，通过文件传达、媒体告知等方式公开，接受社会监督。

（3）有序用电措施是否执行到位。各级政府部门、电网企业、电力用户都应严格执行有序用电方案。各级电力运行主管部门在出现用电紧张的情况下，应及时通过有效途径向社会发布电力供需平衡预警，并启动有序用电方案；电网企业应按照有序用电方案安排和执行有序用电措施，在对用户实施、变更、取消有序用电措施前，通过电话、短信等形式履行告知义务；电力用户接到有序用电指令后应及时响应，严格执行，并尽可能通过生产经营调整安排等措施，消除对生产、员工情绪的不利影响；当电力供需缺口消除时电网企业应有序释放负荷。

（4）有序用电工作的各项保障措施是否落实到位。各地有序用电政策保障情况，包括是否建立有序用电奖励补贴机制、有序用电宣传培训机制、有序用电相关电价政策、淘汰落后产能企业政策、项目准入制度等；各地有序用电组织保障情况，包括市、县级政府是否建立有序用电执行监督队伍，加强监控，对拒绝有序用电方案的单位和个人按规定进行查处；有序用电技术保障措施情况，电力负荷管理系统建设和运行管理情况。

7.6 发布管理

向社会发布有序用电方案、供用电信息、预警信息，将有序用电指令传达到电力用户，为相关各方及时在职责范围内开展工作提供保障。

1. 工作职责

各级电力运行主管部门应定期向社会发布供用电信息，并可委托电网企业披露月度及短期供用电信息。各级电力运行主管部门和电网企业应及时公布有序用电方案、发布预警信息。电网企业告知电力用户具体的有序用电指令。

2. 电力供需形势发布

各级电力运行主管部门应密切关注电力供需形势变化，通过新闻发布会、座谈会、电视、报纸和网络等渠道，及时向社会发布电力供需形势（包括电网供电能力、全社会用电需求、电力供需缺口等）。

3. 有序用电方案发布

电力运行主管部门应颁布年度有序用电方案文件，并通过报刊、网络等方式向社会公布。一般应在方案批准后的 10 个工作日内完成。

4. 预警信息发布

各级电力运行主管部门根据电力供需情况，通过电视、广播、报纸、短信、网络等形式向社会发布预警信号、最大电力缺口和应对措施等信息，并及时更新。预警信号原则上按照电力或电量缺口占当期最大用电需求比例分为四个等级：

红色：特别严重（20%以上）；

橙色：严重（10%～20%）；

黄色：较重（5%～10%）；

蓝色：一般（5%以下）。

5. 有序用电指令发布

除紧急状态以外，电网企业在对电力用户实施、变更、取消有序用电措施前，应通过公告、电话、传真、短信等形式向电力用户发布有序用电指令，包括实施方案等级、限电负荷、时间等内容。

7.7 保障措施

为确保有序用电目标及任务的顺利实现，各地应积极落实政策、组织、资金、技术、培训与宣传等各项保障措施，建立与当地有序用电管理工作相适应的保障体系和支撑环境。

1. 政策保障

各地应在《电力需求侧管理办法》《有序用电管理办法》等规定的基础上，结合本地区实际情况，制定有序用电相关实施细则和配套政策，保证有序用电科学有效规范运行。

1）完善电价政策

有条件的地区可建立季节电价、可中断负荷电价和高可靠性电价等机制。可按照收支平衡的原则，确定可中断负荷电价和高可靠性电价标准，按规定报批后执行。

2）严格执行国家产业政策

明确淘汰落后产能企业范围，重点限制单位产品能耗高于国家或地方强制性能耗限额标准的企业。

2. 组织保障

各地要切实加强组织领导，落实工作责任，完善工作和监督机制，统筹各部门之间的分工与联系，建立以政府为主导、电网企业为实施主体、电力用户为执行主体的有序用电工作体系。各级政府组织电网企业等有关单位，省、市、县、乡逐级建立有序用电工作机制，可采用集中办公或合署办公等方式，按照“分级负责、属地管理”的原则开展工作。

3. 资金保障

各地应积极建立电力需求侧管理资金，利用电力需求侧管理资金等为有序用电工作提供支持。

（1）对实施有序用电的用户（产业结构调整目录中淘汰类、限制类的企业除外）给予适当奖励、补贴。

（2）为有序用电培训和宣传提供经费。

4. 技术保障

各地应加强电力负荷管理系统的建设和运行维护，合理扩大监测和控制负荷的范围，提高有序用电自动化管理水平和快速响应能力；加强有关技术研究，不断深化应用。

5. 培训与宣传

各级电力运行主管部门应持续开展有序用电培训和宣传工作。组织有关部门、电网企业和电力用户，采用专家授课、文件宣贯、座谈会、现场指导、模拟演练等多种方式，有计划地开展相关法律法规、产业政策、负荷管理技术等培训，提高有序用电工作人员的认知水平和工作能力。建立完善各级政府、电网企业、发电企业、电力用户和新闻媒体共同参与的电力供需信息沟通和发布机制，充分利用电视、广播、报刊、网络等宣传形式，引导全社会节约用电、合理用电，促进节能减排，为有序用电工作顺利开展创造良好的舆论环境。

第 8 章

行业用户有序用电技术指导和典型案例

8.1　黑色金属冶炼及压延行业用户有序用电技术指导和典型案例

8.1.1　概述

1. 所属行业分析

钢铁行业作为国民经济重要的支柱产业，在工业化、城镇化发展过程中发挥着重要作用。但是，钢铁行业也是资源、能源密集型行业，能耗高、污染重是其典型特点。目前来看，钢铁行业单位产值耗能下降空间有限，单位产值直接消耗已经趋于稳定，但是在需求响应可调负荷方面仍有较大挖掘潜力。

钢铁行业一般采用三班 24 h 连续工作制，全年负荷波动不大，没有明显的波峰和波谷，连续性生产设备较多，例如烧结机、焦炉、高炉等，除检修时间外通常满负荷运行，负荷率较高，对电能质量要求较高，因此在实施需求响应过程中需要精细化管理可调负荷资源。

2. 行业用电总体情况分析

目前我国的用电构成中，工业用电量的比重占全社会用电量的 68%左右，增速方面根据 2019 年 1—4 月数据统计，工业用能同比增长在 3%左右，国家“十三五”各地区“双控”目标中能耗强度降低指标平均在 15%，整体节能形势严峻，而工业节能更加严峻。钢铁行业耗能总量较多，占工业比重较大，整体用能以原煤和电能为主，全年负荷稳定。2018 年钢铁行业能源消耗约占全国能源消费总耗的 14%。从综合用能情况来看，原煤和电能消耗占 79.7%以上，其能耗水平与产品类型密切相关。其中以电能消耗为主的设备包括电炉、精炼炉以及轧钢生产线等；生产过程中还涉及冷热气及余热余压等多种能源的综合利用，例如烧结工艺、高炉工艺以及余热余压发电过程等。

一般的钢铁企业除了利用外部市电，还会在钢铁生产现场周边建设余热、余气发电机组作为电能补充手段。钢铁行业以煤炭作为输入能源的炼制系统，其二级能源煤气、余热可以进行回收作为阶梯能源加以利用。通过梯次用能的形式，即能源在转换和使用环节涉及存储、分配再利用的循环过程，整体提升企业的能效水平。

8.1.2　行业生产运行特性分析

1. 生产工艺流程

钢铁企业生产用能结构中，外购能源主要为洗精煤、无烟煤、烟煤、电力、焦炭（含焦丁、焦粉）、汽油、柴油等；企业内部加工转换耗能有工质水、氧气、氮气、氩气、压缩空气；工艺过程产出能源有焦炭、焦丁、焦粉、焦油、粗苯、焦炉煤气、高炉煤气、转炉煤气、蒸汽。

洗精煤、无烟煤、烟煤、焦炭、电力是该企业购入的主要能源。洗精煤主要用于炼焦，无烟煤和烟煤主要用于炼铁喷煤和烧结固体燃料，焦炭主要用于炼铁和烧结工序（焦粉），电力供应全厂各生产工序，汽柴油主要用于运输。

钢铁企业生产工艺主要涉及焦炭、生铁、连铸坯、中厚钢板、带钢、棒材、钢板、线材产品的生产、经营、服务过程中涉及的能源采购、接收贮存、加工转换、输配、使用、余热余能回收利用等过程。主要生产的产品有焦炭、球团、烧结矿、铁、钢、各类钢材，最终产品为板材和长材两大类。

典型能流图及工艺流程图见图 8-1、8-2。

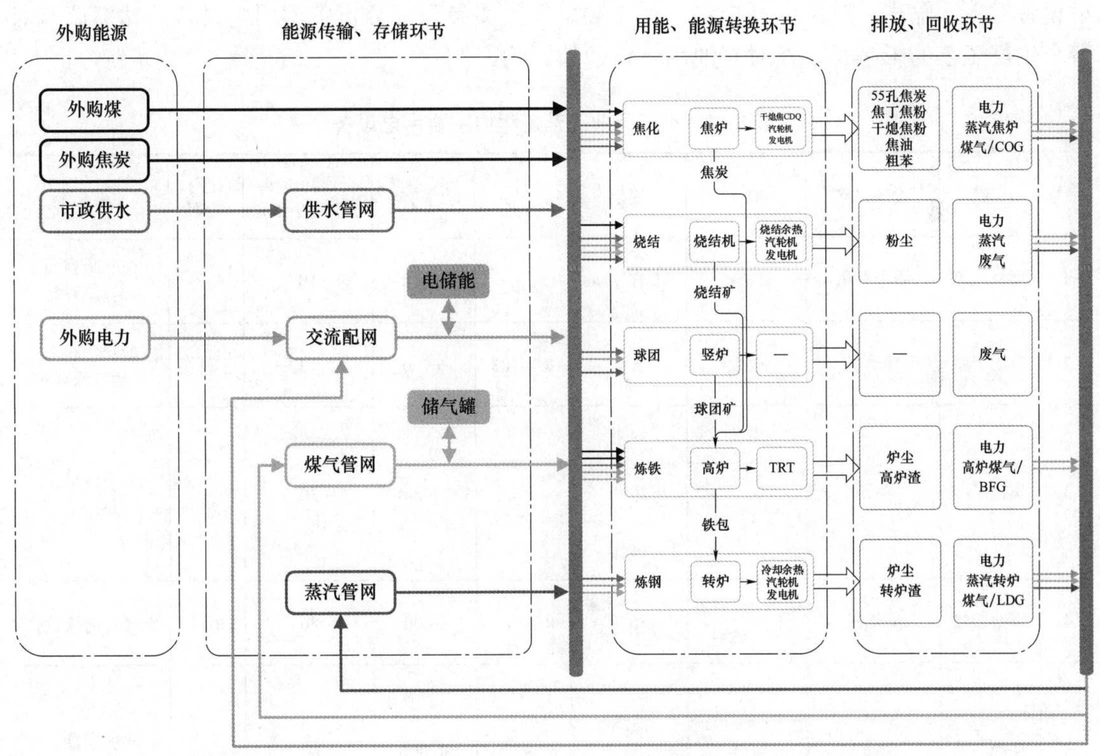

图 8-1　钢铁企业典型能流图

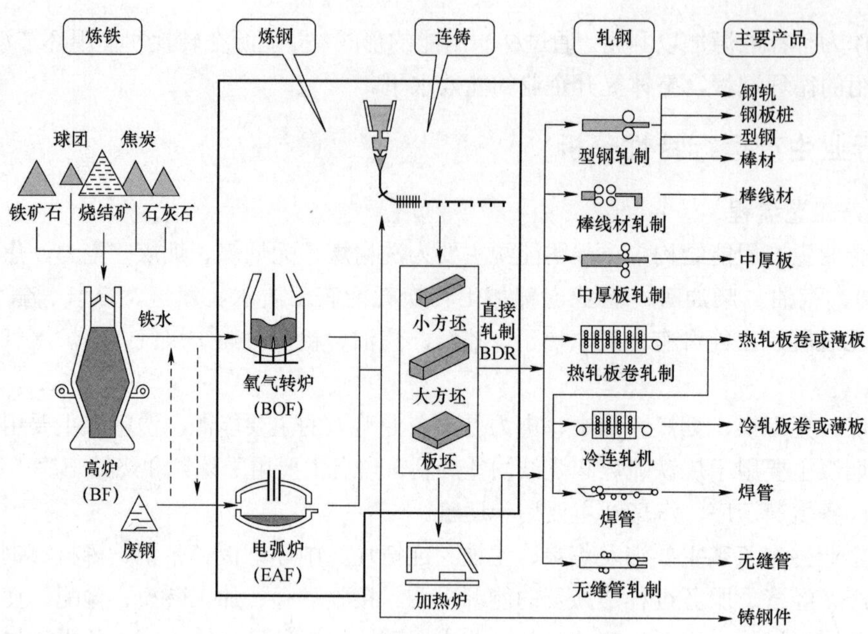

图 8-2　钢铁生产主要工艺流程图

2. 关键用电设备

钢铁行业工艺流程中主要用电设备见表 8-1。选取各工艺环节中具有代表性的设备，列举设备输入、输出、功率、耗电量、使用频率等主要参数，分析关键用电设备的功率调节对整个生产工艺的影响，以及对其他用电设备的影响。

表 8-1　钢铁行业工艺流程中主要用电设备

<table>
<tr><th>序号</th><th>工艺</th><th>设备名称</th><th>输入</th><th>输出</th><th>通信方式</th><th>功率/kW</th><th>日均耗电量/（万 kW·h）</th><th>使用频率</th><th>主要影响</th></tr>
<tr><td>1</td><td>原料工序</td><td>堆取料机</td><td>原辅料</td><td>混合原料</td><td>—</td><td>5 000</td><td>10</td><td>每日</td><td>前续物料与后续原料</td></tr>
<tr><td>2</td><td>球团工序</td><td>球磨机</td><td>电力</td><td>—</td><td>RS-485</td><td>6 000</td><td>12</td><td>每日</td><td>前续物料与后续原料</td></tr>
<tr><td rowspan="3">3</td><td rowspan="3">焦化工序</td><td rowspan="3">焦炉</td><td>煤气</td><td>焦炭</td><td rowspan="3">—</td><td rowspan="3">25 000</td><td rowspan="3">30</td><td rowspan="3">每日</td><td rowspan="3">入炉煤量、原料量</td></tr>
<tr><td rowspan="2">煤</td><td>蒸汽</td></tr>
<tr><td>煤气</td></tr>
<tr><td>4</td><td>烧结工序</td><td>烧结机</td><td>混匀料、熔剂、燃料</td><td>烧结矿</td><td>RS-485</td><td>9 000</td><td>20</td><td>每日</td><td>燃料与前续物料</td></tr>
<tr><td rowspan="3">5</td><td rowspan="3">高炉工序</td><td rowspan="3">高炉</td><td>煤</td><td rowspan="2">蒸汽</td><td rowspan="3">—</td><td rowspan="3">30 000</td><td rowspan="3">60</td><td rowspan="3">每日</td><td rowspan="3">入炉煤量、原料量</td></tr>
<tr><td>煤气</td></tr>
<tr><td>蒸汽</td><td>煤气</td></tr>
</table>

续表

序号	工艺	设备名称	输入	输出	通信方式	功率/kW	日均耗电量/（万 kW·h）	使用频率	主要影响
6	炼钢工序（电炉）	电炉	铁合金、废钢料、氧氮氩气体	钢水	RS–485	55 000	120	每日	全厂负荷、前续物料、后续原料
7	轧钢工艺	立辊轧机、炉卷轧机轧	钢坯	热轧钢卷、钢板	RS–485	16 000	30	每日	前续物料、订单产量

3. 负荷特性分析

1）关键设备的负荷特性

钢铁行业生产设备众多，其中轧钢机是典型的冲击型负荷，典型负荷特性曲线见图 8–3。轧钢负荷属于电动机的一种，其任务是完成钢坯的塑形。当钢坯进入轧机时，轧机功率会急剧上升；当钢坯离开轧机时，轧机功率急剧下降。通常情况下，轧钢生产线的轧机可分为粗轧机和精轧机两类。粗轧机一般为可逆式轧制，钢坯通过奇数次来回轧后，最终通过单台粗轧机；精轧机通常连续排列，钢坯一次性通过精轧机后，被送入下道工序。

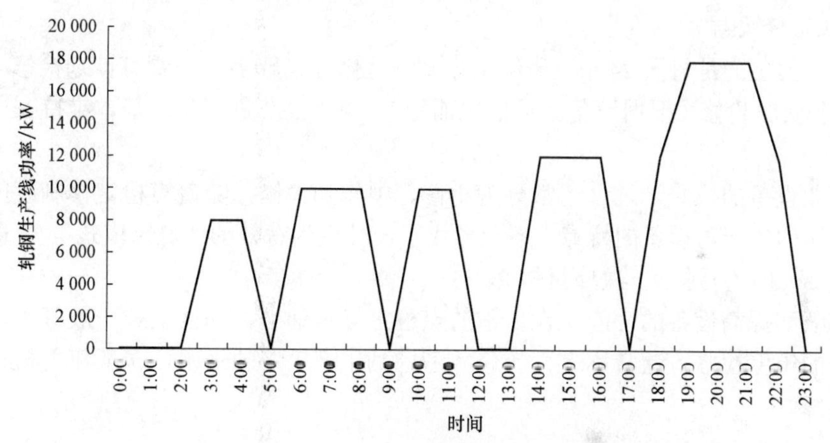

图 8–3　轧钢生产线典型负荷特性曲线

在需求响应期间，可以根据削峰或者填谷的不同要求，将轧钢机的生产/停止时段以预案的形式做到需求响应子系统当中。通过利用这类负荷的功率波动特性，配合电网需求响应的负荷要求，从而实现工业用户与电网的友好互动。

2）工艺负荷特性分析

电炉生产环节是钢铁行业中负荷较高的环节，在电炉车间通电后，操作人员缓缓下放电极，直至电极与炉料之间的电位差击穿空气形成电弧后，电弧炉功率在数秒内迅速增加。在冶炼过程中，电弧炉通常以某一恒定挡位功率运行，但由于炉内温度、炉料状态等变化因素，其功率含有大量高频谐波，呈现出“带状”功率的特性。当电弧炉完成加热任务后，操作人员将电极缓缓上抬，待电弧熄灭后，中断送电，整个停炉过程通常在数秒内完成。

电弧炉在完成加热任务后，会由操作人员中断送电，这部分的可调负荷间隙、周期性取决于前续工艺的来料速度和后续工艺的生产进度，因此可将电炉前后工艺串联成完整的生产预案，代入需求响应子系统当中，在响应指令来临时，通过调整电弧炉前后生产节奏，实现负荷响应。电炉负荷特性曲线见图 8-4。

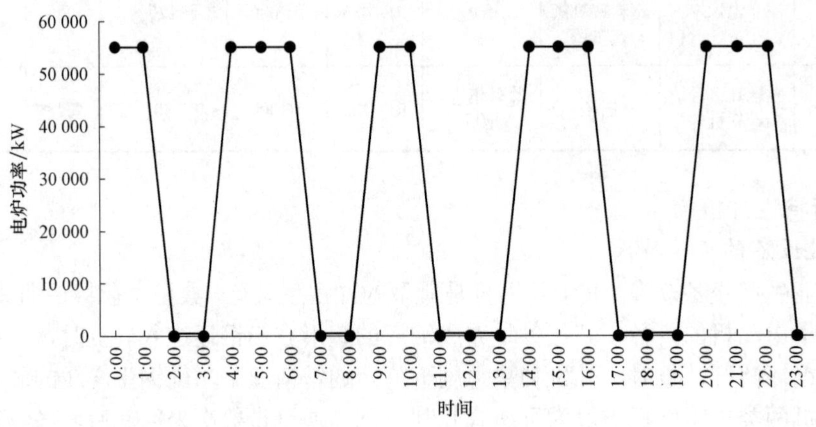

图 8-4　电炉负荷特性曲线

3）行业检修安排

钢铁行业的生产是每天 24 h 三班倒工作制，检修计划较多，主要有计划检修（最少提前一周安排）和实时检修（根据设备具体情况而定）。整个生产负荷曲线基本维持在一个稳定的水平线。

钢铁行业设备的检修，过去通常分为小修、中修和大修，随着点检定修制度的推行，企业根据各工序的生产与设备的特点，逐渐形成了一种更为有效的“定修模式”，一般是每周或每月，甚至 2～3 个月进行 1 次项目检修。

为了恢复和提高设备的性能，在日常的点检定修基础上，钢铁企业一般每年进行 1 次停产时间较长的年度检修，通常称之为年修。考虑到生产工序的平衡，一般年度检修为多工序联合停产检修。

8.1.3　现有调节手段和调节潜力

钢铁生产环节中设备众多，具有较高的调控潜力，结合各生产工艺及设备的负荷特性分析，钢铁行业可控负荷主要分为生产性负荷和非生产性负荷。生产性负荷包括电炉、精炼炉、制氧机、轧钢、棒材和线材生产线，其中电炉负荷占比最大，约为 40%。由于生产负荷连续性，所以调控方式都为自控，调控时间和自身设备特性有关。非生产性负荷包含办公照明、分体及中央空调系统和生活用电，占比较小，调控方式为直控（柔性），准备和恢复时间可以达到秒级，响应时间为 0.5～2 h。生产性负荷可调比例为 19%，非生产性负荷约占 1%。

综合典型用户生产数据分析，钢铁行业在生产条件允许的情况下，综合调控负荷约占到总生产负荷的 20%，见表 8-2。

表 8-2　钢铁行业负荷调控情况表

<table>
<tr><th rowspan="2">负荷类别</th><th rowspan="2">主要设备</th><th rowspan="2">负荷占比</th><th rowspan="2">调控方式</th><th colspan="3">调控时间</th><th colspan="3">可调负荷占比</th></tr>
<tr><th>准备时间</th><th>响应时长</th><th>恢复投运时间</th><th>个体效果</th><th>整体占比</th><th>合计</th></tr>
<tr><td rowspan="6">主要生产负荷</td><td>电炉</td><td>40%</td><td>自控</td><td>30 min</td><td>0.5 h</td><td>30 min</td><td>10%</td><td rowspan="6">19%</td><td rowspan="9">20%</td></tr>
<tr><td>精炼炉</td><td>3%</td><td>自控</td><td>30 min</td><td>0.5 h</td><td>30 min</td><td>1.5%</td></tr>
<tr><td>制氧机</td><td>2%</td><td>自控</td><td>10 min</td><td>0.5～1 h</td><td>10 min</td><td>1%</td></tr>
<tr><td>轧钢生产线</td><td>15%</td><td>直控（刚性）</td><td>秒级</td><td>0.5～1 h</td><td>秒级</td><td>5%</td></tr>
<tr><td>棒材生产线</td><td>5%</td><td>直控（刚性）</td><td>秒级</td><td>0.5～1 h</td><td>秒级</td><td>2%</td></tr>
<tr><td>线材生产线</td><td>5%</td><td>直控（刚性）</td><td>秒级</td><td>0.5～1 h</td><td>秒级</td><td>2%</td></tr>
<tr><td rowspan="3">非生产性负荷</td><td>办公照明</td><td>＜1%</td><td>直控（刚性）</td><td>秒级</td><td>0.5～2 h</td><td>秒级</td><td>＜1%</td><td rowspan="3">＜1%</td></tr>
<tr><td>分体及中央空调系统</td><td>＜1%</td><td>直控（柔性）</td><td>秒级</td><td>0.5～2 h</td><td>秒级</td><td>＜1%</td></tr>
<tr><td>生活用电</td><td>＜1%</td><td>直控（柔性）</td><td>秒级</td><td>0.5～2 h</td><td>秒级</td><td>＜1%</td></tr>
</table>

8.1.4　典型案例

某大型钢铁集团，主要生产设备有烧结机主轴风机、高炉鼓风机、炼钢精炼炉、轧钢轧机等，正常用电负荷 45 万 kW。

在迎峰度夏期间要求次日 9:00—23:00 时间段内执行错避峰 I 级指标，错避峰用电 15 万 kW，最大用电负荷不超过 30 万 kW（基础日最大负荷 50 万 kW）。根据通知，该集团采取了如下措施：

（1）炼铁部 1 号 400 烧结机、气体厂六制氧、循环氮压机、两台 LF 精炼炉、中板线、宽板线、线棒厂棒二、高线、大型厂棒材、型材等生产设备 8:00 前停产，3 号 400 烧结机单风机运转，停产后向电力对应部门汇报。9:00 前，用电负荷下降 15 万 kW。

（2）热轧设备部门在限荷期间随时做好停产准备，在第一轮压降负荷达不到预期指标情况下，接到电力对应部门停产指令后 10 min 内停产到位。

（3）相关停产部门提前做好停产方案和事故预案，恢复生产要听从电力对应部门指令。

（4）各生产设备在规定时段内停产，负荷下降达到错峰要求，有序用电效果明显。

执行效果曲线对比见图 8-5。

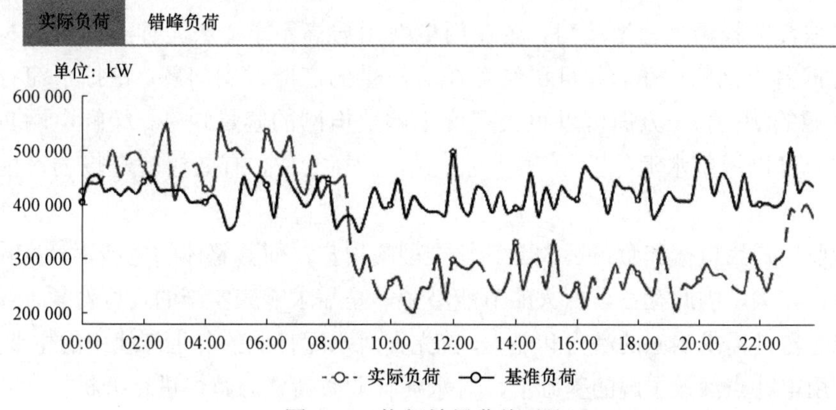

图 8-5　执行效果曲线对比

8.2 水泥行业用户有序用电技术指导和典型案例

8.2.1 概述

1. 所属行业分析

水泥制造隶属于非金属矿物制造业目录下的水泥、石灰和石膏制造业，属于重工业，指以水泥熟料加入适量石膏或一定混合材料，经研磨设备（水泥磨）磨制到规定的细度制成水凝水泥的生产活动。

水泥行业日趋大规模生产，其生产工艺流程主要包括矿石开采、传输、矿石粉碎、回转旋窑烧制、熟料研磨、成品封装。水泥生产一般是三班连续运行，并且设备运转周期较长，负荷曲线波动较小，负荷率较高，对供电可靠性要求较高。其大部分用电负荷属二级负荷，少部分是一级和三级负荷。水泥厂若需全线停电，至少需要提前 72 h 通知，压负荷需要提前 4 h 通知。水泥行业一般都有 110 kV 或 220 kV 变电站（配保安电源）供电，有的还有余热自发电厂变电站降压后供各分厂。其用电负荷较大，一般在 8 万 kW 左右乃至更大。

在泛在电力物联网的新形势下，水泥企业用能控制系统建设作为泛在电力物联网的典型应用，将会逐步通过集成先进的感知、计算、通信、控制等信息技术和自动控制技术，实现能源生产、输送、转化、存储等各环节实时监测，动态分析，科学预测。通过集成先进的感知、计算、通信、控制等信息技术和自动控制技术，实现能源生产、输送、转化、存储等各环节实时监测，动态分析，科学预测。

2. 行业用电总体情况分析

水泥生产是高耗能行业，据统计，在具有代表性的水泥厂中，电能消耗的比例大致是：破碎占 5%，生料粉磨占 24%，熟料煅烧占 33%（含生料均化），水泥粉磨占 38%。粉磨（24% 和 38%）为最主要消耗电力的工艺环节。

水泥行业的生产工艺及自动化程度不断提高，水泥行业的煤耗指标呈现逐年下降的趋势，但水泥综合电耗仍呈递增趋势，企业用电费用居高不下。水泥行业的用电量在整个工业行业中占据着很高的比重，并且已经存在着严重的产能过剩问题。挖掘水泥行业用户侧需求响应资源的潜力，一方面可以很大程度上解决电网的容量缺额，缓解电网负荷高峰形势；另一方面可以调整水泥行业用户用电方式，提高能效，有效缓解严峻的产能过剩和环保形势。

水泥行业用户用电量和负荷远大于其他类型的用户，而其整体的电能消耗在电能总消耗中所占比例也较大，因此存在着巨大的节能潜力，是需求响应实施的良好对象。要研究水泥行业用户参与自动需求响应的潜力和能力，首先在对水泥行业的各生产线中的主要用电设备、生产流程、用电特点深入了解的基础上，对水泥行业负荷资源特性进行分析。

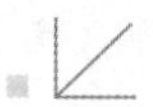

8.2.2　行业生产运行特性分析

1. 生产工艺流程

水泥企业生产工艺主要由破碎及预均化、生料制备均化、预热分解、水泥熟料的烧成、水泥粉磨包装等过程构成，每一个过程都是独立且又相互联系的整体。某水泥厂能流图见图 8–6。

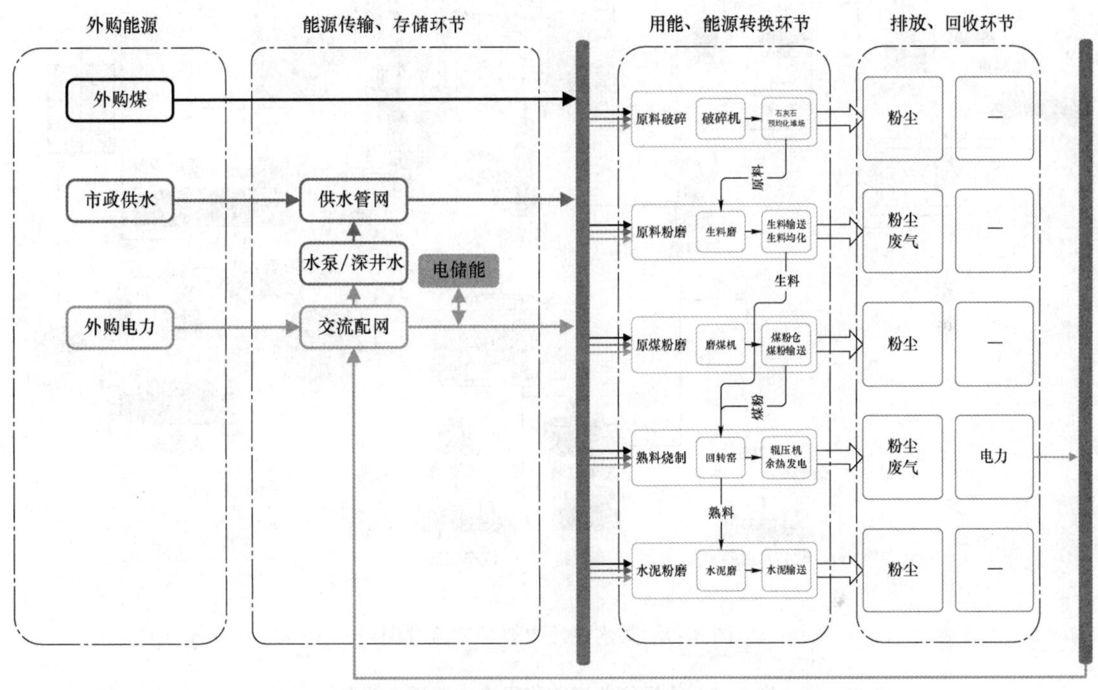

图 8–6　某水泥厂能流图

水泥生产随生料制备方法不同，可分为干法（包括半干法）与湿法（包括半湿法）两种。

干法水泥生产工艺流程：将原料同时烘干并粉磨，或先烘干经粉磨成生料粉后喂入干法窑内煅烧成熟料的方法。但也有将生料粉加入适量水制成生料球，送入立波尔窑内煅烧成熟料的方法，称之为半干法，仍属干法生产之一种。

湿法水泥生产工艺流程：将原料加水粉磨成生料浆后，喂入湿法窑煅烧成熟料的方法。也有将湿法制备的生料浆脱水后，制成生料块入窑煅烧成熟料的方法，称为半湿法，仍属湿法生产之一种。

某水泥厂主要工艺流程图见图 8–7。

2. 关键用电设备

水泥行业工艺流程中主要用电设备见表 8–3。各工艺环节中具有代表性的设备的输入输出、功率、耗电量、使用频率等主要参数，功率调节对整个生产工艺的影响，以及对其他用电设备的影响均有列出。

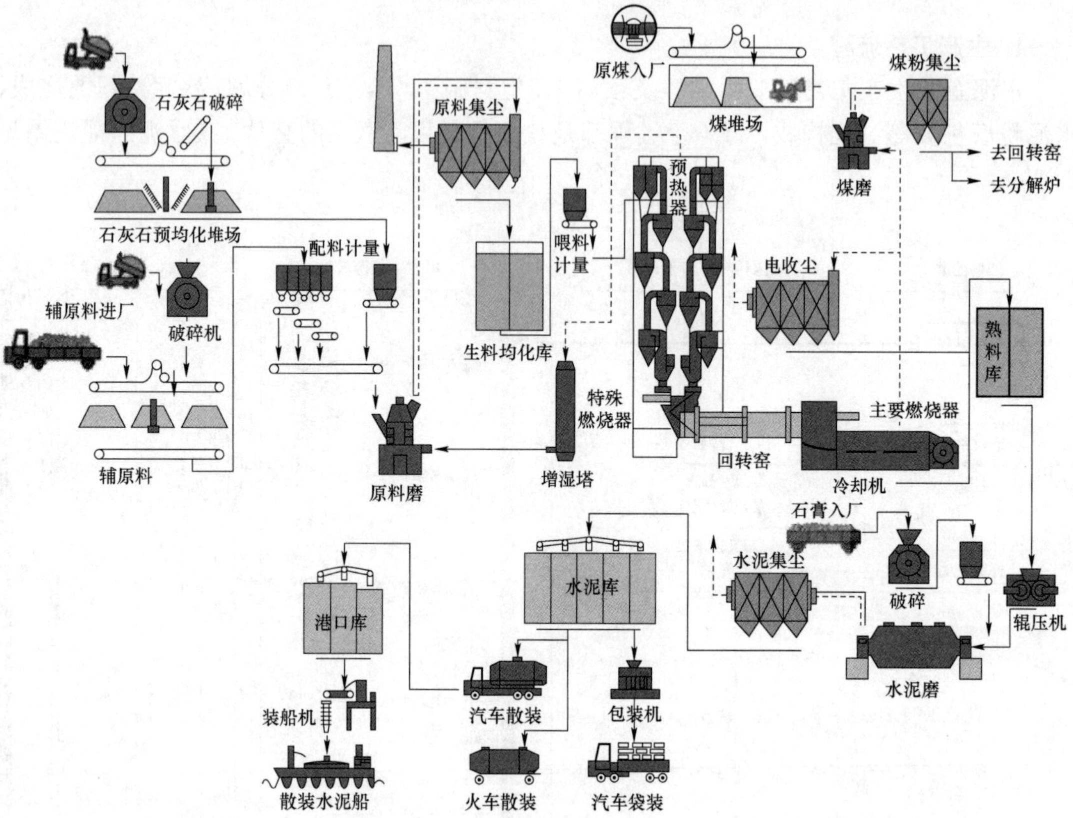

图 8-7　某水泥厂主要工艺流程图

表 8-3　水泥行业工艺流程中主要用电设备

序号	工艺	设备名称	通信方式	功率/kW	日均耗电量/（万 kW·h）	使用频率	主要影响
1	原料工序	破碎机	RS-485	600	1.44	每日	前续物料与后续原料
2	原料粉磨	生料磨	RS-485	6 000	14.4	每日	前续物料与后续原料
3	原煤粉磨	磨煤机	RS-485	500	1.2	每日	入炉煤量、原料量
4	熟料烧制	回转窑	RS-485	4 500	10.8	每日	熟料与前续物料
5	水泥粉磨	水泥磨	RS-485	4 500	10.8	每日	前续物料

3. 负荷特性分析

水泥生产是高耗能行业，某水泥厂主要用能设备可调潜力汇总见表 8-4。

表 8-4　某水泥厂主要用能设备可调潜力汇总表

负荷类别	主要设备	负荷占比	调控类别/方式	调控时间			可调负荷占比		
				准备时间	响应时长	恢复投运时间	个体占比	整体占比	合计
安全保障负荷	冷却水泵	5%	自控	—	—	—	—	0%	58.6%
	润滑油泵	<1%	自控	—	—	—	—		
	回转旋窑辅助	5%	自控	—	—	—	—		
	传动设备	5%	自控	—	—	—	—		
主要生产负荷	回转旋窑	22%	自控	—	—	—	—	53.5%	
	生料磨	30%	自控	1 h	0.5～1 h	20 min	20%		
	水泥磨	22%	自控	1 h	0.5～1 h	20 min	20%		
	破碎机	1.5%	自控	1 h	0.5～1 h	20 min	20%		
辅助生产负荷	传输带电机	5%	直控（柔性）	分钟级	0.5～2 h	分钟级	50%	5%	
	空压机	5%	直控（柔性）	分钟级	0.5～2 h	分钟级	50%		
非生产性负荷	办公照明	<1%	直控（刚性）	秒级	0.5～2 h	秒级	<1%	<1%	
	分体及中央空调系统	<1%	直控（柔性）	秒级	0.5～2 h	秒级	<1%		
	生活用电	<1%	直控（刚性）	秒级	0.5～2 h	秒级	<1%		

4. 工艺负荷特性分析

水泥回转窑工艺是水泥行业中负荷较高的环节。该工艺流程主要是以石灰石和黏土为主要原料，经破碎、配料、磨细制成生料，喂入水泥回转窑中煅烧成熟料，加入适量石膏（有时还掺加混合材料或外加剂）送入水泥回转窑进行碾磨，在回转窑内燃烧产生热量，热量通过气体传导或者辐射对物料进行加热，同时随着窑体按照设计的斜度和转速不停转动，原料也在窑内周期性翻滚前进，从而把原料由进料端输送到出料端。

5. 行业检修安排

水泥厂设备的检修、检验、试验计划，由机动处负责组织编制，经总经理审批后下达执行。检修按年、季编制预修计划，按月编制作业计划，临时检修由各个分厂自己管理。

水泥厂的大修日主要考虑几方面：

第一，市场因素。一般都安排在水泥销售的淡季进行，此时库存水泥、熟料都很多，有充足的停产时间。北方大修一般安排在冬季或春季，南方一般安排在夏季，此时建筑施工困难，同时组织水泥生产也困难，此时大修是个较好的选择。

第二，主要备件或材料的使用周期。一般指窑的耐火材料或磨机的衬板，或由于更换或维修足以造成系统停产一段时间的，这些材料一般有较固定的使用周期，要充分考虑到大修时这些材料的技术状况，因为这些材料费用较大，且更换时工期较长，对生产又有重大影响。是否更换这些材料，需要考虑在下一个检修周期前这些材料能否一直处于合理的使用状态，不会造成中途失效，导致停产或减产。

第三，备件的供给。有些备件需要一个很长的制造周期，在确定大修日期时，也要仔细考虑能否在大修前将备件准备完毕。

第四，人力资源。大修一般工作量较大，时间相对紧张，不但要本厂维修人员承担，还需要一部分外单位的施工人员参加，所以要考虑内部检修人员和外部检修人员不要与其他项目冲突。

第五，其他相关单位同步进行，特别是供水、供电、环保等部门。一般这些部门有定期检修、检查或标定的要求。在确定大修日期前提前征求一下这些部门的意见，争取能在此期间同步完成。

6. 现有调节手段和调节潜力

水泥企业生产环节中设备较多，具有较高的调控潜力，结合各生产工艺及设备的负荷特性分析，水泥企业可控负荷主要分为生产性负荷和非生产性负荷。生产性负荷包括回转旋窑、立窑、生料磨、水泥磨、球磨机等。其中，回转旋窑负荷占比最大，约为 25%，由于生产负荷连续性，所以调控方式都为自控，调控时间和自身设备特性有关。非生产性负荷包含办公照明、分体及中央空调系统和生活用电，占比较小，调控方式为直控（柔性），准备和恢复时间可以达到秒级，响应时间为 0.5～4 h。生产性负荷可调比例为 19%，非生产性负荷约占 1%。

综合典型用户生产数据分析，水泥企业在生产条件允许的情况下，综合调控负荷约占到总生产负荷的 20%。

8.2.3 典型案例

某水泥有限公司主要用电设备有水泥磨、矿渣磨、生料线、窑尾、窑头等，正常运行负荷 7 万 kW。

通知次日 9:00—23:00 参与有序用电错避峰用电 2.5 万 kW，最大用电负荷不超过 5 万 kW（基础日最大负荷 7.5 万 kW）。

执行情况如下：8:30 前，该用户按照要求逐一将 6#、3#水泥磨、4#、5#矿渣磨、2#、1#水泥磨停电到位，错避峰用电 3.2 万 kW；9:00 前用电负荷下降至 3.5 万 kW，执行到位，效果明显。执行日负荷曲线对比见图 8-8。

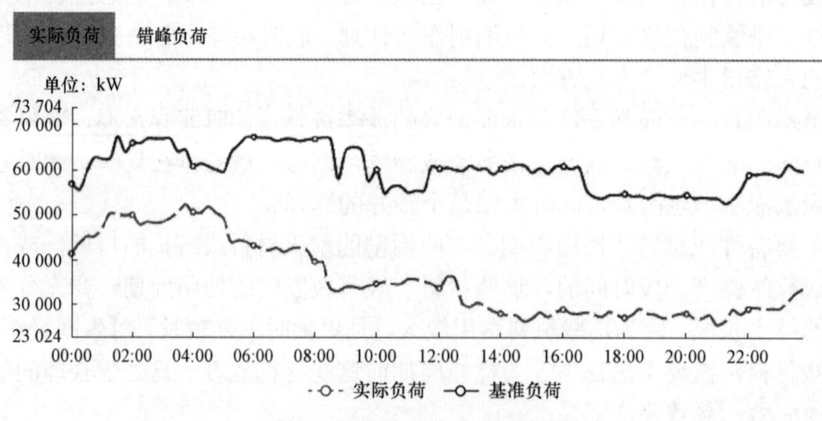

图 8-8 执行日负荷曲线对比

8.3　通用及专用设备制造行业用户有序用电技术指导和典型案例

8.3.1　行业用户用电特性分析

通用及专用设备制造业按国民生产行业可细分为锅炉及原动机制造、金属加工机械制造、起重运输设备制造、泵阀门压缩机及类似机械的制造、轴承齿轮传动和驱动部件的制造、烘炉熔炉及电炉制造、风机衡器包装设备等通用设备制造、金属铸锻加工制造、矿山冶金建筑专用设备制造、化工木材非金属加工专用设备制造、食品饮料烟草及饲料生产专用设备制造、印刷制药日化生产专用设备制造、纺织服装和皮革工业专用设备制造、电子和电工机械专用设备制造、农林牧渔专用机械制造、医疗仪器设备及器械制造、环保社会公共安全及其他专用设备制造等制造行业。通用及专用设备制造业的范围特别广泛，基本都属于非连续性生产单位。通用及专用设备制造业的用户数目众多，负荷大小从几十到几千千瓦，个别企业甚至还超过 1 万 kW。

该行业用户生产时间一般为 8:00—21:00，也有 24 h 连续生产的。早峰时间段是全天的生产高峰和用电高峰；深夜产量最小，是用电低谷。用电峰谷差率特别大，日负荷曲线属于典型的“中间高、两头低”形态。少部分连续生产的通用及专用设备制造业用户其负荷曲线相对较平稳，约有 20%的波动。在高温或严寒季节，随着温度的变化，该类企业的用电需求也随着空调的使用有显著上升。从全年来看，该类企业年用电曲线呈现夏、冬季负荷高，春、秋季负荷小的特点。其中，夏季出现全年最高负荷的概率最大。

1. 通用及专用设备制造行业用户设备分类类别

1）主要设备（非生产性负荷）

办公照明、电脑传真打印等办公用电器具、分体及中央空调、食堂蒸饭车、鼓风机、厂区道路照明、电开水炉。

2）辅助生产负荷

生产设备空调、风机、生产设备空调、冷却用泵、风机、通风机。

3）主要生产性负荷

热处理炉、溶化炉、高频炉、铸机、电焊机、拉丝机、熔化炉、车床、铣床、刨床、冲床、钻床、空锤机、空气压缩机、切割机、剪板机、喷漆机、烘干机、电镀机、数控机床、鼓风机、锅炉、水泵、行吊、镀锌机、生产流水线、组装线。

4）较重要安全保障负荷

数控机床，车间照明、消防及治安用电设备。

2. 行业用户参与有序用电能力分析

（1）通用及专用设备制造业用户只要提前通知（15～30 min），措施得当，以充当有序用电的主力。

（2）限电比例大，春、秋、冬季最大可按实时用电负荷的 80%～90%进行限电。

（3）错峰负荷可“快上快下”。

（4）行业用户错峰的方法。对于通用及专用设备制造业来讲，大部分用电设备都可以参与有序用电，错峰的主要方法有：

①将空调温度设定在 26～28 ℃。

②减少部分照明、办公空调的负荷等。

③调整上下班时间，避免高峰时段限电后无电可用的状况。

④将用电大的设备安排在负荷高峰时段进行检修。

⑤安排放假或轮休（生产一周、停产一周，也可执行“开三停四”）。

⑥关停部分用电设备。

8.3.2 典型案例

某钢管有限公司主要用电设备有平头锯、高频焊机、切割机等，正常用电负荷 5 000 kW。

通知次日 9:00—21:00 时间段内，执行错避峰用电 1 500 kW。最大用电负荷不超过 3 300 kW（基础日最大负荷 4 800 kW）。

次日 8:30 前，该公司将平头锯、高频焊机、切割机等设备停用，用电负荷下降至 3 200 kW。该公司能够严格按照分配的有序用电指标，按预先制定内部有序用电措施，完成错避峰用电指标。执行日负荷曲线对比见图 8-9。

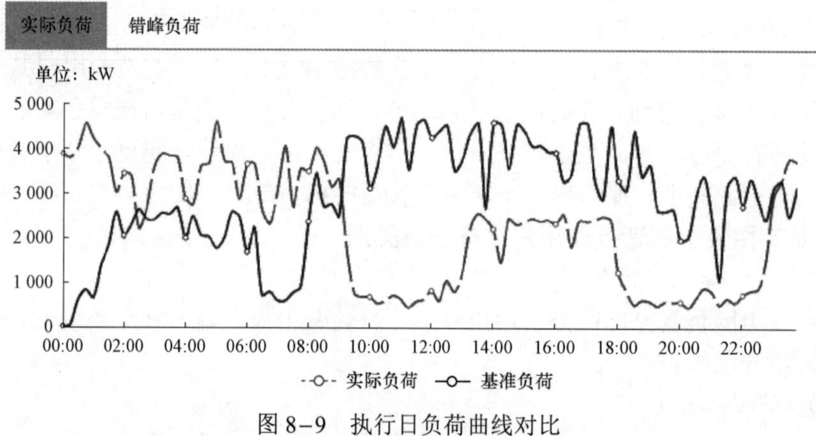

图 8-9 执行日负荷曲线对比

8.4 纺织行业用户有序用电技术指导和典型案例

8.4.1 行业用户用电特性分析

纺织行业按国民生产行业可细分为棉、化纤纺织及印染精加工，毛纺织和染整经加工，麻纺织，丝绢纺织及精加工，纺织制成品制造，针织品、编织品及其制品制造。纺织行业一般容量较大，大都采用高压供电，设置专用变（配）电所。该行业用户基本为全天候 24 h 连续生产，用电负荷比较平均，生产用负荷占总负荷的 95%左右，办公用电（含生活照明）等负荷占总负荷的 5%左右。

纺纱主要生产工艺流程：清棉工序（开棉—清棉—混棉—成卷）、梳棉工序（分梳—除杂—混合—成条）、条卷工序（并合和牵伸—成卷）、精梳工序（除杂—梳理—牵伸—成条）、并条工序（并合—牵伸—混合—成条）、粗纱工序（牵伸—加捻）、细纱工序（牵伸—加捻—卷绕—成型）、络筒工序（卷绕和成型—除杂）、捻线工序（加捻—卷绕—成型）、摇纱工序、成包工序。织造主要生产工艺流程包括整经工序、浆纱共组、穿经工序、织造工序、后整理工序。

1. 纺织行业用户设备分类

1）主要设备（非生产性负荷）

办公室照明、办公室空调、办公设备（计算机等）、宿舍照明、宿舍空调、食堂照明、食堂空调、食堂电器设备（蒸饭车、烤箱、冰柜等）。

2）辅助生产负荷

车间照明、车间空调、通风设备、车间加湿器。

3）主要生产性负荷

动力设备（深冷型制氮机、冷冻机、空气压缩机、风机、水泵、蒸汽锅炉等）、前纺设备（清花机、预梳机、梳棉机、粗纱机、并条机、精梳机）、后纺设备（细纱机、自动络筒机）、织布设备（纺纱机、捻线机、布机、商标织机、卷布机、验布机、织带机、片梭织机、喷水织机、喷气织机、整经机、浆纱机、卷纬机、镶边机、圆纬机、横机、牛仔布预缩机、片梭织机、有梭织机、圆织机、有梭织机）、编织设备（经编机、钩编机、编织机、手套机、袜机、地毯织机、提花织机、毛巾织机）、其他设备（洗毛机、制绳机、槽筒机、针梳机、混条机、成条机、喂毛机、络筒机、麻纺机械、落纬机、提花机、小样织机、筒子架、剑杆织机、浆纱机、整经机、卷布机、验布机、织带机、长丝倍捻机、长丝前加工设备）。

4）主要生产性负荷

络丝机、涤纶短纤后处理设备、黏胶短纤维后处理生产、喷丝板、纺丝泵、卷绕机、牵伸机、卷绕头、卷曲机、纺丝机、变形机、短纤生产线、长丝后加工设备、长丝纺丝设备、聚合设备等。

5）安全保障负荷

消防系统（自动灭火喷淋系统、鼓风机等）。

2. 行业用户参与有序用电能力分析

（1）该行业一般为 24 h 连续生产，用电负荷较为平均，负荷曲线相对较平稳，负荷率高达 95%。

（2）该行业属于劳动密集型行业，无重要负荷，一般有多条生产线，参与紧急避峰能力中等，更适用于以轮休方式参与错峰。

8.4.2　典型案例

某纺织有限公司主要用电设备：204 台细纱机 22 kW/台，26 台细纱机 50 kW/台，48 台络筒机 25 kW/台，7 套清梳联 210 kW/台，17 套空调制冷机 80 kW/套。报装容量：24 760 kV・A，正常用电负荷 9 130 kW。共有 7 条生产线，生产车间分为前纺车间和后纺车间，主要生产工艺流程包括整经工序、浆纱共组、穿经工序、织造工序、后整理工序。主要用电设备为细纱机、络筒机、清梳联、空调制冷等设备。正常用电负荷 8 000 kW。

通知次日 11:30—21:00 时间段内，执行错避峰用电 4 000 kW。最大用电负荷不超过 4 000 kW（基础日最大负荷 8 500 kW）。

11:00 前，用户停用 2/3 生产线，制冷机停用一半，保留高档精梳纱生产线运转；10:00—20:00 总用电负荷基本保持在 2 500 kW 以内；21:00 接到解除当日有序用电通知，负荷恢复至 8 000 kW，有序用电执行效果较好。执行日负荷曲线对比见图 8–10。

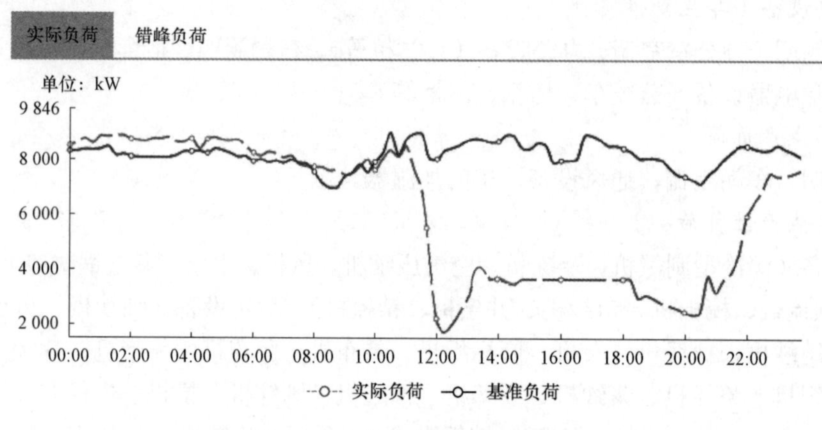

图 8–10　执行日负荷曲线对比

8.5　医药行业用户有序用电技术指导和典型案例

8.5.1　行业用户用电特性分析

医药制造行业按国民生产行业可细分为化学药品制造（包括化学药品原药制造及化学药品制剂制造等）、中药制造（包括中药饮品制造及中成药制造等）、生物（生化）制品制造、卫生材料及医药用品制造。医药制造行业是我国国民经济的重要组成部分，对于保护和增进人民健康，提高生活质量，为救灾防疫、军需战备及促进经济发展和社会进步均具有十分重要的作用。医药制造行业一般都采用高压供电，设置专用变（配）电所。该行业客户基本为全天候 24 h 连续生产，用电负荷比较平均，生产用负荷占总负荷的 90%左右，办公用电（含生活照明）等负荷占总负荷的 10%左右。

1. 医药制造行业用户设备分类

1）主要设备（非生产性负荷）

办公室照明、办公室空调、办公设备（计算机等）、宿舍照明、宿舍空调、食堂照明、食堂空调、食堂电器设备（蒸饭车、烤箱、冰柜等）、景观照明。

2）辅助生产负荷

灌装及充填机械、喷码机、标贴系统、印字机、铝塑泡罩包装机、真空充气包装机、缝合机、复合软包装机、液体包装机、封口（封盖）设备、分装机、包装联动机。

3）主要生产性负荷

粉碎设备（切药机、颚式破碎机、万能粉碎机、球式粉碎机、球磨机、振动磨、气流粉碎机、胶体磨）；筛分设备（双曲柄摇动筛、旋转筛、电磁振动筛）；混合设备（固定型混合机、回转型混合机）；液体传送设备（离心泵、往返泵、旋转泵）；气体输送设备（离心式通风机、鼓风机、压缩机、真空泵）；沉降设备（降尘室、离心机）；过滤设备（压滤机、过滤机）；气体净化设备（除尘器、过滤器）；传热设备（换热器）；蒸发设备（蒸发器）；结晶设备（结晶器）；蒸馏设备（精馏塔）；萃取设备（萃取器、提取器、CO_2高压泵、萃取釜）；干燥设备（厢式干燥器、气流干燥器、流化床干燥器、喷雾干燥器、冷冻干燥器、红外干燥器、微波干燥器、洞道式干燥器、带式干燥器等）；离子交换设备（离子交换器）；丸剂生产设备（丸条机、制丸机）；片剂生产设备（颗粒机、造粒机、压片机、包衣机）；胶囊剂生产设备（胶囊填充机）；注射剂生产设备（蒸馏水机、洗涤机、甩水机、灌封机、高温灭菌箱、澄明度检查设备）；口服液生产设备（灌装设备、轧盖机）；棉签生产设备（棉签机、挤出机、牵引机、消毒设备等）；医用纱布生产设备（折叠机、漂白设备、消毒设备等）；灭菌柜、配料机、冷库、真空泵、冷却水泵。

4）重要安全保障负荷

实验室重要设备（反应釜、细菌培养皿等）、灭菌柜、冷库。

2. 行业用户参与有序用电能力分析

（1）医药制造行业基本为24 h连续生产，负荷曲线比较平稳，部分规模较小的用户生产时间为 8:00—17:00。

（2）因该行业的特殊性及生产工艺要求，一般在电网供用电形势进入严重等级后，该行业参与有序用电。

（3）该行业应急响应能力弱。紧急有序用电情况下，适合参与限电的设备主要为办公、照明、空调等非生产性负荷，以及灌装、封口、包装等辅助生产负荷。

（4）该行业更适用于以轮休方式参与有序用电，但要保证其实验室（反应釜、细菌培养皿等）、灭菌柜、冷库等重要设备负荷。

8.5.2 典型案例

某制药公司主要用电设备：3 台制氢系统电加热油炉 640 kW/台，11 台环保系统高压空气压缩机 132 kW/台，2 台制冷系统电制冷机组 1 435 kW/台，12 台蒸汽压缩机 400 kW/台，5 台导热油炉及螺杆空压机。正常用电负荷 1.5 万 kW。

通知次日 9:00—21:00 时间段内，错避峰用电 2 600 kW，最大用电负荷不超过 7 000 kW（基准日最大负荷 9 700 kW）。

该用户 8:30 前停用 2 台 1 435 kW 制冷系统电制冷机组、3 台 132 kW 环保系统高压空气压缩机，动力系统保持低位运行；9:00 前使用电负荷逐步下降至 6 500 kW，执行效果明显。

执行日负荷曲线对比见图 8-11。

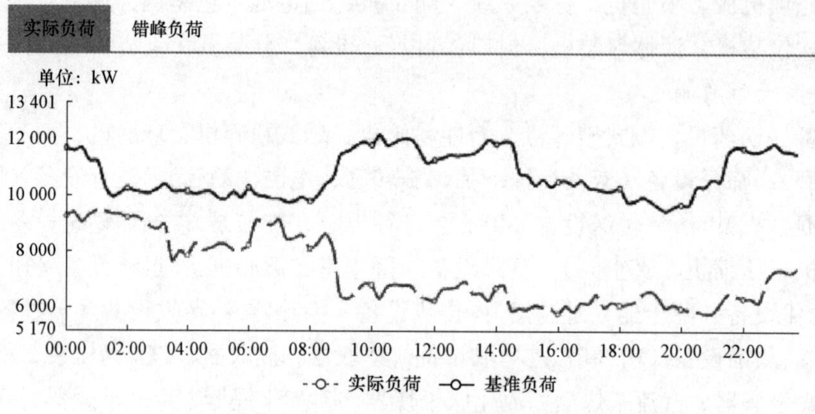

图 8-11　执行日负荷曲线对比

第9章

市场环境下需求响应的运行模式设计

9.1 ITP 市场中引入需求响应的运作模式设计

如果需求响应机制设计得合理，并且能够有效地引入到ITP的调度/定价的过程中，那么电力市场就能够平稳、有效地运行。本章首先分析了在引入需求响应之后的这种ITP电力市场中的各个成员以及管理机构的职责，然后阐述了 ITP 市场的需求响应机制设计的具体问题，最后对于一系列的市场运行问题及其对策进行了论述。

美国联邦政府设计的标准化ITP市场的运行结果以及包括中国在内的许多国家的电力市场的实践也进一步证实，市场中的某些服务必须通过ITP来实现，而另一些服务则不应该由ITP来提供。在设计和实施需求响应机制和配套政策的时候，应该保证在ITP市场上有一个合理的职责分工。

9.1.1 ITP 的主要职责

电力市场成功运行的关键之一是要有一个集中统一的调度/定价运行机构，就是这里所说的 ITP。它的主要职责是保证电力系统安全稳定，提高运行的经济效益，采用的技术手段是基于市场的实时调度/定价模型。ITP在美国的标准化电力市场设计中已经负责日前市场（也可能在小时提前市场上）的运行，并且ITP也可以通过市场的手段来保证系统有足够的备用容量和辅助服务。

由于ITP的主要职责是对调度/定价组合机制进行运行与管理，因此就要求ITP提供合适的程序、规则及信息以使得能够将需求响应合理有效地引入到调度/定价的全过程的各个阶段中去。ITP 也能够提供市场成员所需要的各种服务，例如市场预测、技术咨询等，但是这些服务不能干扰ITP的主要职责，不能干扰各个市场成员之间正常的市场交易业务。

设计一个平稳高效的电力市场，确定ITP必须、应该以及可以做的事情固然重要，但是确定ITP不应该、不可以以及绝对不允许做的事情也同样重要。

各个市场成员应该如何运行与管理以使得对市场价格有响应以及其是否应该对自己的风险进行管理和如何管理，ITP不可以加以干预。ITP不应该成为合同的一方，而市场风险应该由签订合同的各方通过合同相关条款自己进行管理。需要说明的是，在美国标准电力市场设计中，ITP 必须是输电网阻塞收入权合同的一方，也称之为金融/固定输电权机制，或者输电阻塞合同（transmission congestion contract，TCC）等，而且 ITP 可以购买辅助服务，将其作为所承担的系统运行工作的一部分，并且可以以合同的形式进行辅助服务交易。ITP 也不应该干预政府的电力监管职责。尽管 ITP 应该控制电价，但是也不应该由于实施过度压价和减少价格波动的措施而造成市场扭曲。过度压价会使得市场的真实成本信号不能够充分地反映出来，市场就会出现较为严重的价格扭曲。

还有一个更要注意的问题是，ITP 不应该介入到具体的商业性业务中去，例如为各个市场成员确定其责、权、利，而这种责、权、利在不同的电价机制下和不同的商业合同中是不同的。如果 ITP 介入到这些商业性业务中，将会影响其履行主要职责，会产生一些冲突和不确定性，并且会给市场成员之间的商业关系（利益关系）产生负面的影响，也不可避免地造成大量成本社会化。因为基于国际经验可知，ITP 处理各个市场成员之间争议的一个最简单的办法就是，通过出卖消费者的利益而“摆平”市场成员，化解与他们的矛盾。这一现象在中国也很明显。

9.1.2 用电服务机构的主要职责及其激励措施

用电服务机构的主要任务是，以市场价格再加上一个合理的经济补贴（即通过引入竞争机制所产生的一个补贴，这个补贴能够反映他们提供服务的成本）向终端用户售电，同时通过投标确定价格和供电服务选择方案，以鼓励用户调整自己的用电需求，使得用电需求对现货价格有响应。当然这些职责也可由电能服务机构来完成。虽然用电服务机构和电能服务机构都可以设计和提供市场服务，可以使得需求响应对于用户更加经济有效，但是用电服务机构应该作为联系用户和批发市场之间的主要环节。

用电服务机构可以，也应该通过多种方式来鼓励需求响应的实施，举例如下。

（1）用电服务机构可以通过投标机制确定售价和合同电量，在合同中给出在这个固定的价格下出售的电能数量，然后再以批发价格购买和出售所增加的电能。所出售的电能数量尽可能通过用户的电表来计量。这样做的好处是使得用户可以防范因大部分的现货价格波动所产生的风险，同时也激励用户对市场价格产生响应。

（2）必须以一个固定价格售电的用电服务机构，可以通过投标方式，利用现货价格与固定价格之间的差值产生的效益，与用户共同分享，这个价差是由于需求降低而产生的（而需求到底降低了多少不好确定，也不好计量）。用电服务机构也可以通过与“完全要求”合同的供应商的谈判来形成效益分享合同，如果当现货价格上涨而使得需求降低，“完全要求”合同的供应商将获益。

（3）如果用户希望电价是固定的，用电服务机构可以保证其电力供应，因为当现货价格很高且调整用电负荷是经济有效的时候，用电服务机构可以提出一个较低的固定价格以赢得为用户安装负荷管理系统的机会。

（4）如果电能服务机构不隶属于用电服务机构，那么这个电能服务机构为了要比用电服务机构更经济有效，电能服务机构可以与用电能服务机构签订相应的合同，或者鼓励用户这样做。

对于中国而言，尽管上述这四项建议还不具备实施条件，但是肯定也是售电侧改革的方向。如不按照这个方向改革，而只是试图通过大用户直接购电这个单一的方式来引入需求响应，是很困难的，不会有明显的效果。由于这个问题不是本书的主要研究内容，在此不再展开。

需要说明的是，上述这些事情没有一件应该是 ITP 做的。ITP 除了在现货市场上出售电能，其他市场的电能出售都不应该是 ITP 的事情，因此 ITP 绝不可能有任何商业理由或其他理由为用户没有消费电能而付费（当然现货价格被限制的情况除外）。

ITP 是一个具有自然垄断属性的机构，因此它只能够承担集中调度和管理现货市场的运营这两项任务。但这两项任务对于电力市场的安全高效运行是至关重要的。对于成千上万的用户而言，如何使得需求响应机制在市场中更加经济有效是用电服务机构和电能服务机构的职责。为了使得需求响应机制能够更加有效，以及为了使得需求响应能够有效地引入到 ITP 的调度/定价模型中，可能需要对 ITP、用电服务机构和电能服务机构之间的关系做一些改变。

ITP 的系统必须能够接受并且使用更多的直接来自用电服务机构、电能服务机构以及用户的信息，同时也必须能够为用电服务机构、电能服务机构以及用户直接提供更多的实时市场中的信息。应该让 ITP 直接与电能服务机构相联系，因为电能服务机构是直接与终端用户相联系的，而这些终端用户又是从独立的用电服务机构那里购电。但是在改变 ITP 市场规则和运行模式的时候，要注意不能影响 ITP 履行其主要职责，不能够改变如上所述的 ITP 与各个市场成员之间的基本的责任分工架构。

9.1.3　管制机构的主要职责

在改善需求响应方面遇到的许多障碍，都是由对零售电价管制和用电服务机构管制的低效率所导致的。在美国，这种低效管制的一个最典型的例子就是：广泛采用零售电价管制机制。在这个机制下，用户可以以一个固定的价格想买多少电就买多少电，而这个固定价格与当前的市场价格一点关系都没有。中国目前的电力市场建设也开始遇到这种问题，即厂网分开后，开始试点发电侧电力市场，也就是发电竞价上网，但是销售电价仍实行政府定价。

美国电力市场中之所以以固定电价进行电能交易，这样做主要是因为大多数的小型用户没有安装分时计量的电表，因此不能够计量不同时段的用电量，因此用户无法实现基于不同小时的现货价格的增加或减少来改变其用电量。也就是说，在美国需求响应受到限制主要是因为技术手段达不到要求的问题。而对于中国，除了技术原因问题之外，更主要的是政治原因问题和社会原因问题。这里不去讨论这些技术、社会和政治原因问题，而集中讨论市场运行机制和市场管制机制（政策）的设计方面所产生的负面效应问题，我们认为，这也是一个非常关键的问题。

目前的情况是，管制机构所设计的市场机制就不可能让小用户，有时也包括中型用户甚至大用户，直接基于现货价格做自己的购电（用电）决策，甚至对于临时增加的用电需求（就像我国过去的计划外用电）也不能够基于市场（现货）价格来购买。在包括美国、中国在内的许多国家中，目前还是基本采用固定零售电价这种机制，因此终端用户无法看到电力批发市场当前的价格信号，因此用户就不可能形成需求响应。为了改善这种状况，首先应该做的是，通过对市场机制和相关政策的设计去激励用电服务机构，使得当批发市场的电价高于零售电价的时候，用电服务机构愿意鼓励用户形成需求响应。但是目前采用的一些管制方式不能激励用电服务机构去鼓励终端用户产生需求响应。

例如，如果允许用电服务机构以一个固定的价格（例如美国的“税收价格”）对用户收取本月的电费，而这个电费是基于上个月的现货价格，并保证上个月用电成本能够完全得到补偿这个原则来确定的，那么用电服务机构也就没有动机去鼓励那些执行“固定价格”的终端用户形成需求响应了。

研究表明，在这种情况下，要想激励用电服务机构形成需求响应，有一个办法，那就是允许用电服务机构本月回收上个月的用电成本（当然最好能够本月回收本月的用电成本），同时允许其回收一个需求响应成本，这个需求响应成本是通过基于上个月（或者本月）现货市场价格来评估其需求响应价值而确定的。

但是，如何改进市场设计以及如何制定需求响应的激励机制等都不是 ITP 所能做的，而应该是电力管制机构的职责。如果这些任务由 ITP 去实现，也就是如果 ITP 试图在批发市场上应用一个特定的系统调度程序来解决零售电价机制的低效率问题，就会使得 ITP 本身与 ITP 市场产生许多冲突。

9.2 经济有效的 ITP 市场中需求响应计划模式的研究

9.2.1 ITP 市场中需求响应的引入

在 ITP 的日前市场或者其他提前市场上，ITP 应该允许并鼓励用户投标购买其需求负荷，就如同发电商竞价卖电一样，并且 ITP 应该同时基于用户和发电商的投标来确定日前市场的均衡点（确定均衡价格和均衡的供求数量）。如上所述，ITP 将需求响应引入日前市场或者其他提前市场应该采用的一种最合理、直观、有效的方式，就是将需求响应作为对价格有响应的需求（当价格上涨的时候，需求会明显降低），而不作为一种与实际供应资源等价的“资源”，因此也就不存在对于需求响应资源的付费问题。

基于经济学原理和其他国家的相关经验，没有充分的理由表明要由 ITP 运行日前市场（需要指出，新西兰、澳大利亚、阿根廷以及其他一些国家的电力市场中都没有一个由 ISO 来运行的日前市场，存在 ITP 市场的主要原因是，它可以给系统运行机构更多的日前市场信息以及系统控制信息），也没有充分的理由表明在一个 ITP 的日前市场上净购电量应该反映预测的实时用电需求。市场成员可以通过签订长期合同来控制市场风险，这种长期合同对于实时的发电量和结算方法有专门的规定，并且如果有了这种长期合同机制，那么任何一种日前电力交易就只是一种对长期合同交易的补充。

但是在美国标准电力市场框架下，要求 ITP 运行日前市场。ITP 要确定出它的输电网阻塞收入权，以便基于日前市场价格实现市场结清，并且可以基于实时购电量与日前购电计划之间的差值来分摊一些辅助服务的成本。这样设计的市场对于促进日前市场的净售电量和购电量反映实时运行情况有着很强的激励。这种情况基本符合中国电力市场建设所既定的模式，因此在笔者的研究分析中，就假设所设计的市场机制是这种情况。大部分电能通过长期合同进行交易，但是这些电能需要通过日前市场实现交易，也就是说，长期合同确定的电能的交易需要基于日前市场价格来“敲定”，然后基于所预测的实时需要的电能数量在日前市场上进行电能的买卖。

例如，如果用电服务机构与发电商签订了一个 100 MW·h 电能的长期合约，进入日前市场阶段后，发电商对于这 100 MW・h 电能将以日前市场的价格支付给用电服务机构，并且当进入实时调度阶段，用电服务机构将以同样的价格在日前市场中购买这 100 MW・h 电能。这个过程的最终结果就是，发电商以长期合同价格在发电机组实时调度阶段出售了这 100 MW・h 的电能。

如果 ITP 在日前市场中没有购电，那么它就不应该付费，这是显而易见的。如果批发市场的价格是经济有效的，对零售电价的管制方式是合理的，对于用电服务机构的管制也是合理的，那么将会使得所有的市场成员得到正确的激励以形成需求响应，并且能够在日前市场的投标中反映出他们所希望的需求响应。

如果实际的需求投标并不能够反映理论上所预测的需求对价格的响应程度，那么就说明在目前的理论研究中，对于形成短期的需求响应存在的困难以及所需的成本估计不足，或者说明管制失效。在这种情况下，不应该由 ITP 通过采用经济补贴的方式去克服这些困难，也不应该以就事论事的办法来试图解决这些问题，因为这样做不可能成功。这样做不可能使得需求响应得到改善以提高经济效率，只能促使更多的经济低效的需求响应的形成，进而将会提高成本，使得电价上涨。

如果电能服务机构在将要实施需求响应之前需要在日前市场阶段有一个保证的价格，那么它就可以在日前市场上以日前市场价格来出售它所估计的需求侧响应。例如，如果需求响应的成本是 2 400 元/（MW・h），那么电能服务机构可以在日前市场中以高于这个价格的任何价格投标出售 1 MW・h 电能。然后，不论何时，只要当日前市场价格高于 2 400 元/（MW・h）的时候，电能服务机构就将在日前市场中锁定这个价格，并且基于它的日前合同来实施它的需求响应，而收费是以实时价格来进行的。在这种情况下，由于电能服务机构实时地降低了用电需求，因此电能服务机构应该得到经济补偿。

日前市场的市场清算价就是需求数量正好等于供应数量的那一点上的价格。在最简化的情况下，这个市场清算价的确定过程可以由供需平衡曲线的交点确定。而在不简化的实际情况下，日前市场要考虑一些约束条件，这些约束条件的存在，就使得市场清算过程复杂了。一个日前的区域边际价格市场也将包括同样复杂的系统安全约束条件，这些安全约束在实时调度中必须考虑，因此可能存在成千上万个不同的区域边际价格，需要应用 CRR/FTR/TCC 机制来解决区域之间的差异。

ITP 对签订的合同进行登记，以用于实时的调度和结算。ITP 从日前市场中标的买主那里确定市场清算价格，并且向日前市场中标的卖主以这个价格付费。这个市场交易过程是经济有效、稳定的。在这个过程中，ITP 只需要运行市场，不需要做其他任何事情。

9.2.2　实施调度与定价过程中引入需求侧投标机制

用户想要将购电价格"锁定"在日前市场的价格上，而不与实时价格发生关系，这是应该被允许的。但是某些用户的电能需求确实能够对于实时市场价格或者 ITP 的实时调度信号产生响应，就如同发供电商的发电出力对上网价格和调度计划有反应一样，因此系统应该设法利用这些需求响应。辅助服务通常是在日前市场上购买、付费和调度的，因此基于需求响应的辅助服务也必须出售并且进行调度组合。事实上，对于抑制市场价格的上涨以及提高供电可靠性而言，在实时市场上引入需求投标机制比在日前市场上引入需求投标机制的作用要大。

ITP 应该制定相应的市场规则，设计市场的运作过程（程序）以及建立相应的通信系统，以提高短期需求响应的经济有效性，并且将其完全整合到 ITP 的实时调度/定价过程中去。这个实时调度/定价过程应该接受需求投标。需求投标可以说明在不同的实时价格下用电服务机构的终端用户的用电需求如何变化，就如同接受发电投标的情况一样，因为每个发电商的投标可以显示出在不同的实时价格下发电出力将如何变化。这些供应投标和需求投标从形式上看，可能会偏离基准的（或者预测的）供应水平或需求水平，但是最终的结果是，发电商基于他们实际所发的全部电能数量来收费，用户基于他们实际所消费的全部电能数量来付费，这个费用收支就表现为一个净的日前合同的经费收支。

如上所述，ITP 应用传统的最小成本供电模式来满足一个有效的需求就可以实现经济调度，并确定一个经济合理的价格。而这个有效的需求是指在最小成本调度模式下形成的价格所对应的那个需求。在一些情况下，ITP 可以基于已有的调度软件系统，将需求投标视为一种“负发电容量”投标，因此就可以和发电容量投标一致起来，这样就可以应用（或者少量修改后应用）已有的调度软件系统。如果将同样的需求投标加到预测的或者计量的实际需求当中去，并且如果所有的实际用电量都按市场价格进行支付，那么就可以这样做。

如果 ITP 在实时市场上购买的电能数量没有超过由日前市场合同结算机制自动确定的那个数量的话，那么它就不应该向任何人付费（价格受到价格限额影响的情况除外，下文将专门阐述这个问题）。如果用户的实际用电量（实时消费的电能数量）低于其在日前市场上购买的电能数量，那么系统就自动地实现这个用户以实时价格回售这个电能差值。如果用户没有在日前市场上购买电能，在系统实时运行期间基于高的实时价格的激励而降低其用电需求，那么这个用户在高的实时价格下没有消费那部分电能就是用户的节省。在这些情况下，用户都应该得到相应的经济回报，如果不是电力市场，而是一般的可以充分有效竞争的市场，这个效益归谁就很清楚。

如果用户实际降低的需求与其在需求投标中的承诺不符，那么 ITP 对用户的惩罚应该与发电商的实际发电出力和发电投标的承诺不符所采用的惩罚保持一致。不论是对于供应者还是需求者，如果对于 ITP 的调度指令没有作出响应但也没有引起系统运行事故的话，就不需要进行惩罚，但是没有作出响应的电量要基于实时价格进行结算。发电商没有按照调度指令发电，就要失去以实时价格出售电量的机会；用户没有按照调度指令降低需求，就要按照实时价格付费。可以要求大用户和大发电商事先告知 ITP 是否能够按照投标来运行，如果由于用户或者发电商没能够按照调度指令要求来运行而造成系统事故，或者由此产生的成本不能够在实时价格中反映出来，那么他们要受到惩罚。但是，从根本上说，不论是用户还是发电商，让他们对实时价格进行响应，并且让他们积极参与到 ITP 的调度/定价过程中来，只是因为这样做能够实现供需双方互动，提高市场经济效率。

9.2.3 ITP 不应干预零售价格及市场成员的经济合同

在国外一些已经运行或正在试运行的 ITP 市场需求响应项目中，ITP 是绕过用电服务机构直接对终端用户进行激励的，或者直接对电能服务机构进行激励的（而电能服务机构直接服务于终端用户）。从经济学理论上说，这样的需求响应规划是站得住脚的。

由于在许多国家，管制机构和商业实体几乎没有给用电服务机构和它们的“完全要求”合同供应商任何激励，让他们帮助用户或者电能服务机构实施经济高效的需求响应规划，因此 ITP 应该直接激励电能服务机构或者终端用户实施需求响应规划。ITP 应该参与零售电价机制和其他供电合同机制的设计，要确定出电力零售市场中各参与者的责、权、利以及责、权、利的授受方，在此基础上确定电力批发市场的激励机制及付费模式。

考虑得更理想化一些，假设 ITP 能够掌握所有的信息，并能够控制所有市场机制的实行。目前国际上的一些研究工作就是基于这种理想的情况进行的，例如在一些试点的需求响应项目中，ITP 将为每个用户确定一个基本消费水平，对每个用户支付批发电价与增量的零售电价的差值，然后从用电服务机构或者“完全要求”合同机构供应商那里回收成本，这些用电服务机构或者“完全要求”合同机构负责以固定的零售价格或者“完全要求”合同价格向终端用户供电。

从理论上说，如果 ITP 能够把这些事情都做好，那么市场各方都会有一个正确的激励去形成和实施经济高效的需求响应项目。然而实际上 ITP 不可能掌握所有的信息，也不可能控制所有的市场行为。因此，如果这样来设计市场，它的实际运作结果就不一定是经济有效和公平的。

在实际中，ITP 要面对成百上千的基于固定费率机制和其他供电合同机制所形成的合同，当然无法完全知道合同中各方的权利和义务都是什么，也不可能非常清楚用电服务机构、电能服务机构以及终端用户自身都正在做什么以改善需求响应，因此 ITP 在确定基本消费水平和回购价格的时候随意性很强，会出现自相矛盾和市场扭曲等问题。

相比之下，由用电服务机构和“完全要求”合同的供应商自己来做这些事情效果会更好一些。在实际中，电能服务机构和终端用户会尽量争取较高的基本消费水平及完全基于现货价格对需求响应收费，而用电服务机构和“完全要求”合同供应商则会抵制对分配给他们的终端用户的基本消费水平付费。

在实际中，参与需求响应的各方都希望利用需求响应资源与其相应的经济补贴之间的不明朗性为自己谋取好处，因此，ITP 及其管制机构通常是采用阻力最小的办法来应对此种情况，也就是设定一个高的基本消费水平，并且完全按照现货价格对需求响应付费，甚至对于那些目前以现货价格对其增加的用电需求付费的用户（这些用户本来得不到所增加的需求响应收入）也是这样做的，同时将所有的成本放入一个“上调”价格当中，这个上调价格最终要由用户付费。

例如，美国 PJM 电力市场中的最优削减负荷计划在开始设计的时候是基于一个正确的理论依据，即对需求响应的付费必须限制在批发市场形成的区域边际价格与零售市场价格之间的差值之内。而更复杂的情况是，其中一些固定成本要基于元/（MW·h）的付费计算方式来回收。但是从区域边际价格中减去零售价格的建议没有被采纳，并且由于完全基于区域边际价格付费面临着政治方面的压力，因此这个建议有可能最终被放弃。

从理论上说，可以发现和纠正这种固定的零售电价机制、用电服务机构的运行规则或者商业合同机制（这种合同可以通过成熟设计和集成的 ITP 规划而形成固定的范本）存在的一些特有的缺陷。但是美国等国家实际的运行经验表明，这样做往往使得 ITP 偏离其主要的职责，也就是其对批发市场的运行管理职责，降低了商业性活动的经济效率和可预测性，将成本转嫁给了社会，并且严重扭曲了整个市场的正常运行。

在美国等发达的市场经济国家，如果 ITP 介入了电力零售管制事务或者电力零售商业事务，那么它将会遇到来自市场参与者很强烈的抵制。如果非要 ITP 介入的话，也只能是非常有限地介入。而在中国，目前也在研究配售是否要分开，以及如何分开的问题。

9.2.4 价格限额条件下需求响应的供电资源

基于目前国际上的许多经济学家的观点可知，价格限额机制解决不了什么根本的问题，反而会导致一些明显的负面影响。但是也有一些经济学家认为，价格限额机制还是需要的，尽管它不应该是一个首选方案，但是管制机构在一些特定的情况下还是需要应用这个调控手段的。

当价格限额在 ITP 现货市场上起作用的时候，在这个受限的价格下的用电需求可能会超过相应的可供电数量。为了消除这个供求缺口，ITP 目前有两个基本的解决办法：

（1）采用一个人为的、非经济的手段削减一部分用电需求，并且试图强迫发电商增加发电出力。这种强迫发电商增加发电出力的做法从逻辑上说就等同于采用行政手段削减用电需求，但是在实际中前者操作起来更加困难一些，尤其在市场实时运行阶段。ITP 通常能够比较容易地“拉闸限电”，而对于如何强迫发电商实时地增加发电出力还没有一个容易操作的办法。

（2）实施“场外（out of market，OOM）”付费机制，以诱导发电商增加发电出力或者用户降低用电需求。这种办法基于市场机制，因此值得推广，但是在实际中不一定能够得到正确使用。即使这个办法得到了正确使用，也不能够从根本上解决实施价格限额所产生的主要问题。

如果在 ITP 市场上，在受限的价格 P_{CAP} 下，用电需求超过了电力供应，那么提交给市场的供应投标和需求投标应该显示在不同的投标价格下（直至价格 P_{CAP}）的供应量和需求量各是多少，并且也应该给出，相对于 P_{CAP} 价格水平，供应将要增加多少，需求将要减少多少，这就表明了供应侧和需求侧对于各种水平的 OOM 价格（P_{OOM}）的响应情况。当价格限额起作用的时候，ITP 就调度市场上所有的供应投标和基于价格 P_{CAP} 的所有需求投标，然后基于 OOM 投标成本最低的原则来选择一个 OOM 的供应侧和 OOM 的需求响应的最优组合方案，以此消除供求的缺口。所有的实际用户都基于“市场”价格 P_{CAP} 付费，所有的实际供电商都基于这个 P_{CAP} 收费，所有中标的 OOM 供电和需求侧响应都基于 OOM 价格 P_{OOM} 收费，而这个价格 P_{OOM} 就是 OOM 市场的出清价格。

例如，假设 P_{CAP} 是 9 600 元/（MW・h），在这个价格下市场供电数量是 1 200 MW・h，而市场需求是 1 400 MW・h，因此供求缺口是 200 MW・h。再假设在 OOM 价格［其最高价格为 2 880 元/（MW・h)］下的 OOM 供应投标是 150 MW・h，而 OOM 的需求响应投标是 50 MW・h。

在这种情况下，ITP 将要接受 1 200 MW・h 的市场供电投标和 150 MW・h 的 OOM 供电投标，以满足 1 400 MW・h 的市场用电需求扣除 50 MW・h 的 OOM 的需求响应投标之后的实际市场需求，也就是 1 350 MW・h 的需求。然后 ITP 将对于 1 350 MW・h 的实际总供电量进行付费，对于 1 350 MW・h 的实际总用电需求进行收费，而付费与收费的价格都是受限价格。同时，ITP 将对于 150 MW・h 的 OOM 供电以及 50 MW・h 的 OOM 需求响应进行付费，付费价格是 OOM 价格，P_{OOM}=2 880 元/（MW・h）。这个付费相对最高价格就是一个“上调”机制，通过这个机制来补偿 ITP 的 OOM 成本。

从理论上说，也就是在不考虑市场扭曲激励所产生的负面影响的情况下，上述这个 OOM 机制及付费（收费）机制和相应的过程步骤是经济有效的，但在实际中，对于所增供的发电出力是基于价格之和（$P_{CAP}+P_{OOM}$）来付费的，而对于所增加的需求响应则是仅仅基于价格 P_{OOM} 来付费的。其实，这个印象是一种错觉。对于发电商和用电服务机构/电能服务机构提供的 OOM 电能服务是以同样的价格（$P_{CAP}+P_{OOM}$）来付费的，这种付费是经济有效的，但是因为用电服务机构和电能服务机构实际上并没有发电，他们需要首先以价格 P_{CAP} 购买 OOM 电能，然后才能出售，因此其明显的净付费就是基于价格 P_{OOM}。

但是，基于美国的经验，将需求响应作为一种资源来对待所产生的混乱以及错误地认为用户可以通过对需求响应的交叉补贴而获利，这些都对 ITP 和管制机制产生了很大的政治压力，使得要求对需求响应完全按照市场价格付费，而不要求需求响应的供应者在出售需求响应之前首先购买它。这个压力产生的结果就使得 OOM 项目缺少理论依据，经济低效，形成对需求响应的交叉补贴。

即使一个 OOM 过程在理论上可以设计得科学合理（如上所述），但是在实际中依然会产生一个严重的激励扭曲。当市场价格有可能达到市场价格限额的时候，市场成员愿意低估发电可用出力，而高估在价格限额水平下的用电需求，以便能够将供电和需求响应移动到更高价位的 OOM 市场中来，这样做将会增加出现市场“危机”的概率和程度以及 OOM 付费数量。

OOM 付费机制是 ITP 处理价格限额问题的一个最好的方法，但是在实际中，可能由于对 OOM 市场模式和运行过程设计不合理，使得这个市场容易被操纵。目前越来越多的经济学家认为，可以找到比价格限额更好的方法，例如，如果市场力是一个主要问题，那么投标限额机制或者投标缓解机制要比价格限额机制好一些。

9.2.5　辅助服务市场中需求响应的供电资源

前面的分析主要是针对电能市场中的各种需求响应问题，而对于辅助服务（包括备用容量）市场或者 ICAP 市场中的需求响应问题，只是附带地对需求响应的作用作了一些说明。这是因为在电能市场中，关于需求响应最引起争议的问题是将需求响应作为一种“资源”这个问题，特别是存在着一种错误的认识，即认为在电能市场中要对没有购电的用户（降低了自己的用电需求的用户）付费。

当需求响应作为辅助服务的时候，它就是一种可靠的供电服务，这种服务为整个电网带来了效益，而不是起一个降低用电需求的作用（需求降低影响的是对电能的调度和定价），并且对这种提供可靠供电服务的付费与对没有购电的用户（降低自己用电需求的用户）的付费是不同的。而且，辅助服务是出售给 ITP 或者用电服务机构（如果是出售给用电服务机构，那么就是 ITP 要求用电服务机构购买这个辅助服务），而不是出售给市场成员（这些市场成员可以购买也可以不购买辅助服务），并且这些辅助服务的成本应该分摊给社会，因为这些辅助服务是为所有的用户带来利益。需求响应在辅助服务市场中与在电能市场中的这些差异就使得我们认识到，在辅助服务市场中，将需求响应作为一种“资源”来对待应该更合适一些。这种“资源”可以提供辅助服务和 ICAP，并且应该得到相应的经济补偿，就像对待供电侧资源（甚至输电资源）的情况一样。

只要 ITP 对提供辅助服务的发电商付费，那么它就应该对通过自行管理用电需求而提供了等价的辅助服务的用户付费。例如，对于承担发电旋转备用容量的发电商，应时刻准备着当系统内有发电设备或者输电设备发生事故而停运时，机组能够及时增加发电出力以平衡电网的供求和维护电网的稳定运行，因此要对于这样的发电商（对于具有提供这种旋转备用容量的能力）付费。如果当系统真的出了事故，并且发电商能够按照 ITP 的调度指令提供发电出力，那么还要对其再付费。

对于大用户而言，如果能够迅速降低自己的用电需求（在有些情况下，用户降低需求的速度要比发电商增加机组发电出力的速度，也就是机组的爬坡速度高），并且答应在调度需要其这么做的时候能够这么做，那么就应该向其付费，并且当其降低需求时，就不用对其没有消费的电能付费。在这里，是由于这种需求响应资源有能力时刻准备着迅速地平衡系统的供求而应该收费，而不是因为用户没有购买电能（也就是由于用户具有需求响应能力而降低自己的用电需求）而应该由 ITP 向用户付费。因此，对于辅助服务市场，将需求响应作为一种资源，也就是将需求响应作为一种辅助服务资源的做法是基本公平且经济有效的。

在具有 ICAP 要求的 ITP 市场上，将需求响应引入到市场中去的一种最合适有效的方法就是让用电服务机构应用需求响应机制去降低其高峰用电需求，这个高峰需求决定了用电服务机构对于 ICAP 的要求。但是为了以这种方式得到 ICAP 的信用，需求响应资源必须是可获得的，在需要的时候必须能够得到。总的来说，对于需求响应资源的要求要比对于 ICAP 发电资源的要求更多（在许多 ICAP 市场上，如果发电商的机组的性能在过去某个时间经过了检验，那么就可以出售 ICAP 服务，即使这个机组容量目前不可用了，也还是继续这么做了）。对于供电资源和需求响应资源，只要所提供的 ICAP 服务是一样的，那么收费也应该是一样的，但是提供的这种 ICAP 服务的数量需要通过重新定义和度量。

需求响应资源通过提供 ICAP 服务而收取相应的费用，但是市场不应该对需求侧没有消费的电能进行支付。这种情况和“对于提供了 ICAP 的发电商进行付费，然后对于发电商提供的电能基于市场价格付费”的情况是相似的。但是必须注意的是，用电服务机构不能够两次重复应用需求响应资源来提供 ICAP 服务，例如：一次是应用需求响应降低了自己的高峰用电需求（这个高峰需求决定了用电服务机构对 ICAP 的需求）；另一次是将需求响应作为一种 ICAP 资源来满足用电服务机构对 ICAP 的需求。

9.2.6　需求响应在 ITP 市场中的运行问题研究

1. 实时市场中的需求响应

通常人们都认为，在一个日前市场上，市场参与者的需求可以得到最好的响应。应该说，对于大多数用户而言，就如同对于大多数供电商一样，他们都想尽可能提前知道需求响应的实际价值有多大，这一点是不容置疑的。

但是，一个系统满足用电需求的实际成本，以及与此密切相关的降低（高峰）用电需求的实际价值到底有多大，要取决于在实时运行阶段的实际情况，而这个情况一般是不可能提前知道的。如果需求响应资源（或者供电资源）的价格事先确定了（也就是价格有保证了），可以在这个价格之下在实时市场上购买所需的任何类商品或服务，那么这个保证价格与实时价格肯定有差别，并且基于这个事先保证的价格所作出的决策通常是错误的，而且，价格暴涨或者供电短缺这类问题往往发生在市场实时运行状况与预计的状况（在日前市场阶段预计的状况）有较大偏差的时候。因此，尽管应该允许终端用户或者电能服务机构在日前市场上锁定价格，而到了后面的市场实时阶段不论再发生什么变化，也都应该保证实施既定计划。

但是在日前市场关闭之后确实存在一个需求响应的实际价值到底有多大的问题，即原来估计的实时价格在实时运行阶段发生的变化。因此用户或者电能服务机构可能提供需求响应服务，也可能不再提供需求响应服务，也就是说，需求响应对实时价格的实际变化应该有响应。

如果提供需求响应服务的决策必须在日前市场阶段作出的话，那么就应该基于日前价格实施需求响应项目，而这个日前价格应该是那个时段对实时价格的预测值（也就是随着实时阶段的不断临近而不断地得到修正的实时价格预测值）。

即使日前市场阶段的决策做得再好，随着实时阶段的临近，也会显现出与最优标准的偏差。因此从这个意义上说，如果在做决策的时候能够得到实时市场的信息和实际的实时价格，那么就应该基于这个实时价格来修正提供需求响应服务的决策。

例如，如果日前市场价格是 2 880 元/（MW・h），那么一个成本为 2 400 元/（MW・h）的需求响应应该可以在实时市场中实施，但是实际的实时价格是 1 920 元/（MW・h），因此实施这个需求响应多付出了 480 元/（MW・h）的成本。如果由于日前价格是 1 920 元/（MW・h），所以这个成本为 2 400 元/（MW・h）的需求响应不能实施，可是实际的实时价格是 2 880 元/（MW・h），那么由于没有实施这个需求响应，也就是消费了本来可以不消费的那部分电能而多付出了 480 元/（MW・h）的成本，这个 480 元/（MW・h）高于这部分电能的生产成本。

不论是终端用户，还是能够管理用户用电负荷的用电服务机构或者电能服务机构，都应该等到尽可能临近实时市场运行阶段的时候再进行需求侧响应决策，也就是尽可能要基于临近实时运行阶段的实时价格预测值来进行需求侧响应决策，而不用考虑原来的日前市场和长期合约市场的情况。这样做就能够将复杂的决策过程简化。对于需求响应在时间上如何安排这个决策，应该这样来考虑：先要确定如果需求响应的实施延误了会增加多少实施需求响应的成本，同时要尽可能得到更多的关于实施需求响应能够产生多少价值方面的信息。

通过获取更多的用于预测实时价格的有价值的信息，或者获取更多的能够降低由于进行需求响应决策需要等待更长时间而产生的成本和风险这方面的信息，终端用户和整个系统都能够提高需求响应的经济效率和需求响应的价值。相反，如果鼓励终端用户提前进行需求响应决策就可能使得需求响应降低了对于实时运行阶段出现问题的反应能力，也就是使得需求响应的经济价值降低。

例如，如果所设计的日前市场是鼓励用户基于日前价格进行需求响应决策，而不需要获取以后更多的信息再进行决策，那么很有可能在日前市场实施的需求响应过量，而在实时市场阶段实施的需求响应过少（也就是在很短期内再不能够有需求响应）。

美国等国家的实践已经初步证明，用户或者用电服务机构基于日前价格进行需求响应决策，会使得超短期需求响应减少。用户通常希望电价与供电合同（供电数量）都是可预测的，这样他们就可以不用去关注短期市场的行情。有一些用户的需求响应决策要在实时市场运行前的 4 h 做出，那么这样的用户可以在日前市场阶段进行自身的需求响应决策。也就是说，用户的需求响应决策对日前市场阶段是有响应的。用户在日前市场上购买所需要的商品或服务，而不考虑以后阶段的价格会如何变化，即使能够对于以后的价格变化有响应也不会这样做了。

需要指出的是，用户这样做不一定会降低经济效率。例如，一些用户如果要通过密切关注临近实时运行阶段的价格再来进行需求响应决策的话，可能就不要睡觉了，而熬夜也是代价。但是不管怎么说，这种基于日前价格进行需求响应决策的做法不能够增加超短期的需求响应，而超短期的需求响应对于提高系统运行的稳定性和市场运行的经济效率是最有价值的。

相反，由于存在日前市场，可以使得那些厌恶风险的用户提供较多的日前市场的需求响应服务。如果不存在这个日前市场，那么这些风险厌恶者甚至会基于长期合同价格来进行自身的需求响应决策。例如，对于一个工业用电负荷的管理机构，其削减 1 MW・h 的实时用电需求的成本为 2 400 元，且必须提前一天进行需求响应决策。在没有日前市场的情况下，由于可能对实时价格无法较为准确地进行预测，并且也没有办法将需求响应的决策限制在这个时间点上，所以这个负荷管理机构就只能签订一个长期电能合同，其合同价格不高于 2 400 元/（MW・h），并且无法利用其潜在的需求响应资源。

如果存在日前市场，那么这个负荷管理机构就可以在日前市场上通过投标来出售 1 MW・h 的电能，其价格只要高于 2 400 元/（MW・h）就行。如果这个投标在日前市场上出清了，就可以实施需求响应，并且记录下 2 400 元与长期合同价格的差值，这个差值就是实实在在的利润（当然需求响应要在系统实时运行阶段真正实施了才行）。这种情况就表明日前市场在日前阶段增加了需求响应。

对于那些能够在得到系统调度指令之后非常短的时间内（例如 1 h 内或者低于 1 h 内）经济有效地调整自己的用电需求的用户，就应该这样做。

具体地说，在市场中实施需求响应项目可有两种方法：一是积极地参与 ITP 的实时市场（也可以参与提前小时市场）；二是设法得到更多的、能够不断滚动的关于实时价格的预测信息，然后尽可能推迟消费者的用电决策。

从理论上说，这两个方法的唯一差别是，如果用户或者用电服务机构参与实时市场，那么用户和 ITP 都能够得到更准确的第一手的信息。在实际中，积极参与实时市场的用户可以得到一些权利和义务，而进行被动的市场预测和被动地对市场变化进行响应的用户就得不到这些。这些权利包括跟随 ITP 的调度指令而得到的经济补偿。但是，一旦实际的实时价格已知，这个补偿将是一项不获利的补偿。

2. 日前市场对需求响应预测的影响

在这里所假定的条件下，也就是在日前市场和实时市场上接受和应用的需求投标、在日前市场上存在滚动的长期合同以及市场参与者是风险厌恶者（这些参与者将日前市场价格作为对于实时市场价格期望值的一个无偏差估计）等条件下，日前市场上总购电量的净值应该反映所预计的实时用电量，这里要扣除需求响应影响的预测值。这个总购电量净值如何在各个市场成员之间分配，要取决于电价机制、合同情况以及需求响应项目的情况，而这些情况通常是比较复杂的。然而，简单地说，就是每个市场成员应该从日前市场上购买电能，这个电能数量应该是估计能够以任何一个价格（这个价格与实时价格无关）再转手出售或者自行使用的电能数量。

下文将对参与日前市场的市场成员的主要类型，以及他们应该或者市场要求他们做什么等问题进行分析阐述。

1）用电服务机构

用电服务机构应该在日前市场上购买电能，其数量应该基于其所估计的在实时阶段以固定的零售价格或者合同价格（不是以实际的实时价格）能够出售给终端用户的电能的数量，这里要考虑需求响应对用户用电需求的影响。例如，如果用电服务机构以日前市场的价格向一些终端用户出售电能，那么用电服务机构应该首先基于给定的日前价格来估计出这些用户的用电需求数量。在估计这些用户的用电需求数量的时候，就要考虑用电服务机构或者电能服务机构可以实施的任何需求响应措施对需求的影响，而这些需求响应措施是在原来所估计的实时价格提高了并超过了实施需求响应时候的日前价格的情况下才实施的。然后按照这个估计的需求数量在日前市场上购买电能。

在中国，目前要求全社会节能减排，因此要求厂网分开之后的电网企业，主要是各个地区供电公司（这些都是公共事业性的公司，类似于美国的用电服务机构或者电能服务机构）不仅要为社会提供电能服务，而且要为社会提供节能服务，例如实施需求侧管理。同时对于县级供电企业，也就是农电企业，其主要职责是提供电力普遍服务，承担大量的社会责任。如何基于上述国际经验，并结合中国的这些实际情况，来研究确定中国的“ITP”以及“用电服务机构”或者“电能服务机构”在电力市场中的职责及其运作机制，是一项重要的工作，而笔者的研究为此奠定了基础。用电服务机构或电能服务机构不应该基于实时价格来估计所要购买或者销售的电能数量。例如，不应该基于实时价格来估计终端用户会从用电服务机构或电能服务机构那里购买的电能数量，包括总的电能数量或者电能的增量。

2）专门服务于大用户的用电服务机构

在许多国家的电力市场中，专门服务于大用户的用电服务机构将在日前市场上滚动地实施长期购电合同，因此，应该基于对所服务的这些大用户的用电需求预测值在日前市场上购买相应数量的电能。对于大用户的用电需求进行预测的时候，应该考虑各种可用的需求响应资源的影响。根据这个可用的需求响应资源，现给出两类需求响应：一类是在日前阶段就知道可以实施的需求响应；另一类是当后来条件发生了变化之后可以决定实施的需求响应。例如，如果用户的基本用电需求是 10 MW・h，但是提前 1 h 预测出实时价格高于 250 元/（MW・h），那么用户决定实施 2 MW・h 的需求响应措施，并且对于给定的日前价格，上述情况发生的概率是 0.5，因此用户的用电需求（也就是用电服务机构应该从日前市场上购买的电能数量）应该是 9×（10−0.5×2）=81（MW・h）。如果在一个更高的日前价格水平上提前 1 h 预测出的实时价格超过 250 元/（MW・h）的概率进一步提高了，那么用户就应该在日前市场上投标购买较少的电能。

3）在实时价格下购买或出售电能增量的用户

如果用户通过合同价格购买了一个固定数量的电能，对于实时需求数量与这个固定数量之间的差值，用户则通过实时市场购买（如果实时需求低于合同数量，则出售），也就是基于实时价格购买这个差值部分，那么用户应该在日前市场上出售或者购买其在实时市场阶段预计要购买或者出售的那部分增量电能。这里也要考虑需求响应对需求的影响，因此也要对于能够实施的各种需求响应措施的价值进行估计。

4）提供需求响应服务并基于实时价格收费的那些电能服务机构

如果电能服务机构拥有一个合同，这个合同规定，电能服务机构通过采用需求响应措施而降低用电需求即可得到规定的经济报酬，并且这个报酬是基于实时价格来支付的，那么电能服务机构应该在日前市场上出售其所预计的需求响应数量。对这个需求响应数量的预测是基于在日前阶段所提交的所有的需求响应数量，并同时估计各种需求响应的价值。这些需求响应也可能发挥作用，也可能不发挥作用，这要取决于日前市场关闭之后所发生的情况。

5）发电商

发电商应该在日前市场上出售各个机组实时运行时所能发出的电能，在确定可以向日前市场出售的电能数量的时候，要考虑系统调度以及机组强迫停运率对其的影响。发电商拥有的长期合同必须在日前市场上进行滚动实施，也就是说，长期合同规定的总的发电出力要首先分解到月，再分解到日。因此这就要求发电商（各个发电机组）必须能够估计自己的各个机组实时地发出分解到各个日（各个小时）的电能的数量，而 ITP 是按照日前价格向发电商支付购电费的。

6）中间商与投机商

在美国等国家的电力市场中，常常是由中间商负责在日前市场上清算所有的合同。如果日前价格与实时价格之间形成一个差值，并且这个差值是可以预测的（这个假设与笔者在讨论主要问题的时候所作的假设相反），那么投机商（包括用电服务机构、中间商及其他的可进行市场投机的机构）就可以在日前市场上购买或出售他们已经选择的任何商品或服务，以赚取这个中间差价。

关于上述这些不同的市场成员在日前市场中的地位和作用以及他们应该如何运行的问题，笔者给出的最为重要的观点是：没有必要去“生造”一个需求响应“资源”的概念，也没有理由让 ITP 在日前市场上没有购买电能的情况下向其他市场成员付费。

需求响应的激励和补偿机制完全可以通过一般的经济学理论来研究设计。需求响应是一种对价格有响应能力的需求，也就是说，当价格提高的时候用电需求会自动地减少，在市场中引入了这样的需求响应机制，就能够应用市场机制来使得电能价格平稳，而不是通过非市场（非经济）机制来控制电能价格，这样就能够既提高电力市场的经济效率，同时又保持价格基本平稳。

3. 市场风险

当市场的现货价格上涨的时候，设法让用户降低其用电需求，并且这样降低需求是成本有效的，这是希望达到的目标。因此应该基于这个目标来改善高峰期的需求响应的性能，而不是简单地降低需求，或者说简单地强化高峰期的需求响应。研究认为，通过这种改善高峰期需求响应性能的做法，就能够比较容易和比较经济地满足用电需求，并且有可能降低电价的波动。改善高峰期需求响应所能够取得的效益就是如上所述的降低总的供电成本的效益。改善高峰期需求响应与简单地对实施需求响应进行经济补贴是不同的。采用经济补贴的方式来强化需求响应，往往会造成需求响应的程度超出了市场所决定的需求响应程度；而改善需求响应性能则是基于市场引导需求响应的原则，因此后者更有经济效率。

1）基于合同机制的改善需求响应对价格波动的管理

在 ITP 市场上，价格的水平以及价格的波动幅度最好是不高也不低。价格的水平和波动幅度应该能够反映相应的成本水平和成本的波动幅度。如果 ITP 市场中已经完全引入了需求响应机制，并且也采取了一些相应的措施以改善需求响应性能，那么价格的最高值以及价格的波动幅度就会降低，此时的价格信号就是经济有效的价格信号。在这种情况下，市场成员就应该通过合同机制以及其他的商业性机制来管理市场风险（控制价格波动），而 ITP 则不应该人为地将价格水平和价格波动幅度降到一个低水平上。因为这样做将会扭曲市场行为，提高总的社会成本，造成市场效率降低。

人们之所以对现货价格的波动非常担心，主要是因为人们对商品市场中现货价格作用的理解有误。对于大多数商品市场中的大部分的市场交易，也包括所有的电力市场中的交易（但是美国加州 1998—2001 年的电力市场除外），都是基于双边合同形式的交易（或者纵向整合形式的交易，这也是一种合同形式）。这些合同的时间段以及相应的价格（风险）是不同的，有长期合同与短期合同之分，有现货、期货、期权合约之分等。现货市场并不能够替代合同市场，但是通过现货市场机制来管理系统的短期效益，来为这种短期的效益确定价格，并且为合同提供自动的定价功能，为不平衡的合同提供交易平台，以及确定合同的参考价格等方面，是非常有效的。

如果担心现货价格具有大幅度波动性和不可预测性，而希望采用其他的办法来进行定价，那么所采取的办法不应该是人为地压制价格的自然波动（例如，人为地给出价格限额或者对强化需求响应和调峰发电进行经济补贴），而应该采用合同的机制来管理市场（价格）风险。

简单地强化需求响应并不能够有效地抑制价格的波动来提高市场运行效率，降低合同交易成本或者降低由于价格波动产生的市场风险。在长期内，不能够保证通过强化高峰期的需求响应就会产生价格波动的频率减少。在目前大多数的研究中，都是在做了许多的假设之后，才得到“强化高峰期需求响应可以降低价格波动”这样的结论，因此这个“结论”的真实性值得怀疑。

基于美国等一些国家的经验，ITP 可以应用一个价格限额机制或者发电装机容量要求机制（例如美国的 ICAP 机制）来降低电能市场上的价格波动。但是如果这样做，则应该同时将需求响应机制也引入到市场中，并且将需求响应视为与供应侧等价的资源。

2）*需求响应在辅助服务市场中的有偿性分析*

在电力市场条件下，供电可靠性服务应该是有偿的服务，其价值要由价格体现，而这一价格也与市场价格波动相关联。电力市场价格应该允许必要的上涨，以激励投资者投资，保证始终有一个合适的供电容量在相应的价格下满足电力需求，这样才能保证供电有足够的可靠性水平。这里既包括发电备用容量，又包括需求响应这种“等价”的备用容量。如果市场能够在这种情况下达到均衡，那么提高供电可靠性与降低供电成本就是一致的。

但在实际情况中，ITP 市场不一定能够结清（实际情况往往与上述的情况不一致），因为电价问题有时不仅仅是一个经济问题或技术问题，而是一个政治问题，因此不能够完全基于市场机制来形成电价。也就是说，有时候实际的电价并不是市场的结清价格。在这种情况下，ITP 必须采取一些市场之外的措施来处理这个问题，并且当 ITP 采取了这样的措施，例如从发电商那里购买了非电能市场的服务（也就是通常说的辅助服务）的同时，ITP 也应该从需求侧那里购买同样的或者等价的提供需求响应资源的服务。例如，基于每小时确定的电价，甚至基于每五分钟确定的电价并不能够反映与系统短期内发生的事故相关的所有成本。这些短期事故包括系统中有一台大容量发电机组突然停运或者输电线路突然停运。因此，ITP 应该对所提供的辅助服务付费，而电能市场中无法提供这些辅助服务。与供电侧资源所提供的供电可靠性服务一样，应该允许需求响应资源来提供这样的供电可靠性服务，但是研究认为，没有理由要在电能市场中对于这些需求响应资源提供的供电可靠性服务进行经济补贴，以及通过这种经济补贴的服务来改善供电可靠性。

9.3 本章小结

中国的电力行业正处于市场化改革的关键时刻，原有的垂直一体化经营模式逐渐被打破，在新建的ITP市场中需求响应的引入对系统的平稳有效运行起到至关重要的作用。

ITP是指市场中集中统一的调度/定价运行机构，它可以采用技术手段和市场手段来提高系统的运行效率。ITP的主要职责是为市场中的参与者提供所需要的各种服务，而不能干预其用户的用电决策。当然，在市场中引入需求响应机制也是ITP现阶段或以后很长一段时间所要履行的义务。通过ITP需求响应机制可以引入到市场出清过程、实施调度与定价过程及辅助服务市场中。

第10章

我国需求响应的实施模式设计

为了更好地与我国当前需求侧管理工作相结合，本章将进一步研究设计我国需求响应的实施模式。首先，从需求响应实施模式的概念与内涵进行分析，设计需求响应实施模式的发展路径；接着，从方案的编制过程以及实施过程两方面重点对不同市场阶段下需求响应的实施方案进行研究；最后，提出需求响应试点工作建议。

10.1 需求响应实施模式的含义

需求响应实施模式是指在不同的市场条件下利用不同的需求响应措施使用户改变常规电力消费行为，其实质是开拓与应用多种需求响应措施的过程。

我国当前需求侧管理主要以有序用电管理为主，部分地区初步实行了峰谷分时电价或可中断负荷措施。我国加强和深化需求侧管理必须在当前工作基础上，开发更多的措施和手段，从有序用电模式过渡到需求响应模式。深化需求侧管理工作、推广应用需求响应措施是一个立足于市场具体实际要求、不断改进的过程。

由于各个时期市场条件背景下的需求响应措施的适用性与成熟度不同，这决定了需求响应实施模式需要随着不同阶段市场条件的逐渐完善而进化。换句话说，需求响应实施模式具有阶段发展属性。根据工作中行政手段和市场手段的不同，不同市场化程度下的需求响应实施模式可以划分为市场初级阶段模式、过渡阶段模式、市场完善阶段模式。

1. 市场初级阶段模式

在电力市场初级阶段，市场机制尚未健全，市场运营规则尚未完善，电价种类比较单一。在这种背景下，需求响应实施模式以行政手段为主，以市场手段为辅，依靠政府的强制性进行用电管理，确保电力系统安全稳定运行，同时逐步开展市场手段的试点工作。

2. 过渡阶段模式

随着电力市场的逐步发展，电价机制的深入改革，电价形式将开始呈现多样化的特点（如根据用电时段设定的分时电价，根据高峰时段市场需求而确定的尖峰电价，根据用电量确定的阶梯电价等）。在这种情况下，基于市场价格的需求响应措施将得到推广应用。但是，由于过渡阶段的电价机制尚未达到健全完善的程度，不可能单纯依靠电价措施进行负荷管理，必须保留一定的行政手段。因此，过渡阶段宜采取市场手段与行政手段并行的方式，同时积极开展市场手段的试点实施工作，并不断拓宽市场手段的实施范围。

3. 市场完善阶段模式

当电力系统市场化运行程度较高的时候，电价机制完善，各项电价措施都得到广泛应用。用户可以通过多种市场化的电价机制和市场激励机制，根据自身用电方式主动参与市场竞争并获得相应的经济利益。本阶段需求响应的实施模式将以市场手段为主、行政手段为辅，依靠电力市场机制的资源优化配置作用实现电力系统安全稳定、经济有效运行。

10.2 需求响应实施模式的发展路径设计

结合需求响应分时电价、尖峰电价、实时电价、直接负荷控制、可中断负荷、紧急需求响应、需求侧投标等具体措施在不同阶段的应用和发展，需求响应实施模式的发展路径见图10-1。在市场初级阶段（即我国现阶段），基于价格的需求响应措施主要是分时电价，基于激励的需求响应措施包括直接负荷控制和可中断负荷两类。现阶段，直接负荷控制和可中断负荷以有序用电的方式执行，分时电价则作为需求侧管理工作中除有序用电外的辅助措施。现阶段实施分时电价主要是开展试点工作，积累分时电价实施经验。

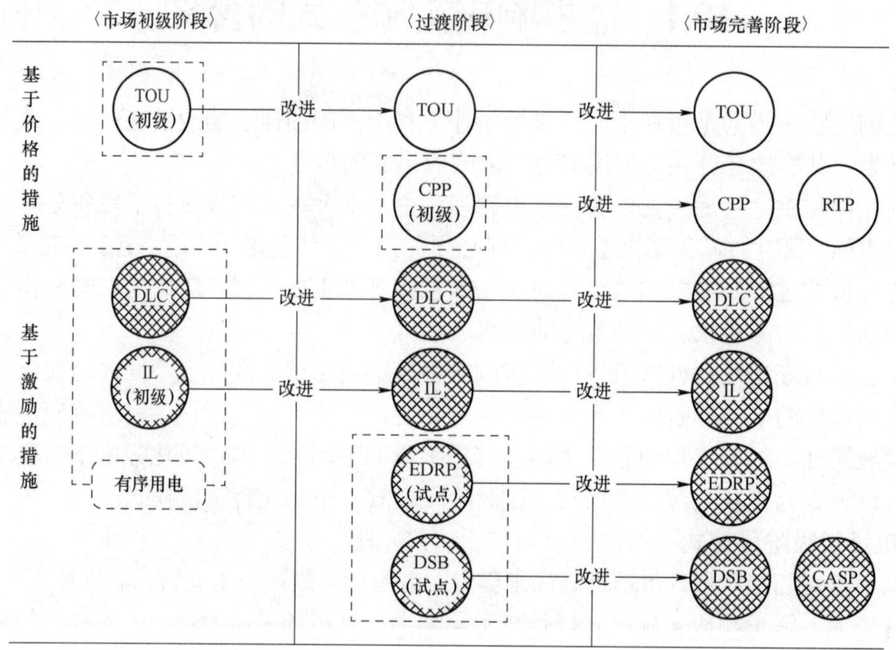

TOU—分时电价；CPP—尖峰电价；RTP—实时电价；DLC—直接负荷控制；
IL—可中断负荷；EDRP—紧急需求响应；DSB—需求侧投标；CASP—容量/辅助服务

图 10-1 需求响应实施模式的发展路径

在过渡阶段，基于价格的需求响应措施包括分时电价和尖峰电价两类。基于激励的需求响应包括直接负荷控制、可中断负荷、紧急需求响应、需求侧投标等。其中，分时电价、可中断负荷措施在初级阶段试点工作中已经积累了一定经验。在此基础上，过渡阶段中的分时电价、可中断负荷将得到广泛应用，而直接负荷控制则作为应对突发事件的紧急措施。此外，过渡阶段将引入尖峰电价、紧急需求响应、需求侧投标等三类措施，并开展试点工作。

在市场完善阶段，市场化程度较高、价格机制健全，基于过渡阶段的试点工作和实践经验，需求响应各类措施发展成熟。此时，系统运营商（电力公司）能够给用户提供多种措施优化组合而成的响应方案。用户可以根据电力公司提供的方案进行选择，主动参与市场竞争。

10.3　需求响应措施在不同阶段的应用

结合以上需求响应实施模式的阶段划分和发展路径研究，本节选取各阶段需求响应实施模式中的主要手段作为典型，从应用背景和方法流程两方面，研究分析需求响应措施如何应用于实际工作，为开展需求响应提供参考。

10.3.1　市场初级阶段的实施方案

1. 应用背景

在电力严重紧缺的局面下，保证电网安全稳定运行，最大限度保障人民生活和经济发展用电，是电网公司非常重视的课题。实践证明，科学编制有序用电方案，实施合理错峰用电，可以有效缓解供电压力，确保应对不同负荷缺口下的电网供需平衡，降低缺电对经济和社会发展的影响。

由于目前我国电力市场没有一套完整的市场运营规则和电价形成机制，就不能通过市场交易发现电力的价值，也就不能利用经济手段及时有效地通过价格来调节供求。虽然最近几年我国部分地区实施了峰谷电价、错峰奖励、高可靠性电价等经济手段，但是这些价格需要政府部门进行行政审批，不能根据市场供求及时调整。因此，该阶段的需求响应实施模式应该以有序用电为主，配合以必要的宣传、引导手段。

2. 有序用电方案的编制

1）电力预期缺口分析

分析电力预期缺口是编制有序用电方案的基础，首先应该运用科学、方便的计算方法预测用电负荷，再依据电网供应能力得到相应时期的最大可用电力指标，两者相减就得出预期电力缺口，不同时期的预期电力缺口数量是编制电力平衡分级预警机制的基础。

2）负荷特性分析

开展有序供电工作，制定合理的措施，保持相当的监控力度，这些都是建立在对客户数据资料分析的基础上的。利用营销系统数据资料和负控系统数据资料对客户数据资料进行分析，总结本地区的负荷特性，掌握各种类型企业生产用电规律和特性。据此可以依据分、合闸操作对用户的影响将负荷分类，总结出一类负荷、可调负荷与可转移负荷的数量，据此编制各部分用电方案的实施对象。

3）电力平衡分级预警机制

在电力预期缺口分析及负荷特性分析的基础上，参照电网实际情况，以缺口大小为标准，将用电缺口分为不同等级，表示电力供应紧缺的不同紧张程度。

4）编制五部分有序用电方案

根据下发的错峰指标，结合电网用电的实际情况，有序用电方案主要可以分为五个部分：

①高耗能企业大设备避峰用电；②非连续性生产企业避峰用电；③临时建筑施工用电单位定时用电；④安排企业轮休错峰用电；⑤利用负荷管理系统限电。

如遇电网特殊情况，电力供应缺口进一步加大，危及电网安全时，可以按照“谁超限谁”的原则启用超供电能力限电序位方案控制负荷。

5）有序用电分级预警启动

在电网出现缺口时，上述各项有序用电方案的启动应按照对社会影响小的、错峰效果好的、造成损失少的原则依次实施。各项方案实施后，如仍有缺口时，应采取启动超供电能力限电序位方案控制负荷。

3. 有序用电方案的实施流程

对所有参加错峰限电的用电客户均需根据周用电指标，提前一周通知执行预案，负控客户通过负控终端短信、广播喊话等手段提前一周预通知，非负控客户通过督查联系人提前一周电话通知用电单位责任人。执行当日，非负控客户严格按照通知的时间执行错峰预案，负控客户通过负控终端短信等手段在执行前 30 min 再次通知执行的详细时间。当日电网供需矛盾缓解后，通知负控客户解除错峰指令。

通过负荷管理系统，检查负控客户错峰方案执行是否到位，对未按照要求执行的客户，通过负控系统给予警告。对警告后仍不执行的单位，可通过负控系统强制执行操作。非负控客户由错峰检查、督查人员上门检查是否按照错峰方案执行，对执行不力的客户给予警告，并要求其立即执行，对拒不执行的单位，上报有关单位给予相应的通报批评和停电的处罚。

10.3.2 过渡阶段的实施方案

1. 应用背景

在未来我国的电力体制改革过程中，电力市场体制会逐步完善，电价机制也会逐渐成熟，分时电价将普遍采用，但是电力市场尚未达到十分完善，此时要考虑一种过渡方案，既要保留有序用电手段，也需要在需求侧市场中引入市场化的需求响应措施，二者协调并存，共同发挥作用。因此，过渡阶段的需求响应措施应选择有序用电与分时电价并存的方式。

2. 过渡阶段实施方案的编制

1）负荷预测

负荷预测是编制实施方案的基础，需要说明的是，过渡阶段的负荷预测与传统负荷预测不同，它是在分时电价机制较为成熟、执行力度较大的基础上进行的负荷预测，是为利用各种需求侧相应措施进行电力电量平衡提供依据。

2）负荷控制

负荷控制措施指采取峰荷选择、可中断负荷、尖峰电价等需求响应措施对用电负荷有计划地进行限制和调整。用户通过与电力公司签订协议，在系统用电高峰时期的固定时间内或在电力公司要求的时间段内，减少自己的用电需求，以保证电力供需之间的平衡。

3）电力缺口分析

考虑可中断负荷、分时电价等需求响应措施可以削减的负荷之后，分析电网是否还存在电力缺口，电力缺口是决定是否采用行政性的有序用电的依据。如果以上市场化的需求响应措施不能弥补电网缺口，此时需要实施行政性的有序用电方案，那么在此基础上需要制定部分后续有序用电错峰方案。

4）后续有序用电方案编制

过渡阶段的有序用电方案编制过程同市场初级阶段，仍然是五个部分或级别的错峰或者负控方案：高耗能企业大设备避峰用电；非连续性生产企业避峰用电；临时建筑施工用电单位定时用电；安排企业轮休错峰用电；利用负荷管理系统限电。同样，如遇电网特殊情况，电力供应缺口进一步加大，危及电网安全时，可以启用超供电能力限电序位方案控制负荷。

5）过渡方案启动

在实施分时电价的基础上，首次预期出现供电缺口时，考虑峰荷选择、可中断负荷等需求响应措施来进行电力电量平衡。再次预测电力缺口，如果仍然存在，按照级别实施有序用电方案。如果电网缺口进一步出现，实施超供电能力限电序位方案。

3. 过渡阶段方案的实施流程

过渡阶段的后续有序用电方案的编制与实施，可参考上述有序用电模式，在此不再赘述。

1）峰荷选择措施

峰荷选择通过为用户提供优惠，使之减少或者转移在高峰负荷时期的电力消费。这是一种比较灵活的需求响应措施，因为用户可以依据自身情况选择削减量、提前通知时间，从而得到最适合自己的方案。

首先，用户需要向电力公司提交削减计划的一些边界条件，包括：想提前多久得到通知；每天参与削减的时间；每次削减可以持续几个小时；削减可以持续几天；整个峰荷期可以参加削减的次数以及小时数；许可削减数量。

电力公司接到用户的申请之后就可以综合考虑供应侧与需求侧的资源，利用用户的许可削减负荷进行电力电量平衡，制定后续方案。最后对用户的负荷削减按月进行结算，结算的依据是负荷削减量与事先定好的与提前通知时间相对应的价格。

负荷削减量的计算方法为：负荷削减量＝负荷削减前 10 天中用电量最高的 3 天的平均值－负荷削减当天的实际用电量。价格对应于提前通知时间，一般来说，提前通知时间越长，负荷削减的价格越低。当天通知的负荷削减价格要大于提前几天通知的负荷削减价格。

但是对负荷削减的支付也要分情况进行说明：

（1）如果实际削减电量大于许可削减电量，按照事先约定价格进行支付。

（2）如果实际削减电量大于许可削减电量的 50%，对支付价格进行调整再进行支付。

（3）如果实际削减电量小于许可削减电量的 50%，进行惩罚。

2）可中断负荷措施

可中断负荷提供一定的电费优惠，使用户的负荷降低到预选水平。电力公司需要对可中断负荷事件有一定限制，例如：1 天最多 1 次，1 次最多 4 h，1 年不超过 10 次，1 年不超过 120 h，等等。

首先用户利用网上参与系统向电力公司提交申请，确定适合自己的负荷削减预选水平。电力公司根据用户的许可削减负荷进行电力电量平衡，制定后续方案。最后对用户进行支付，支付的依据是负荷削减量与事先定好的与预选水平相对应的价格。负荷削减量为平均峰荷与预选水平的差值。其中，平均峰荷等于峰荷电量除以峰荷小时数，价格对应于预选水平。一般来说，预选水平越高，负荷削减的价格越高。如果当月并没有调度可中断负荷，用户还是可以获得一定奖励。但是如果用户未能将负荷降至预选水平，那么电力公司要对用户超出预选水平的负荷进行收费。

3）尖峰电价措施

尖峰负荷对用户在非尖峰时刻收取低电费，在尖峰时刻收取高电费。用户可以通过减少或者移去尖峰时刻的负荷来使收益最大化。

首先，用户利用网上参与系统向电力公司提交申请加入尖峰负荷项目。在尖峰事件发生的前一天的下午 3 点之前，电力公司通知用户尖峰事件的发生。尖峰事件发生日，电力公司对尖峰事件时期划分为适中电价期与高电价期，尖峰电价实施流程对相应时期的电力消费收取高电费。非尖峰事件发生日，用户在峰荷的部分电力消费可以得到折扣。

10.3.3 市场完善阶段的实施方案

当电力系统市场化运行程度较高的时候，电价机制完善，各项电价措施都得到广泛应用。用户可以通过多种市场化的电价机制和市场激励机制，根据自身用电方式主动参与市场竞争并获得相应的经济利益。市场完善阶段需求响应的实施模式将以市场手段为主，本节以需求侧投标为例，分析需求响应措施在该阶段的应用方式。

1. 应用背景

在竞争性电力市场条件下，电价随供需关系波动，特别在系统高峰运行时段，由于较高的火电机组调峰成本和电网的可用输送容量减少而造成的输送成本增加，电力公司单位容量的购电成本增大，系统电价自然升高，此时作为理性的消费用户就会依据实际情况选择是否停止用电。如果用户的购电成本在生产成本中占有较大比例，而且单位容量的购电成本所产生的利润较小，那么用户可以凭借自己的负荷削减量进行需求侧投标，不仅可以有效规避高购电成本风险，而且可以获得电力公司的相应补偿，避免出现由于电价升高而造成的负利润现象。

2. 需求侧参与投标的过程

1）基本思路

首先，在市场完善的条件下，发电商各类机组的发电燃料成本的不同可以反应在电力公司的购电价上。电力公司为减少购电成本，在比较时间电价以及购电成本之后可以计算出可释放出的以供需求侧反应投标的容量。

其次，电力公司发布可降载容量的预估值，用户以一定价格提交一定数量的负荷来进行竞标。其投标原则是用户决定自己所需的补偿费率，价低者得。

最后，如果释放出的可降载容量小于等于用户竞标容量，那么竞标就直到满足可降载容量为止；如果释放出的可降载容量大于用户竞标容量，就启用机组升载补充空缺容量。

2）第一阶段：可降载容量的释放

（1） 出发点。如果在非尖峰时段仍然需要依赖燃料成本较高的机组发电，一方面，非尖峰时段电价一般比较低廉，此时售电盈余大量减少，电力公司就会造成亏损；另一方面，利用成本较高的燃料进行发电不仅会带来能源消耗，而且会带来环境污染的外部效应。在尖峰时段与非尖峰时段，电力公司通过减少对购电价高（即发电燃料成本高）的机组的购电，使这些机组释放出可降载容量。这种措施一方面可以减少对能源的消耗，为节能减排做出贡献，另一方面也可以减少电力公司对昂贵的燃料成本的支出。

（2） 具体过程。对典型日负荷曲线图进行分析，依据购电成本对各类机组进行排序，购电价成本低（发电燃料成本小）的机组位于下方，依此向上累积，进行日负荷预测之后，形成新的日负荷曲线图。在考虑系统安全、机组特性、各机组的升降载限制等条件之后，计算出个时段各类机组可供降载容量。

3）第二阶段：用户竞标

形成可降载容量之后，用户提交一定数量与价格的负荷进行竞标。考虑市场心理因素，用户提交的价格一般接近于售电价格减去燃料成本，因为提交价格太高就不容易竞标，价格太低，用户收益又会太少。

首先从第一小时开始，分别输入所有类别机组的降载量、参与投标人数、单位价格及容量，同时将竞标者想要标售的容量与降载量比较进而找出参选竞标数量。如果竞标者投标价格高于目前最低电价，则维持最低售电价格；若是竞标者价格较低，则取代最低电价。

然后将竞标所计算出的结果进行筛选与加总，判断电力公司所提供的降载容量是否全部售出，此时会出现两种情况：①竞标者标售容量多于或者等于电力公司提供的容量，那么标售到电力公司提供的容量全部售出为止；②竞标者标售容量少于电力公司提供的容量，那么标售到用户所欲标售的容量为止，空缺容量由电力公司安排机组升载补上。重复以上过程到第 24 个小时。

得到获选用户的价格及容量之后，电力公司可以计算可降载量部分与燃料成本差异的金额。未实施需求侧反应竞标的差异计算方式为竞标之后所得的可降载容量部分的售电收入扣除燃料成本。进行需求侧反应竞标的差异则为支付给用户的补偿金。

3. 日前交易模式设计

1）执行日、投标日与交易时段

“执行日”为执行日前计划的自然日，以 60 min 为周期划分交易点，每个执行日含 24 个交易点，相邻两个交易点间为一个交易时段，第一个交易时段为 00:00—01:00。“投标日”为“执行日”前一个“工作日”，“工作日”由电网公司交易中心安排并公布，投标日内，发电企业报价，并通过市场运营系统产生执行日的调度计划。

2）交易中心的职责

交易中心的职责包括：①在投标日负责把调度管辖范围内机组的年度发电合同量和月投标交易中标电量分解到执行日 24 个交易点；②在投标日依据执行日每一交易时段的全网收益最大化为目标函数，考虑系统安全以及机组特性依据报价对执行日发电机组、调停机组、备用机组等做出安排，并计算出可降载容量；③在投标日筛选用户所提交的执行日的负荷削减数量、价格与时段；④发布用户竞标结果，并决定是否安排升载机组。

10.4 试点工作建议

我国推广应用需求响应应该遵循“试点先行、不断完善”的思路，逐步建立需求响应机制。在选择试点时，要以开展需求侧管理活动较为活跃、电力消费大户集中、时段特征明显为标准，此类地区具备实施需求响应的条件，有利于需求响应实施模式的实践与推行。

建立需求响应机制应该遵循以下原则：

（1）与目前我国开展的需求侧管理活动相结合，充分利用已有的基础。

（2）与市场的发展过程以及竞争模式相适应。

（3）从调查研究出发，紧密结合实际情况，循序渐进、分步实施。

建立需求响应机制可以从几个方面考虑：一是市场规则应该考虑使需求侧资源充分参与市场竞价；二是系统调度机构为保证系统运行可靠性，可以建立紧急状态需求响应机制；三是电网公司建立一系列负荷管理措施，使用户能够根据市场状况调整负荷，从而降低购电费，提高系统效率。结合我国电力市场的发展特点，可以考虑分三个阶段来发展和实施需求响应。

1）深化推广峰谷分时电价，扩大可中断负荷和直接负荷控制试点范围

我国电力市场建立初期，发展需求响应的重点应该以省电网公司为实施主体，在用户中推广峰谷电价、实行可中断负荷电价和直接负荷控制试点等工作。

（1）深化推广峰谷电价。我国已经有部分地区开始实行了峰谷电价，应该对这些地区实行峰谷电价后对负荷率的影响情况展开调查，并进行评估，在此基础上研究并制定行之有效的峰谷电价确定方法，在其他地区推广。

（2）扩大可中断负荷和直接负荷控制试点范围。我国一些地区已经安装了直接负荷控制系统，可以在这些地区试点，制定一些电费优惠或补偿措施，由地区电力调度中心在系统紧急状态或高峰负荷期，对可中断负荷或安装了直接负荷控制装置的用户断电，并对用户进行补偿，逐渐改变以往行政性的拉闸限电方式。

2）开展系统紧急状态需求响应方案，大用户和电网公司直接参与电能市场投标竞价的试点

随着我国电力市场逐渐向多买方和多卖方的市场发展，可以在电力市场中开展系统紧急需求响应，并逐步开展大用户和配电公司直接参与电能市场竞价的试点。

（1）开展系统紧急需求响应措施。调度机构在对实行可中断负荷和直接负荷控制的试点地区进行总结的基础上，进一步扩大范围，对用户进行调查研究并制定合理的计划，吸引能够改善系统可靠性的负荷响应资源参与系统的可靠性管理。系统紧急需求响应是将需求侧资源作为系统的备用资源，在系统紧急状态时由系统调度机构调用，以提高系统可靠性。

（2）开展大用户和部分电网公司直接参与市场投标的试点。允许参与市场竞争的大用户和电网公司在提前一天的现货市场中进行需求侧报价，申报电量和价格，表示愿意购买的电量和愿意支付的价格；或是愿意减少已签订的合同供应，将该资源卖给市场，申报愿意削减负荷的量以及相应的价格。系统调度机构根据经济最优原则，综合考虑发电厂和需求侧的报价来安排调度计划。

3）建立允许需求侧报价的竞价市场

当电力市场中的需求侧报价试点以及电网公司开展分时电价等工作积累一定经验并取得成效时，应该在区域市场中考虑全面引入需求侧投标机制，允许需求侧资源在电能市场报价，并随着辅助服务市场的发展和完善，允许需求侧资源参与辅助服务市场的报价。同时，各电网公司应该适时在用户中开展分时电价、实时电价方案，使用户具有充分的选择权，根据市场价格对自身用电进行管理。

第11章

需求响应与智能电网

11.1 综　　述

21 世纪，世界电力工业面临着来自三方面的巨大挑战：一是环境压力，当前全球变暖问题严重，电力工业节能减排任务艰巨；二是安全压力，包括电力工业的安全以及用户的用电安全；三是经济压力，即新技术必须能够以合理的成本被市场接受。面临这一系列挑战，近年来国际上正在重新塑造电力工业，使之在可持续发展的能源工业中发挥更加重要的作用。为了满足 21 世纪的电力需求，智能电网的研究和探索在许多国家和地区兴起，各国力求通过新的电网框架和先进的技术解决各自在能源发展和经济发展方面的问题。

在美国，推出了以发展智能电网为重要突破口的能源新政，即新能源计划，力求用信息技术对电网进行彻底改造，逐步实现美国太阳能、风能、地热能的统一入网管理，并全面推进分布式能源管理。

在欧洲，各国的能源政策更加强调对环境的保护，尤其是鼓励风能、太阳能和生物质能等可再生能源发展，提倡低碳发电、可再生能源发电和高效的能源利用方式。因而，欧洲发展智能电网主要是承载新能源发展的需要，未来整个欧洲电网必须向所有用户提供高度可靠、经济有效的电能，充分开发利用大型集中发电机组和小型分布电源。

在中国，同样面临着改善能源结构、保护环境等客观需求，发展智能电网是有必要的。然而与西方国家相比，中国输电网相对薄弱，因此中国电网企业选择从特高压电网的骨干上起步发展智能电网。在中国发展智能电网，旨在重点解决三个问题：一是信息技术改造和提升现有的能源体系，特别是提高集能源大成的传统电网体系的能源效率；二是要逐步建立以可再生能源替代化石能源的创新能源利用体系；三是要建造消费者和生产者互动的精巧、智能和专家服务化的能源运转体系。

为了实现这一目标，未来智能电网的核心技术集中于数字化电网、分布式能源系统、信息化家电和蓄能式混合动力交通工具等，相关技术的研发为中国电力企业提高运行效率、保障系统可靠性、降低运营成本描绘了一个蓝图。

从各国智能电网建设的目标和主要特征来看，提高终端用能效率，完善需求响应机制，实现双向互动式营销模式成为世界各国所追求的目标。中国的智能电网建设中，也将优化终端用能效率、提高用户价值列为电力企业践行社会责任的主要目标。未来需求响应的实现需要先进的技术作为支撑，而需求响应的成功实施也是智能电网构建目标的成功实现。本章将结合我国智能电网的建设，对需求响应的实现途径给出框架性建议，进一步阐述基于需求响应的新兴双向互动营销模式及系统平台的建设框架。

11.2 国内外智能电网研究现状

1. 美国智能电网

美国的智能电网计划称为“Unified National Smart Grid”，即“统一智能电网”，是指将基于分散的智能电网结合成全国性的网络体系。

该体系主要包括：通过统一智能电网实现美国电力网络的智能化，解决分布式能源体系的需要，以长短途、高低压的智能网络联结客户电源。在保护环境和生态系统的前提下，营建新的输电网，实现可再生能源的优化输配，提高电网的可靠性和清洁性。提出的这一电网系统可以平衡整合类似美国亚利桑那州的太阳能发电和俄亥俄州的工业用电等跨州用电的需求，实现全国范围内的电力优化调度、监测和控制，从而实现美国整体的电力需求管理，实现美国跨区可再生能源提供的平衡。

该体系的另一个核心就是解决太阳能、氢能、水电和车辆电能的存储，它可以帮助用户出售多余电力，包括通过电池系统向电网回售富余电能。实际上，该体系就是以美国的可再生能源为基础，实现美国发电、输电、配电和用电体系的优化管理。而且美国的这个计划也考虑了将加拿大、墨西哥等地电力加以整合的问题。

美国主要关注电力网络基础架构的升级更新，同时最大限度地利用信息技术，实现系统智能对人工的替代。美国的智能电网建设主要有以下几个特征：第一，从配电系统开始，强调用户参与，其第一阶段是为用户安装先进计量系统；第二，强调需求响应，注重需求侧资源和高效率资源开发，向用户提供实时信息和选择；第三，实现智能电器和用户设备接入电网，使用先进的电能存储设备和削峰技术；第四，适应分布式能源和可再生能源发电。

结合美国智能电网的建设目标与需求，世界著名的 IBM、Google、Intel 等信息产业巨头也提出了自己的技术解决方案，具有代表性的是 IBM 公司与 ABB、GE、SBC 公司等设备制造商联合提出的智能电网解决方案。IBM 公司的智能电网解决方案涵盖了如下内容：完整、规范的数据采集；基于 IP 协议的实时数据传输；应用服务无缝集成；完整、结构化的数据分析；有针对性的信息展现等五个层次。

2. 欧洲智能电网

近年来，由于石油价格的不稳定、石油资源的有限性、能源需求的爆炸性和欧盟减少温室气体排放的计划，可再生能源有限的欧洲必须建立跨区能源交易和输送体系以解决其战略生存，也就是需要通过超级智能电网计划，充分利用潜力巨大的北非沙漠太阳能和风能等可再生能源发展满足欧洲的能源需要，完善未来的欧洲能源系统。

目前欧盟各国电力需求都趋于饱和，增长空间有限，能源发展终期目标是分布式发电，而不是强调电网规模的扩大。此外，用户为中心的理念逐步发展，使得电力市场的自由度越来越大，这也要求电网提高互动性和灵活性。

针对欧洲电力发展过程的种种问题，欧盟提出了其智能电网的发展目标。这些目标包括：

适应未来电网的变化与挑战，满足电力用户多样化需求；确保所有用户都可接入电网，并容易获得可再生、高效、清洁能源等；按照数字化社会和IT时代的电力需求和电能质量要求，实现电力供应的高可靠性与安全性；通过技术创新、能源有效管理、市场有序竞争等手段，使电网经济性得到改善。

欧洲智能电网是将跨国（区）广域电力输送网络与智能电网结合起来的覆盖整个欧洲的广域智能网络，可能的使用范围涉及欧盟、北非、中东等国家和地区。因此，与美国智能电网发展计划不同，欧洲的智能电网发展始于输电侧，着力于建立跨国（区）的高压输电网络，并满足大规模可再生能源发电接入的要求。此外，欧洲智能电网建设重视电力终端用户在电力供应中起到的积极作用，电力需求管理被视为间接发电手段，终端用户可因此获得奖励。

3. 中国坚强智能电网

目前，中国的特高压输变电示范工程运行平稳，特高压交流输电技术取得突破，这为改善电网大范围资源优化配置能力奠定了基础。然而，目前中国终端能源消费中电能比重低，能源利用效率差，电力市场化程度不高，用户参与少。此外，大规模可再生能源开发势头迅猛，电网消纳能力、受端市场、调度运营等问题突出。这都给中国的智能电网建设带来挑战。

虽然中国尚未从国家层面制定智能电网的发展战略，但在很多方面的研究成果已经为发展智能电网奠定了一定的基础。近年来，电网公司大力推进的特高压电网、SG186、一体化调度支持系统、资产全寿命周期管理、电力用户用电信息采集系统和电力通信等建设项目，为智能电网建设奠定了扎实的基础。以优质服务为中心的电力客户服务系统，如集中抄表计费、用电查询等系统直接提供了高效快捷的客户服务，电力负荷管理、电力营销管理等现代化管理手段得以广泛应用。上海市电力公司在2008年开展了智能配电网研究，重点关注智能表计、配电自动化以及用户互动等方面。此外，华北电网公司也于2008年启动了数字电表等用户侧的智能电网相关实践。

综上所述，以数字化、自动化为特征的各类应用已覆盖了电网规划、设计、建设、运行、调度和维护等各个方面，信息技术的应用领域深入到电网生产运行、经营和管理的各个环节，取得了诸多标志性成果。已有的成果为中国未来电力需求响应的实现奠定了坚实的基础。如何将需求响应与智能电网相互结合，基于需求响应的新型电力营销业务应包括哪些方面值得我们提前思考。

11.3 中国智能电网建设与需求响应的实现途径

11.3.1 有序用电与需求响应智能管理系统

坚强智能电网能够有效保证电力安全可靠性，有效提高需求侧管理水平，有效促进分布式可再生能源发电的发展。其中，提高需求侧管理水平，主要通过分时定价等机制的实施和智能电表等工具的应用，实现供电企业与用户之间的充分互动，使用户根据负荷情况自主作出响应，把高峰时段的部分电力需求转移到非高峰时段。价格机制和智能工具的有效实施与应用依赖于构建功能完备的需求侧智能化管理系统。

但是，当前中国需求侧管理系统存在用户参与程度较低、用户端数据实时性较差、决策灵活性不足等问题。从用户参与程度来看，仅仅是对需求侧各类数据和用户信息进行录入、统计、分析后供用户进行查询，未能实现用户需求信息的反馈；从数据实时性来看，系统供用户进行分析查询的数据一般为前一时间周期的历史数据，未能实现实时数据的分析查询，以便用户调整用电方案；从决策灵活性来看，主要是以政策激励的方式为主，未能发挥价格机制的作用。

因此，有必要在当前需求侧管理系统的基础上，增加用户端实时数据采集和可视化查询、用户电价响应等模块，构建数据实时性强、用户参与程度高的需求侧智能化管理系统，以期实现实时采集监控每个电力用户的负荷数据和电量数据，有针对性地实时调整某个或某些用户的负荷，根据需求随时调整地区的峰谷时段和各时段电价并下传到各用户终端，及时发现电力用户异常用电情况，用户随时了解自身的负荷和电量情况并调整用电方式等功能。在此基础上形成智能化的需求侧管理工作方式，把需求侧管理工作与智能电网运行相结合，提高电网运营水平。

基于上述需求，笔者认为未来智能需求响应的实现需要研究以下的关键技术问题：①构建坚强智能电网环境下的有序用电与需方响应管理模式，主要内容包括多维度的需求侧数据分析、多元化的需求侧管理措施、全方位的效益后评估。②开发需求侧智能化管理系统，主要功能包括需求侧数据及客户信息的统计、汇总、查询，对大量的数据信息的综合分析。该系统包括以下几个子系统：用户调查子系统、负荷分析子系统、需求响应管理子系统、效益后评估子系统。

上述关键技术可能的实现途径具体如下。

1. 构建坚强智能电网环境下的有序用电与需方响应管理模式

坚强智能电网下的有序用电与需方响应管理要求运用市场化的管理手段，提高需求侧管理水平。其中，有序用电是采用各种技术、经济、法律、行政等手段进行科学合理的用电管理，以达到节能降耗、保护环境的目的，以及促进经济、社会、环境间协调、可持续性发展的目的。需方响应较有序用电而言更强调市场化的需求侧管理手段，如电价响应、需求侧投标竞价等。根据需求侧管理的全过程，坚强智能电网下的有序用电与需方响应管理分为多维度的需求侧数据分析、多元化的需求侧管理措施、全方位的效益后评估三部分。

1）多维度的需求侧数据分析

智能电网对于数据分析以及管控的需求大大增加，坚强智能电网下的需求侧管理更是要求把数据分析作为选择与实施管理手段的基础依据。

按照参与群体的分类，需求侧数据划分为四类：一是社会整体数据（如国内生产总值、每百户拥有家电情况等）；二是电力数据（如负荷信息、电量信息等）；三是用户数据（如用电情况、设备信息、需求侧管理现状等）；四是管理方数据（如政策补贴率、可免发电容量成本等）。在进行需求侧管理的时候，必须对这些复杂的基础数据进行分析整理，才能为进一步的分析和评估提供准确的数据信息。

多维度的需求侧数据分析以数据仓库技术为基础，是面向主体的、集成的、稳定的、随时间变化的数据集合，其关键技术包括数据挖掘和联机分析处理（OLAP）。数据挖掘能够从大型数据库中提取隐含的重要信息，为决策人员提供辅助支持；OLAP 能够从多角度、多层次对数据进行统计分析，以快速、交互的操作，帮助决策者从各个方面观察数据信息，深入理解数据。采用数据仓库技术开展多维度的需求侧数据分析从而进行有序用电和需方响应管理，符合建设统一坚强智能电网的要求。

2）多元化的需求侧管理措施

坚强智能电网环境下，我国需求侧管理措施应包括有序用电管理和需方响应措施两部分。我国有序用电管理已经积累了相当成熟的经验，然而多元化的需求侧管理要求不仅要充分发挥有序用电管理中的市场经济作用，还需要逐步实施各种需方响应措施，以用户与供应侧互动的方式，提高电价和各种负荷控制措施的作用。

因此，必须深入研究需方响应的各种措施如何在需求侧管理工作中发挥自身的作用。需方响应措施按电价类型可以分为分时电价、尖峰电价、实时电价，按激励类型可以分为直接负荷控制、可中断负荷、需方投标竞价。通过研究上述各措施的实施方法和流程，形成多种需求侧管理基础方案，以供决策者进行参考。同时，研究蓄能产品推广办法，以保障需求侧管理的硬件条件。

3）全方位的效益后评估

通过研究需求侧管理实施方案的特点，分别从战略节能、负荷整形措施两个角度建立需求响应效果后评估指标体系，然后比较分析需求侧管理措施实施前后的定量数据，对需求响应方案的实际效果进行综合的分析评价。对于智能电网环境下的有序用电与需求响应来说，全方位的效益后评估应该涉及有序用电管理措施、电价响应、负荷控制、需求侧竞价、蓄能产品推广等方面的节能效益、经济效益与社会效益。

实施全方位的效益后评估除建立全面的指标体系外，还应根据指标的内容和实际工作环境选取适当的评价模型。

2. 需求侧智能化管理系统

需求侧智能化管理系统是为从事需求侧管理的工作人员利用数据和模型来进行辅助决策的交互式计算机系统，其主要功能是对需求侧的各类数据及客户的各类信息进行自动的统计、汇总、查询；根据需求侧管理工作的不同目标及要求，应用相应的数据挖掘技术对大量的数据信息进行综合分析，为需求侧管理的决策工作提供定量的依据，起到决策支持的作用。

这里设计的需求侧智能化管理系统的整体构架、业务逻辑、硬件结构、软件结构如下。

1）系统整体构架

系统整体构架的主体包括数据仓库、联机分析处理技术、数据挖掘技术、模型库三部分。首先由各数据库组合成数据仓库，再通过联机分析处理和数据挖掘技术进行数据分析，依据决策方案模型库生成可供决策人员进行决策支持的方案。

2）系统业务逻辑

业务逻辑是指软件系统的运作流程及关系，在本系统中，首先结合数据仓库进行数据分析，为其他模块的运行构建数据支撑条件；其次，进行有序用电管理、电价响应、负荷控制、需求侧竞价、蓄能产品推广等方面的系统操作；最后，对上述各项管理工作进行效益后评估。

3）系统硬件结构

需求侧智能化管理系统的硬件结构除自身服务器外，还需其他集中器、采集终端、智能表计作为辅助设施。需求侧智能化管理系统的硬件设备包括低压集中器、低压采集器、公变采集终端、负控/专变采集终端、厂站采集终端、智能电能表等，不同用户应采用不同设备。

4）系统软件结构

需求侧智能化管理系统的软件结构由用户调查分析子系统、负荷分析子系统、需求响应方案子系统、效益后评估子系统、辅助管理子系统五部分构成。用户调查分析子系统和负荷分析子系统是需求响应方案子系统的数据基础，需求响应方案子系统提供有序用电、电价响应、负荷控制、需求侧竞价、蓄能产品推广等方案，效益后评估子系统对上述方案进行评价。

需求响应方案子系统分为有序用电管理模块、电价响应方案模块、负荷控制方案模块、需求侧竞价模块、蓄能产品推广模块。

（1）有序用电管理模块。有序用电管理模块是根据统调计划合理分配各地区的用电指标，在用电需求超出电网供电能力时结合预设方案给决策者提供错峰、避峰、限荷减产、可紧急中断负荷等决策方案。

（2）电价响应方案模块。电价响应方案模块分为分时电价、实时电价、尖峰电价三个子模块。分时电价用于引导用户采取合理的用电结构和方式，将高峰时段的部分负荷转移到低谷时段，实现削峰填谷和平衡季节负荷的目标；实时电价为用户根据各时段电价提前做出用电计划调整。

（3）负荷控制方案模块。负荷控制方案模块分为可中断负荷和直接负荷控制子模块。可中断负荷适用于对用电可靠性要求不高的用户，可以减少或停止部分用电避开电网尖峰，并且获得相应的中断补偿；直接负荷控制用于居民或小型的商业用户，且参与的可控制负荷一般是短时间停电对供电服务质量影响不大的负荷。

（4）需求侧竞价模块。需求侧竞价模块主要建立用户申报用电量和电价，以及参与电力市场投标竞价的交易平台。在该交易平台中，用户能够通过改变自己的用电方式，以竞价的形式主动参与市场竞争并获得相应的经济利益，而不再单纯是价格的接受者。需求侧竞价的参与者一般为供电公司、大用户、第三方综合负荷代理结构。

（5）蓄能产品推广模块。蓄能产品推广模块是通过结合蓄能空调相关参数，计算初始投资和投资回收率，以及电力移峰率等，得出蓄能设备推广方案对用户，以及对电厂、电网、社会的效益。通过直观的数据及图形表现，展现该方案的预评估效益。

3. 效益后评估子系统

效益后评估子系统是进行需求响应方案效益分析后评估的功能子系统。效益后评估是根据用户具体实施的需求侧管理措施，计算此时系统与用户的收益，给管理决策者提供一定的帮助。需求响应方案的实施使用户自身获得效益，与此同时，所采取的响应措施同样也使得整个电力系统从中收益。项目效益后评估子系统主要从用户侧和系统侧分析评估需求响应方案实施的效益。

11.3.2 新型双向互动营销模式系统平台

智能电网的建设为中国需求响应的实现提供了技术保障，可以预见，未来基于需求响应的电力营销工作将成为“实现电网与用户的双向互动，提升用户服务质量”的重点工作环节。结合建设坚强智能电网和需求响应的发展要求，研究新型双向互动营销模式，全面推进智能化双向互动体系的构建，将更加有助于新形势下提升用户服务质量，满足用户多元化需求，进一步提高供电可靠率。

基于上述背景，本节提出智能化的电力营销技术支持系统，将营销决策支持、差异化服务、客户信用管理、需求侧管理以及购电优化决策整合为一体，并通过大规模信息实时采集技术为各个系统模块提供信息支撑。该系统一方面可以为电网以及供电企业的营销工作（包

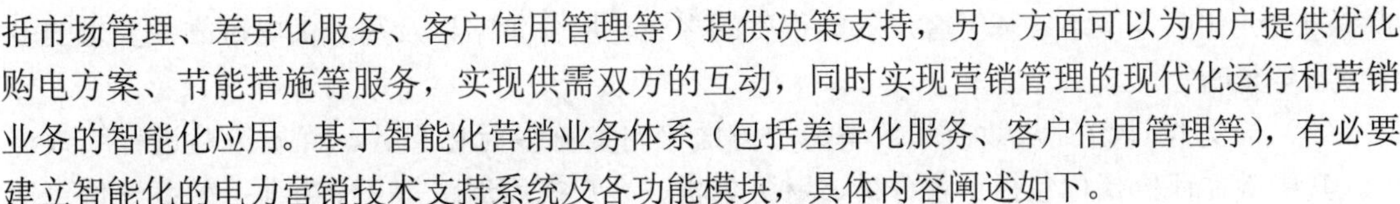

括市场管理、差异化服务、客户信用管理等）提供决策支持，另一方面可以为用户提供优化购电方案、节能措施等服务，实现供需双方的互动，同时实现营销管理的现代化运行和营销业务的智能化应用。基于智能化营销业务体系（包括差异化服务、客户信用管理等），有必要建立智能化的电力营销技术支持系统及各功能模块，具体内容阐述如下。

1. 智能化营销业务体系

构建智能化的营销业务体系，包括智能化市场管理、智能化多元服务、智能可靠性管理和智能化计量管理几个部分。

1）智能化市场管理

智能化市场管理主要包括以下功能。

（1）能源现状的分析及预测。运用现代统计理论方法，对各类能源进行全面和深入的调查研究。在现状分析的基础上，运用现代负荷预测理论方法，建立各类能源消费量的分析预测模型。运用定量和定性相结合的方法，分析预测各类能源消费状况的发展变化趋势。

（2）终端能源竞争力评价体系的构建。在分析研究竞争力评价理论的基础上，借鉴国内外相关产业的竞争力评价体系，从效率、环保、安全、资源等角度建立竞争力综合评价指标体系。在对比分析各评价模型的基础上，结合终端能源竞争力评价系统的特点，构建评价模型。最终，形成一套终端能源竞争力评价体系。

（3）电力在终端用能市场中的竞争力水平分析。根据研究目的和电力的现状，并结合竞争力评价的思路和原则，运用终端能源竞争力评价体系分析目前电力在终端用能市场中的竞争力水平。通过与国外电力行业和电力企业以及国内其他行业的定性定量比较，提出供电企业的竞争优势和劣势，以及目前影响竞争力的主要障碍因素。

（4）基于电力在终端用能市场中的竞争力水平分析的营销战略及实施方案的制定。在对电力在终端用能市场中的竞争力水平进行分析的基础上，基于可持续发展理论和市场竞争理论，提出供电企业的能源竞争的具体构想，以及实施能源竞争的基本思路、规则、主要方向和实施重点。同时结合终端能源消费和电能消费的现状和特点，提出科学合理促进电力能源竞争和发展的营销战略和实施方案。

通过智能化的市场管理，电力能源的竞争力可以得到大幅提升，有助于完成提高电能占终端能源消费比重的目标，实现公司利益、社会效益、环境保护的有机结合，促使公司持续、健康、协调、全面发展。

2）智能化多元服务

所谓多元化服务，其基本思路就是要按照客户的主要特征、需求特点及客户贡献度的大小等，对用电市场（即客户群体）进行细分，在此基础上，根据电力客户用电容量、用电量、电能质量、电压质量等用电特性和用电需求的差异性，分别提供不同的服务，从服务方式、优惠待遇、渠道、信息和手段等方面体现智能电网对多元化服务的要求。

智能化营销业务体系下服务的多元化，应分别从市场划分阶段、服务实施阶段以及服务评价阶段体现，具体功能如下。

（1）多元化的市场细分。在详细了解用电市场现状的基础上，根据用电市场的特点，制定电力市场细分方案，为下一步制定多元化服务策略和实施方案做准备。

（2）多元化的服务策略。根据市场细分的具体情况，通过分析各类用户的需求特点、需求的差异性以及信用，制定具体的多元化服务、优质服务营销策略，包括基于用电规模和贡献率的多元化服务策略、基于客户耗能程度的多元化服务策略以及基于供电可靠性要求的多元化服务策略等。

（3）全方位评价。从效益和效率两个方面来对实施多元化服务、优质策略进行绩效评价。其中效益评价指标包括销售分析、财务分析、客户态度追踪等几个方面；效率评价包括市场占有率分析、售电增长率分析、负荷率（广告促销效果分析）等。

3）智能可靠性管理

供电可靠性是保证供电质量、实现电力工业现代化的重要手段，对促进和改善电力工业生产技术和管理、提高经济效益、进行城市电网建设和改造有着重要的作用。

对于智能电网来说，只有具备高可靠性的电网，才能成为坚强的智能电网。因此，可靠性是电网的坚强保障，是用户满意的前提，对可靠性进行科学的、智能的管理，既是建设坚强智能电网的要求，也是与用户双向互动的要求。未来的智能可靠性管理应主要涵盖以下内容。

（1）实时监控。智能可靠性管理必须对供电系统的可靠性进行实时监控，这一点也必须符合坚强智能电网数字化、信息化和自动化的要求，以大规模实时数据采集设备为基础，及时收集与处理可靠性数据。

（2）动态评估。即针对实时采集的数据进行处理，通过动态评估方法计算供电系统可靠性指标，并对指标进行动态管理。

（3）滚动改进。智能可靠性管理必须是学习型的，即对于提高供电可靠性的技术以及管理措施，必须不断创新，或引入新的改进措施，从而促进智能电网的持续性发展。

4）智能化计量管理

智能化计量管理对实现坚强智能电网战略目标具有重要作用，建设坚强智能电网的重要途径之一即开发与推广智能电表等计量装置。智能化计量管理有助于在供电服务环节实现自动化与信息化，实现需求响应，同时可以为多元化服务提供技术支持，从而提升用户服务质量，满足用户需求。

智能化计量管理应包括下述内容。

（1）全面电能信息采集。准确、实时、全面采集电能信息是智能计量装置的基本功能，也是智能化计量管理的第一步。

（2）远程表计控制。远程控制是智能电网信息化与自动化的重要体现，实现远程表计控制可以减少服务人员的工作量，同时提高服务效率。

（3）自动化抄表计费。通过实施全面电能信息采集与远程表计控制，供电企业即可实现自动化抄表计费，改变传统的供电服务与收费模式，极大地提高供电服务质量与客户满意度。

（4）实时用电情况展示。帮助供电企业实时掌握用电信息，以便更好地进行市场管理与可靠性管理；同时帮助用户了解自身用电情况，以便与供电企业进行及时沟通与反馈，并对自身的购电决策进行优化。

2. 智能化营销技术支持系统

根据前面构建的智能化营销业务体系，对应的电力营销技术支持系统包含四个模块：智能化市场管理模块、智能化多元服务模块、智能可靠性管理模块、智能化计量管理模块。

（1）智能化市场管理模块主要包括以下功能：能源现状分析、竞争力评价、电能竞争力水平分析、营销战略制定。

（2）智能化多元服务模块主要包括以下功能：市场细分、服务策略生成、效果评价。

（3）智能可靠性管理模块主要包括以下功能：实时监控、动态评估、滚动改进。

（4）智能化计量管理模块主要包括以下功能：全面电能信息采集、远程表计控制、自动化抄表计费、实时用电情况展示。

11.4 本章小结

中国坚强智能电网的内涵为：以坚强网架为基础，以通信信息平台为支撑，以智能控制为手段，包含电力系统的发电、输电、变电、配电、用电和调度各个环节，覆盖所有的电压等级，实现“电力流、信息流、业务流”的高度一体化融合，是坚强可靠、经济高效、清洁环保、透明开放、友好互动的现代电网。

按照电力企业在新形势下所面临的外部环境与内部运作进行划分，坚强智能电网技术经济与管理关键问题可分为五个方面：智能调度管理、宏观政策、内部管理、社会责任与用户价值以及系统规划。而需求响应正是电力企业践行社会责任与提高用户价值的体现。

研究有序用电与需方响应系统，有利于用户各类需求响应计划在中国尽早实现。研究智能电网背景下的双向互动营销模式，有利于加快满足用户对电力供应开放性和互动性的要求，满足多元化用电服务需求，全面提高用电服务质量。通过研究互动化营销管理模式，消费者能够更好地管理需求和降低电力使用成本，从而激励消费者积极参与电力市场。

未来互动化、智能化的营销模式将进一步推动电网更加高效运行，即实现双向、互动、实时的智能化数据传输和读取，满足动态的、有选择的浮动电价制度的运转，根据用户需求有效控制电力的生产和输配的调控，提高能源效率，实现节能和减排目标。

第12章

需求响应政策分析与实施模式

12.1 政策分析

一是完善季节性峰谷分时电价机制。针对工业、商业、居民不同用户类型，围绕电网削峰填谷、新能源发电消纳等业务需要，分别出台差异化、分时段的峰谷分时电价、尖峰电价、低谷电价政策，形成可持续的需求响应经济激励，引导用户自行参与需求响应。

二是鼓励用户建设满足需求响应要求的电能管理系统。由地方政府出台补贴政策，鼓励工商业等大型电力用户接入需求响应聚合商系统，或自行建设支持需求响应的电能管理系统，完善负荷监测能力，根据用户投资进行适当补贴；要求新建楼宇负荷必须接入需求响应平台，商业、居民空调设备必须具备需求响应功能，用户购置带需求响应功能的设备可享受补贴优惠。

三是国家层面将开展需求响应作为对地方政府的强制要求。国家出台政策，明确将电力需求响应作为实现电力电量平衡的重要措施，要求各地方政府必须限期建立需求响应资源库，各省将3%可调节能力按地区分解落实；要求电力用户配合开展可调节负荷调查，鼓励用户将可调节负荷以单个设备或企业整体的形式接入需求响应平台。

四是逐步将需求响应纳入电力市场化交易。各地区需根据电力市场化阶段、基础设施建设条件、电力供需情况等开展差异化建设，设计适合电网削峰填谷、新能源发电消纳的需求响应交易品种，纳入现货电力市场或辅助服务市场，建立“谁受益、谁承担”的需求响应长效机制，以市场化手段解决需求响应资金来源问题。

力争推动各级政府出台电力需求响应参与辅助服务机制，尽早实现将需求响应资源打包形成“虚拟电厂”，等同发电资源参与电网有偿调峰、调频、备用等辅助服务，引导电网系统内外综合能源服务公司、需求响应聚合商以及智能家居（家电）厂商参与市场化交易。

12.2 市场机制

广义的需求响应市场机制主要包括价格机制和激励机制两种。其中，价格机制主要是通过电价引导，提高尖峰期电价，降低低谷期电价，以鼓励用户主动进行需求响应的策略；激励机制主要是需求响应实施机构通过制定相关政策，激励用户在系统可靠性受到影响或者电价较高时，及时响应并削减负荷。具体见表12-1。

表 12-1　可调负荷需求响应市场机制

市场机制	主要类型	适用控制策略	适用用户
价格机制	分时电价（TOU）	自控	楼宇、工业、居民
	实时电价（RTP）		
	尖峰电价（CPP）		
激励机制	经济激励机制	直控 自控	楼宇、工业
		直控 自控	负荷集成商
	积分激励机制	直控 自控	居民

1. 价格机制

价格机制主要包括分时电价、实时电价和尖峰电价三类。

（1）分时电价（TOU），固定电价转变为不同时段的不同价格机制，用电低谷价格下降，用电高峰价格上升，如峰谷电价、季节电价等。

（2）实时电价（RTP），随着时间、地点和负荷水平的不同而发生改变，并把市场中的这种变化及时地传导给用户，为电能供需双方提供必要的价格信号，其主要特征是在交易的各个时段里电价水平都没有提前设定，并且不可预知。相比分时电价，实时电价采用更快的电价更新周期，周期为 1 h 或更短。实时电价机制更为合理，具备更灵活的调节能力，可以更好地应对短期容量短缺。目前美国部分地区实施实时电价，而国内还未实行实时电价政策。

（3）尖峰电价（CPP），由于实时电价对于量测基础设施和营销系统有较高要求，初期可以结合分时电价以及动态的尖峰电价，尖峰价格可以预先设定，提前一定时间通知用户，以起到抵御突发用电高峰的效果。灵活尖峰电价机制主要适用于分散式小用户，如居民用户等。分散式小用户普遍负荷较小，计量设施不完善，需求响应实施效果无法核证。如果对大量分散式小用户进行改造，需要花费大量的设备安装及维护成本，而需求响应效果不明显。因此，采用灵活尖峰电价机制可以有效解决分散式小用户参与需求响应困难的问题。

按照电力或电量缺口占当期最大用电需求比例的不同，可以将电力缺口程度分为四个等级：

Ⅰ级：特别严重（20%以上）；

Ⅱ级：严重（10%～20%）；

Ⅲ级：较重（5%～10%）；

Ⅳ级：一般（5%以下）。

电力公司根据不同的电力缺口程度等级，制定不同的尖峰电价调整系数，并提前 1～2 h 通过电力交易平台推送给相关用户。用户根据灵活尖峰电价自行调整自己的用电计划。灵活尖峰电价设计见表 12-2。

表 12-2　灵活尖峰电价设计

电力缺口等级	电力缺口占比	尖峰电价调整系数
Ⅰ级	5%以下	1
Ⅱ级	5%～10%	1.5
Ⅲ级	10%～20%	3
Ⅳ级	20%以上	5

2. 激励机制

激励机制主要可以采用经济激励机制和积分激励机制两类。

1）经济激励机制

经济激励机制主要适用于大用户和负荷集成商。公司首先制定经济激励机制，根据电网运行情况和负荷预测情况，在负荷高峰期出现供电缺口或负荷低谷期调峰能力不足时，提出需求响应启动请求。在电网运行期间，公司发布投标项目，指出需要削减的负荷大小以及响应奖励。用户可以根据情况进行投标，决定是否参与需求响应以及负荷削减量。如果电力公司接受投标，用户将按计划减少负荷以完成需求响应合约。

需求响应的启动、沟通、执行和效果评估等各环节均需要数据和技术平台的支撑，整个响应过程涉及电力需求侧管理在线监测平台、电力负荷管理系统主站、需求响应平台、负荷集成商电能管理系统以及电力用户电能管理系统（或需求响应系统等）等，需求响应实施架构见图 12-1。

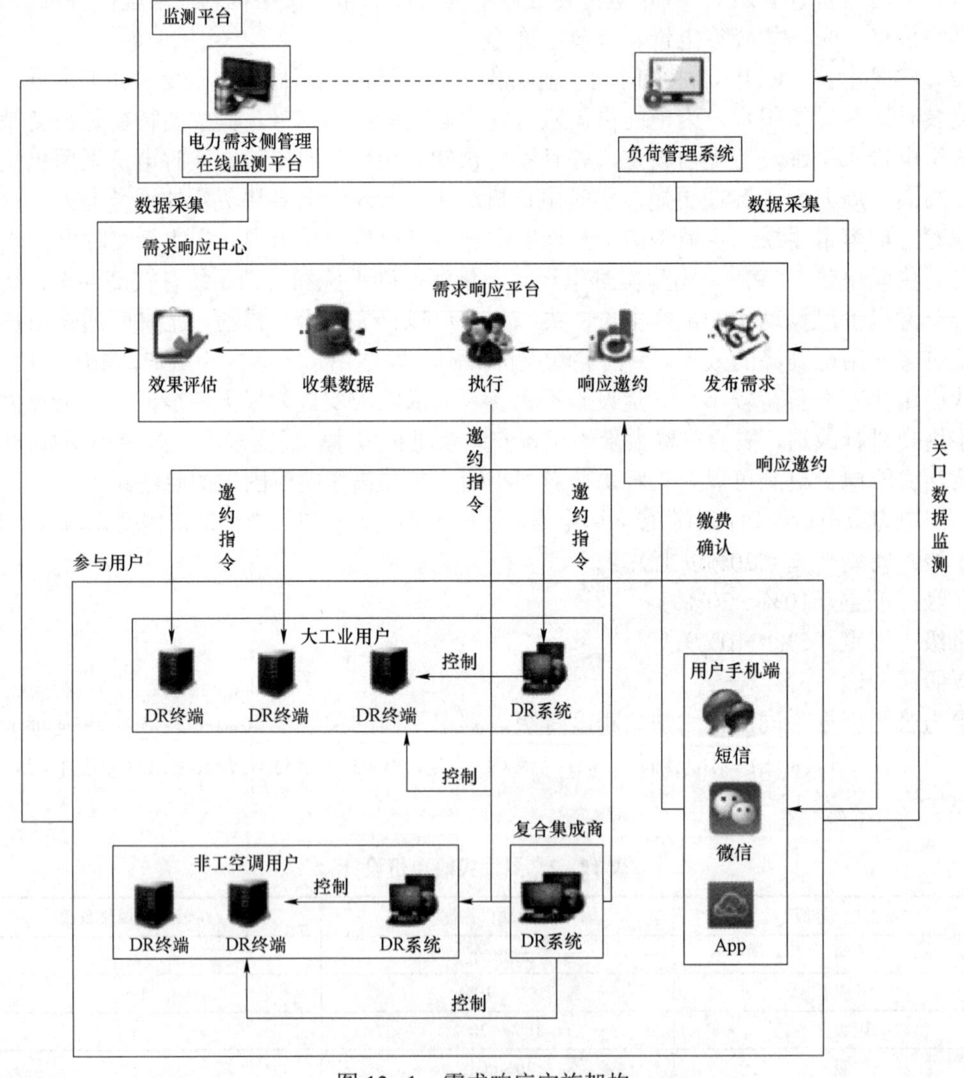

图 12-1　需求响应实施架构

其中，电力负荷管理系统主站提供用户关口负荷数据的监测，是统计约定响应实际效果的重要依据；电力需求侧管理在线监测平台对响应点的实时负荷数据进行监测，是判定实时响应是否有效执行的重要依据。需求响应中心（平台）借助现代化信息手段，与电力用户（负荷集成商）实时双向互动，实现需求响应过程的组织协调。

激励型需求响应实施流程包括组织申报、响应执行和效果评估。

（1）组织申报。

需求响应组织申报工作流程见图 12-2。

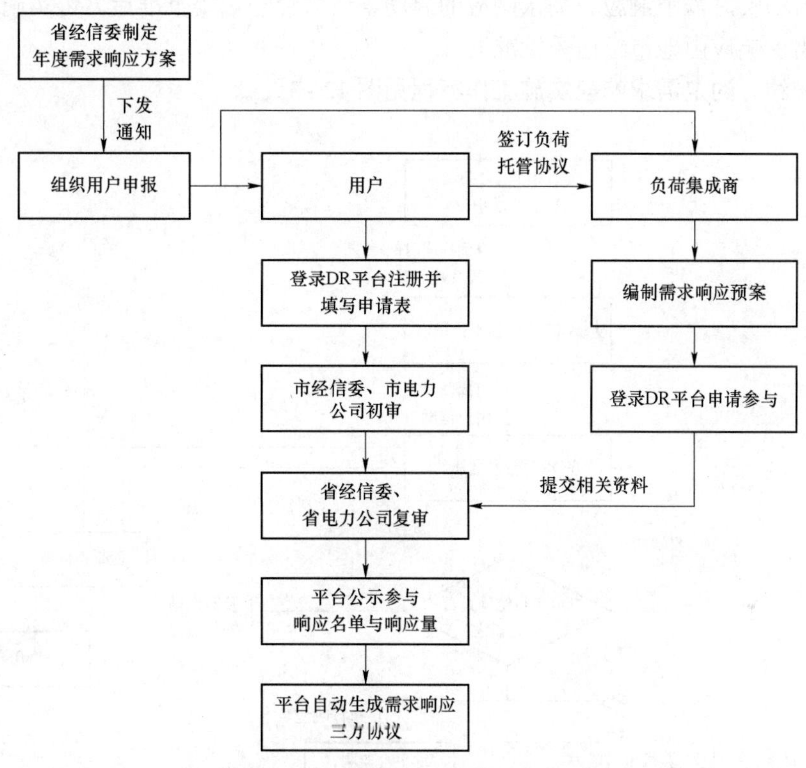

图 12-2 需求响应组织申报工作流程

①方案制定。经信委会同物价局制定需求响应实施细则。经信委根据电力公司上报的年度电力供需形势，制定印发年度需求响应方案。

②组织申报。根据年度需求响应方案，各设区市经信委、供电公司根据上一年度调度用电最大负荷的 3%，组织电力用户及负荷集成商申报需求响应。

③用户申请。每年约定日期，符合申报条件的电力用户（负荷集成商），可通过各电力需求侧管理平台中的需求响应平台进行网上申请，填写需求响应申请单并上传相关资料。

④申请审查。设区市经信委组织供电公司和行业专家组成评估小组，对属地内提交申请的电力用户进行需求响应能力评估，并将通过评估的申请提交至经信委和电力公司。负荷集成商的申请直接提交至经信委和电力公司。经信委会同电力公司组织专家对所有申请参与需求响应的用户进行审核，最终确认需求响应能力。

⑤签订协议。电力需求侧管理平台对通过审核的用户（负荷集成商）予以公示，公示结束后，需求响应平台自动生成用户（负荷集成商）、经信委、电力公司需求响应三方协议。确

认参与需求响应的用户（负荷集成商）必须通电力公司和需求响应中心对负荷管理装置、能源管理系统以及参与响应设备运行状况的检查。

若用户委托负荷集成商参与需求响应，应与负荷集成商签订需求响应可中断负荷业务委托协议，确定参与的设备以及负荷量，明确安全责任，并将协议上传至需求响应平台。

（2）响应执行。

①项目启动。当满足需求响应启动条件时，电力公司原则上应提前一天（或根据当日实际情况）预测电网负荷缺口，并申请启动约定需求响应。应对突发性事件造成的电网供需失衡，可申请启动实时需求响应。需求响应的启动申请需经经信委批准后方可实施（符合地市发起条件的需求响应由地市经信委批准）。

②响应邀约。约定需求响应实施工作流程见图 12-3。

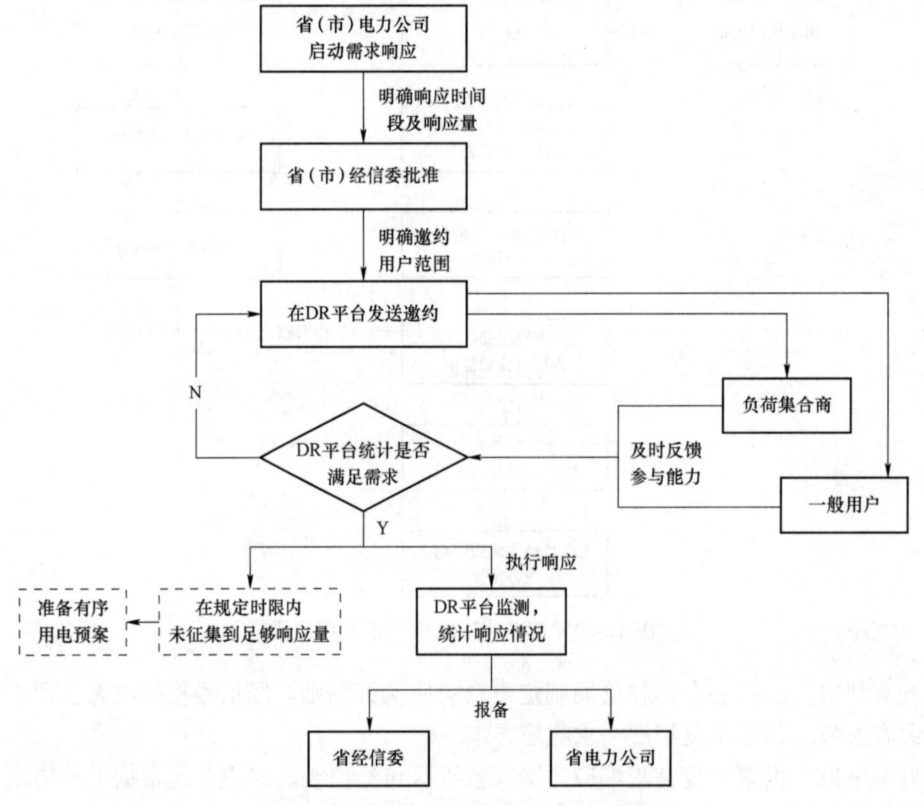

图 12-3　约定需求响应实施工作流程

响应日前一天发布邀约。电力公司于响应日前日 17:00 前，向需求响应中心（平台）发布各地需求响应调控指标信息。

需求响应中心（平台）在收到指标信息后，确定响应邀约范围并通过电力需求侧管理在线监测平台、手机 App 等向签约用户（负荷集成商）发布响应邀约。

签约用户（负荷集成商）在收到邀约后，应及时反馈是否正常参与，响应执行前 4 h 为应邀截止时间，未反馈者视为放弃参与。

需求响应中心根据反馈信息测算响应负荷量，如不能达到调控指标，则进一步扩大邀约范围，直至响应负荷量达到调控指标。需求响应中心确定参与响应用户（负荷集成商）名单后，正式通知用户（负荷集成商），同时报送经信委和电力公司。如预定响应时段前 4 h 确认的响应负荷量仍不能达到调控指标，需求响应中心须将响应情况立即报送至经信委和电力公司，经信委根据实际情况判定是否启动有序用电管理流程。

响应时段前 4 h 内发布邀约（含 4 h）。对于邀约时间距离执行时间不足 4 h 的约定需求响应，若邀约用户在执行前半小时仍未反馈是否参与，则视为放弃参与。其他流程同邀约时间超过 4 h 的约定需求响应。

实时需求响应实施工作流程见图 12–4。

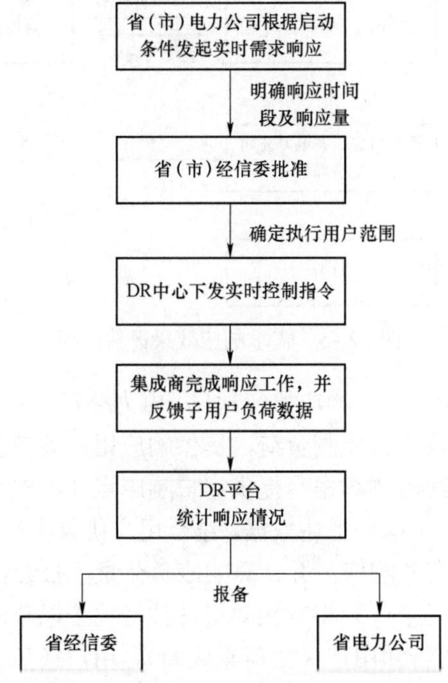

图 12–4　实时需求响应实施工作流程

当电网因突发状况出现电力供需严重不平衡时，电力公司向需求响应中心（平台）发布实时需求响应调控指标信息。

需求响应中心在收到调控指标信息后，通过平台系统自动确定响应范围并生成实时需求响应指令，通过网络下达至具备自动响应能力的控制终端或是用户端电能管理系统（生产管理系统、自动化系统、控制系统）。

③响应执行。确定参与需求响应的用户（负荷集成商）应在约定时段实施需求响应，按约定调控负荷。

对于约定需求响应，电力公司可根据电网运行实际情况，提出中止需求响应执行，报经信委确认后由需求响应中心（平台）协调用户（负荷集成商）取消执行，但应确保于原定响应时段开始 1 h 前向用户（负荷集成商）送达取消指令，否则默认为确认执行。

（3）效果评估。

需求响应效果评估流程见图 12–5。

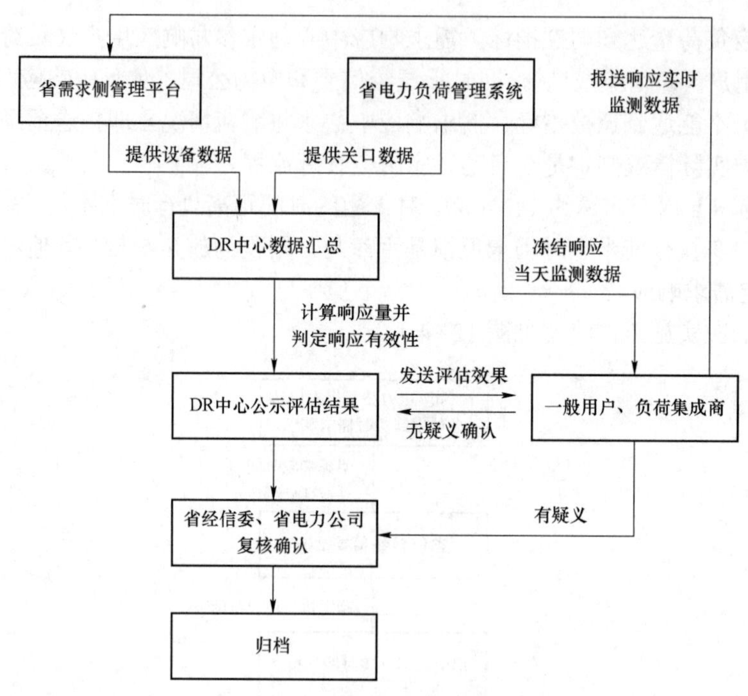

图 12-5　需求响应效果评估流程

第一步：响应有效性判定。需求响应执行次日，电力公司负荷管理系统通过冻结用户（包括负荷集成商聚合的用户）响应日监测负荷，提供响应用户关口负荷的响应情况。电力需求侧管理在线监测平台根据在线监测数据，提供用户响应点（用电线路或设备）的实际负荷响应情况。需求响应中心（平台）综合上述数据，结合用户协议中约定的负荷量，判定用户（负荷集成商）该次响应是否为有效响应，并计算响应负荷量，报经信委确认。

第二步：需求响应中心（平台）将响应效果评估情况予以公示，并通过电力需求侧管理在线监测平台、手机 App 等告知用户（负荷集成商）。用户（负荷集成商）对响应评估情况如有疑义，可向需求响应中心（平台）反映，需求响应中心（平台）应对评估结论进行复核，如确有错误，应予以修正并报送经信委重新确认。

第三步：需求响应中心完成响应效果评估后，将相关数据报送电力公司和经信委，并由经信委最终核定。需求响应中心将核定结果进行归档。

（4）激励资金来源。

①在需求响应实施期间的电价中增加需求响应基金。在现行的需求响应项目中提取一定比例的需求响应资金补偿在激励型需求中响应的用户。例如用户在尖峰电价时段用电，电网公司获得的收益可以用于激励型需求响应基金。

②在输配电价构成中增加用户补贴资金。输配电价包含公用网络输配电服务价格，此价格指电网经营企业为接入公用网络的电力用户提供输配电和销售服务的价格，实施需求响应能够降低尖峰负荷，缓解输配电网压力，减轻输配电人员服务工作量，需求响应为输配电带来可观的好处，因此需将其纳入输配电价核算制定过程。通过输配电价部分收益作为用户补贴资金激励用户参与需求，实现双方共赢。

③将电网实施需求响应成本纳入输配电成本。为应对夏季尖峰负荷，电网企业需要投入

资金新建电厂和输配电网络，而在非高峰负荷区间，这些电厂及输配电网的运行效率较低，造成资源浪费。实施需求响应可以降低尖峰负荷，从而减少基建投资，所以需要在电网每年输配电成本核定期间将需求响应纳入考虑范围，用部分基建费用来实施激励需求响应，从而达到资源的充分利用，符合国家节能减排的趋势。

④将可再生能源消纳补贴一部分作为参与消纳用户的激励。为了鼓励用户侧可调负荷参与消纳可再生能源，在可再生能源消纳补贴中单独增加面向用户的激励资金，实现消纳可再生能源效益的多方共享。

2）积分激励机制

积分激励机制主要适用于居民用户。电力积分是指在电网紧急状态下，供电公司因用户响应电网削减用电量而给予积分奖励。从时间角度出发，电力积分机制包括积分生成和积分兑换两大部分，其中积分生成是指年度积分和惩罚积分之和，而兑换积分是指已兑换积分。

（1）积分生成。

①年度积分。假设积分生成按照统一标准结算。如电力用户通过需求响应削减 1 kW・h 可获得 1 个电力积分。为确保电力积分制的公平和公正性，在积分生成模型中引入累计系数，充分考虑参与项目类型的影响作用，如同类用户参与不同 DR 项目，在同等外界条件下削减同样负荷量，所获得电力积分也不相同，直接体现不同 DR 项目的难易程度。

②奖惩积分。根据信用制的传导效应，电力积分生成模型也设计了惩罚因素，主要针对参与有序用电等通过非电价信号引导的电力用户。对于不能按协议要求响应的电力用户，供电公司将做出扣除电力积分的处理，但并不采取“一刀切”，在惩罚周期结算时，供电公司将从全局角度出发分析用户违反协议的原因，如削减量设计是否在用户承受范围之内、供电公司是否按照公平原则兑换、是否与外界因素有关等。另外，用户也需登录 95598 电力网站填写未能按要求响应的原因，便于供电公司对违反原因做出归纳统计。若经供电公司调查发现，某类原因与用户本身关联度较小，但与外界因素关联度较大，那么供电公司将酌情减少对用户的惩罚，并在协议期结束后对响应协议做出适当修正，确保激励机制公平、可行和实用。

（2）积分兑换。

①积分兑换电费折扣。仅限于电价型 DR 项目。年终用户可向电力公司兑换电费折扣，如 200 积分可以兑换 0.1%的电费折扣。

②积分冲抵负荷削减指标。电价型和激励型 DR 项目产生的积分都可兑换。用户提前一周申请兑换，如 100 积分可申请兑换当日计划削减量的 5%。

12.3 工作建议

需求响应是践行能源消费革命的重要途径，是泛在电力物联网建设的重要内容，能够有效促进电网高效运行和精准投资。为充分发挥电能服务商、负荷集成商等市场主体资源整合优势，引导和激励电力用户挖掘调峰资源，参与系统调峰，加快构建 3%需求响应能力，下一步需要做好以下几项工作。

（1）建立以政府主导、电网企业实施、用户参与的需求响应工作机制。一是国家层面明确各政府需求响应工作任务部署，提出强制性的工作量化指标，构建常态化需求响应实施流程，制定省市县分级落实方案上报国家发展改革委备案；二是推动国家发展改革委、住建部、工信部等行业主管部门出台支持政策，在相关设备接口标准及负荷分类标准方面，实现相关设备无缝对接接入需求响应系统；三是委托电网公司协助开展需求响应可调节能力调查，构建需求响应可调节资源库；四是明确企业、楼宇的用能系统和设备必须支持需求响应，出台针对用户建设、购买具备需求响应功能系统/产品的优惠补贴政策，完善适应需求响应的多种电价政策。

（2）扎实开展电力公司可调节负荷特性分析和调节能力建设。一是进一步细分行业类别，深入研究各类行业不同流程工艺的负荷响应特性，逐步建立各类负荷调控模型，挖掘分行业的理论可调节潜力；二是针对工业企业、商业楼宇等需求响应较大潜力的用户，逐户开展上门调查，摸清用户实际可调节能力，沟通需求响应参与意愿，推动签订需求响应协议；三是明确需求响应可调节负荷不低于3%的能力建设指标，要求电力公司积极开拓需求响应可调节资源，创新尝试多种业务结合的工作推进模式。

（3）加强需求响应实用技术和装置研究。一是完善需求响应标准建设，扩展标准应用范围，逐步规范需求响应系统/终端建设，提升相关产品试验检测能力；二是加快探索与市场化交易相结合的需求响应实施模式，逐步完善需求响应市场竞价方法，设计适应削峰填谷和新能源消纳的需求响应交易品种；三是开发需求响应潜力分析、负荷缺口分解等关键算法，进一步完善需求响应资源普查软件，支撑需求响应实施方案策略优化。

（4）加强公司跨部门协调，充分发挥用户侧可调资源作用。一是结合需求响应可调节负荷调查，按照一般可调节负荷、可快速切除负荷，建立面向调度区域的需求响应可调节分类资源库，加强与电网调度运行的协调互动；二是联合电力交易中心、调度机构，探索将需求响应可调节负荷纳入电网调峰辅助服务，以及参与新能源消纳交易的实施模式，丰富需求响应长效实施机制。

习　题

一、填空

1.《中华人民共和国电力法》规定：为了保障和促进电力事业的发展，维护电力（　　　　　　　　　　　）的合法权益，保障电力安全运行，制定本法。

答案：投资者、经营者和使用者

2. 为积极适应国家简政放权和电力改革形势，及时响应客户用电服务新需求，坚持（　　　），以市场为导向、以客户为中心。

答案："你用电、我用心"

3. 电力事业投资，实行"（　　）"的原则。

答案：谁投资、谁受益

4. 根据不同的用户响应方式，可以将需求响应划分为（　　　　　　）和（　　　　　　）两种类型。

答案：基于价格的需求响应　基于激励的需求响应

5. 根据客户生产性质，用电负荷一般分为（　　　　）、（　　　　　）、（　　　　　）、（　　　　）四类。

答案：安全保障负荷　主要生产负荷　辅助生产负荷　非生产性负荷

6. 有序用电是指在可预知电力供需紧张的情况下，通过（　　　）、（　　　）、（　　　），依法控制部分用电需求，维护供用电秩序平稳的管理工作。

答案：行政措施　经济手段　技术方法

7. 有序用电工作应遵循"（　　　）、（　　　）、（　　　）、（　　　）、（　　　）、（　　　）"的原则。

答案：政府主导　安全稳定　统筹兼顾　有保有限　注重预防　节控并举

8. 在有序用电开展前期，应扎实开展（　　　　）、（　　　　）、（　　　　）、（　　　　）等基础工作，为有序用电提供数据和技术支撑。

答案：有序用电信息管理　电力供需平衡预测　用电负荷分析　电力负荷管理系统建设运行

9. 受（　　　　）、（　　　　）等影响，不同企业的用电负荷特性不同。

答案：企业规模　生产工艺

10. 分析行业电力用户负荷特性，对电力用户进行分类，实施差异化的有序用电管理。分类的主要依据有（　　　　）、（　　　　）、（　　　　）、（　　　　）。

答案：行业特性　企业规模　单位产品能耗　用电时间

11. 电力负荷管理系统的负荷监测和控制能力应分别达到本地区最大用电负荷的

（　　　）和（　　　）及以上，原则上（　　　）及以上用户全部纳入负荷管理系统。

答案：70%　10%　100 kV·A

12. 根据电力供需形势，电力企业每年开展有序用电方案的编制工作，并组织开展（　　　　），强化有序用电方案的可操作性。

答案：有序用电演练

13. 电力设施受国家保护。禁止任何单位和个人（　　　　　　　　　　）或者（　　　　　）电能。

答案：危害电力设施安全　非法侵占、使用

14. 国家鼓励和支持利用（　　　　　　）和（　　　　　　　）发电。

答案：可再生能源　清洁能源

15. 电力建设、生产、供应和使用应当依法保护环境，采用（　　　　　），减少有害物质排放，（　　　　　　）和其他公害。

答案：新技术　防治污染

16. 作业人员应接受相应的（　　　　　　）教育和岗位技能培训，掌握配电作业必备的电气知识和业务技能，并按工作性质，熟悉安全规程的相关部分，经考试（　　　）上岗。

答案：安全生产知识　合格

17. （　　　　　　　　）负责全国电力事业的监督管理。（　　　　　　　）在各自的职责范围内负责电力事业的监督管理。

答案：国务院电力管理部门　国务院有关部门

18. （　　　　　　　　）是本行政区域内的电力管理部门，负责电力事业的监督管理。（　　　　　　　　）在各自的职责范围内负责电力事业的监督管理。

答案：县级以上地方人民政府经济综合主管部门　县级以上地方人民政府有关部门

19. 任何人发现有违反安全规程的情况，应（　　　　　），经纠正后才可（　　　　　）作业。

答案：立即制止　恢复

20. 电力建设企业、电力生产企业、电网经营企业依法实行（　　　　　　），并接受电力管理部门的监督。

答案：自主经营、自负盈亏

21. 电力发展规划，应当体现合理利用能源、电源与电网配套发展、（　　）和（　　）的原则。

答案：提高经济效益　有利于环境保护

22. 电力发展规划应当根据国民经济和（　　　）的需要制定，并纳入国民经济和（　　　　）计划。

答案：社会发展　社会发展

23. 电力建设项目应当符合（　　　　），符合（　　　　　　　　　）。

答案：电力发展规划　国家电力产业政策

24. 巡视工作应由有配电工作经验的人员担任。单独巡视人员应经（　　　　）批准并公布。

答案：工区

25. 电力生产与电网运行应当遵循（　　　）的原则。电网运行应当（　　　），保证供电可靠性。

答案：安全、优质、经济　连续、稳定

26. 电力生产与电网运行应加快“掌上电力”App 和 95598 网站等渠道推广，引导客户（　　）办电，即申请即受理，第一时间进入系统管控流程。

答案：线上

27. 电力企业应当加强安全生产管理，坚持（　　　　　　）的方针，建立、健全安全生产责任制度。

答案：安全第一、预防为主

28. 电力企业应当对电力设施定期进行（　　）和（　　），保证其正常运行。

答案：检修　维护

29. 电网运行实行统一调度、（　　）。

答案：分级管理

30. 并网双方应当按照统一调度、分级管理和（　　　　）的原则，签订并网协议，确定双方的权利和义务；并网双方达不成协议的，由（　　　　）协调解决。

答案：平等互利、协商一致　省级以上电力管理部门

31. 国家对电力供应和使用，实行（　　）、（　　）、（　　）的管理原则。

答案：安全用电　节约用电　计划用电

32. 供电营业区的划分，应当考虑（　　）和（　　　）等因素。一个供电营业区内只设立（　　）供电营业机构。

答案：电网的结构　供电合理性　一个

33. 供电企业应当在其营业场所公告用电的（　　）、（　　）和（　　），并提供用户须知资料。

答案：程序　制度　收费标准

34. 申请新装用电、临时用电、（　　　　）、变更用电和（　　　　），应当依照规定的程序办理手续。

答案：增加用电容量　终止用电

35. 电力供应与使用双方应当根据（　　）、（　　）的原则，按照国务院制定的电力供应与使用办法签订供用电合同，确定双方的权利和义务。

答案：平等自愿　协商一致

36. 用户对供电质量有特殊要求的，供电企业应当根据其（　　）和（　　），提供相应的电力。

答案：必要性　电网的可能

37. 供电企业应当保证供给用户的（　　　）符合国家标准。

答案：供电质量

38. 供电企业在发电、供电系统正常的情况下，应当（　　）向用户供电，不得（　　）。因（　　　　）、（　　　　）或者用户违法用电等原因，需要中断供电时，供电企业应当按照国家有关规定事先通知用户。

答案：连续　中断　供电设施检修　依法限电

39. 用户应当安装用电计量装置。用户使用的电力电量，以（　　）的用电计量装置的记录为准。

答案：计量检定机构依法认可

40. 用户应当按照（　　）和（　　）的记录，按时交纳电费。

答案：国家核准的电价　用电计量装置

41. 供电企业查电人员和抄表收费人员进入用户，进行用电（　　）或者（　　）时，应当（　　）。

答案：安全检查　抄表收费　出示有关证件

42. 国家实行分类电价和（　　）。对同一电网内的同一电压等级、同一用电类别的用户，执行相同的（　　）。

答案：分时电价　电价标准

43. 国家鼓励和支持农村利用（　　）、（　　）、（　　）、（　　）和其他能源进行农村电源建设，增加农村电力供应。

答案：太阳能　风能　地热能　生物质能

44. 县级以上地方人民政府及其经济综合主管部门在安排用电指标时，应当保证农业和农村用电的适当比例，优先保证（　　）、（　　）和（　　）用电。

答案：农村排涝　抗旱　农业季节性生产

45. 电力管理部门依法对用户（　　）的情况进行监督检查。

答案：执行电力法律、行政法规

46. 电力监督检查人员进行监督检查时，有权向（　　）或者用户了解有关执行电力法律、行政法规的情况，查阅有关资料，并有权（　　）进行检查。

答案：电力企业　进入现场

47. 电力企业或者用户违反供用电合同，给对方造成损失的，应当（　　）。

答案：依法承担赔偿责任

48. 未保证（　　）或者未事先通知用户（　　），给用户造成损失的，应当依法承担赔偿责任。

答案：供电质量　中断供电

49. 因电力运行事故给用户或者第三人造成损害的，电力企业应当依法承担赔偿责任。由于（　　）、（　　）造成的电力运行事故，电力企业不承担赔偿责任。

答案：不可抗力　用户自身的过错

50. 电力建设项目使用（　　）的电力设备和技术的，由电力管理部门责令停止使用，没收（　　）的电力设备，并处五万元以下的罚款。

答案：国家明令淘汰　国家明令淘汰

51. 全面践行“四个服务”宗旨，以及“你用电、我用心”服务理念，认真贯彻国家法律法规、标准规程和供电服务监管要求，严格遵守公司供电服务“（　　）”规定。

答案：三个十条

52. 未经许可，从事供电或者变更供电营业区的，由（　　）责令改正，没收违法所得，可以并处（　　）的罚款。

答案：电力管理部门　违法所得五倍以下

53.（　　　　）原则，指健全高效的跨专业协同运作机制，营销部门统一受理客户用电申请，承办业扩报装具体业务，对外答复客户。

答案：“一口对外”

54. 危害供电、用电安全或者扰乱供电、用电秩序的，由电力管理部门责令改正，给予警告；情节严重或者拒绝改正的，可以（　　），还可以并处（　　）的罚款。

答案：中止供电　五万元以下

55. 规定电网经营企业（　　　）负责本供区内的电力供应与使用的业务工作，并接受（　　）的监督。

答案：依法　电力管理部门

56. 对拟定的重要电力客户，应根据国家确定（　　）有关规定，审核客户行业范围和（　　），并根据客户供电可靠性的要求以及中断供电危害程度确定（　　）。

答案：重要负荷等级　负荷特性　供电方式

57. 电力管理部门应当加强对供用电的监督管理，协调供用电各方关系，禁止（　　　　　　　）和（　　　　　　）的行为。

答案：危害供用电安全　非法侵占电能

58. 供电企业在（　　）内向用户供电。

答案：批准的供电营业区

59. 按照“（　　　　　　　　　）”原则，深化线上办电、移动作业、档案电子化等技术手段应用，向客户提供规范、便捷、高效的变更用电及低压居民新装（增容）服务。

答案：便捷高效、智能互动、办事公开

60. 县级以上各级人民政府应当将城乡电网的建设与改造规划，纳入城市建设和乡村建设的总体规划。供电企业应当按照规划做好（　　　　　）和（　　　　）工作。

答案：供电设施建设　运行管理

61. 供电企业和用户对供电设施、受电设施进行建设和维护时，作业区域内的有关单位和个人应当给予（　　），提供方便；因作业对建筑物或者农作物造成损坏的，应当依照有关法律、行政法规的规定（　　）或者给予（　　）。

答案：协助　负责修复　合理的补偿

62. 完善服务调度平台体系建设，应用服务调度平台，开展变更用电全过程（　）管控。

答案：闭环

63. 供电方式应当按照安全、（　　）、（　　）合理和便于管理的原则。

答案：可靠　经济

64. 在公用供电设施未覆盖的地区，供电企业可以委托有供电能力的单位（　　）供电。非（　　），任何单位不得擅自向外供电。

答案：就近　经供电企业委托

65. 各级服务调度平台对（　　　　）等情况进行监督。

答案：用户回访满意度

66. 供电企业没有（　　）的合理理由的，应当供电。供电企业应当在其营业场所公告用电的（　　）、（　　）和（　　）。

答案：不予供电　程序　制度　收费标准

67. 供电企业应当按照国家有关规定实行（　　）电价、（　　）电价。安装在用户处的用电计量装置，由（　　）负责保护。

答案：分类　分时　用户

68.《电力供应与使用条例》第二十六条：用户使用的电力、电量，以（　　）认可的用电计量装置的记录为准。用电计量装置，应当安装在（　　）的产权分界处。

答案：计量检定机构依法　供电设施与受电设施

69. 供电企业应当按照国家（　　）和用电计量装置的记录，向用户计收电费。用户应当按照国家（　　），并按照规定的期限、方式或者（　　）的办法，交付电费。

答案：核准的电价　批准的电价　合同约定

70. 除《电力供应与使用实例》另有规定外，在发电、供电系统正常运行的情况下，供电企业应当（　　）向用户供电；因故需要停止供电时，应当按照有关要求（　　）或者进行（　　）。

答案：连续　事先通知用户　公告

71. 因供电设施计划检修需要停电时，供电企业应当提前（　　）通知用户或者进行公告；因供电设施临时检修需要停止供电时，供电企业应当提前（　　）通知重要用户；因发电、供电系统发生故障需要停电、限电时，供电企业应当按照事先确定的（　　）进行停电或者限电。引起停电或者限电的原因消除后，供电企业应当尽快恢复供电。

答案：7 天　24 小时　限电序位

72. 县级以上人民政府电力管理部门应当遵照国家产业政策，按照（　　）、（　　）、（　　）的原则，做好计划用电工作。

答案：统筹兼顾　保证重点　择优供应

73. 供电企业和用户应当制定节约用电计划，推广和采用节约用电的（　　）、（　　）、（　　）、（　　），降低电能消耗。

答案：新技术　新材料　新工艺　新设备

74. 供电企业和用户应当在供电前根据（　　）和（　　）签订供用电合同。

答案：用户需要　供电企业的供电能力

75. 供电企业应当按照合同约定的（　　）、（　　）、（　　）、（　　），合理调度和安全供电。

答案：数量　质量　时间　方式

76. 供电国网客服中心通过（　　）等电子渠道，获取用户对变更用电服务质量的评价。

答案：95598 网站

77. 违章用电的，供电企业可以根据（　　）和（　　）追缴电费，并按照国务院电力管理部门的规定加收电费和国家规定的其他费用；情节严重的，可以按照国家规定的程序停止供电。

答案：违章事实　造成的后果

78. 供电企业和用户应当遵守国家有关规定，服从（　　），严格按指标供电和使用。

答案：电网统一调度

79. 用户需要（　　）、（　　）电源时，供电企业应按其负荷重要性、用电容量和供电的可能性，与用户协商确定。用户重要负荷的（　　）电源，可由供电企业提供，也可由用户自备。

答案：备用　保安　保安

80. 用户未进行线上评价的，默认为（　　　）。线上评价不满意的，应通过（　　　　）进行回访。

答案：满意　手机 App、95598 电话

81. 在电力系统瓦解或不可抗力造成供电中断时，仍需保证供电的，保安电源应由（　　）。

答案：用户自备

82. 将现行销售电价逐步归并为（　　　）、（　　　）和（　　　）价格三个类别。

答案：居民生活用电　农业生产用电　工商业及其他用电

83. 供电企业向有重要负荷的用户提供的保安电源，应符合（　　）的条件。有重要负荷的用户在取得供电企业供给的保安电源的同时，还应有（　　）的应急措施，以满足安全的需要。

答案：独立电源　非电性质

84. 暂单列大工业用电类别中，将现行大工业用电中的（　　　）、电炉铁合金、（　　　）、黄磷、电石、（　　　）等用电逐步归并于大工业用电类别。

答案：电解铝　电解烧碱　中小化肥

85. 用户申请新装或增加用电时，应向供电企业提供用电工程项目批准的文件及有关的用电资料，包括用电地点、电力用途、（　　）、（　　）、用电负荷、保安电力、用电规划等，并依照供电企业规定的格式如实填写用电申请书及办理所需手续。

答案：用电性质　用电设备清单

86. 新建受电工程项目在立项阶段，用户应与供电企业联系，就（　　）、（　　）和（　　）等达成意向性协议，方可定址，确定项目。

答案：工程供电的可能性　用电容量　供电条件

87. 供电设施建成后，在公用变电站内由用户投资建设的供电设备，由（　　）统一经营管理。属于临时用电等其他性质的供电设施，原则上由（　　）运行维护管理，或由双方协商确定，并签订协议。

答案：供电企业　产权所有者

88. 供电设施的运行维护管理范围，按（　　）确定。在（　　）上的具体分界点，由供用双方协商确定。

答案：产权归属　电气

89. 供电企业和用户分工维护管理的供电和受电设备，除另有约定者外，未经（　　）同意，对方不得（　　）。

答案：管辖单位　操作或更动

90. 用户到供电企业维护的设备区作业时，应征得供电企业同意，并在供电企业人员（　　）进行工作。作业完工后，双方均应及时予以（　　）。

答案：监护下　修复

91. 因建设引起建筑物、构筑物与供电设施相互妨碍，需要迁移供电设施或采取防护措施时，应按（　　）的原则，确定其担负的责任。

答案：建设先后

92. 供电设备计划检修时，对 35 kV 及以上的电压供电用户的停电次数，每年不超过（　　）次；对 10 kV 供电的用户，每年不超过（　　）次。

答案：1　3

93. 供电企业应根据（　　）和（　　），编制事故限电序位方案，并报电力管理部门审批或备案后执行。

答案：电力系统情况　电力负荷的重要性

94. 备用电源是根据用户在（　　）、（　　）和（　　）上对供电可靠性的实际需求，在主供电源发生故障或断电时，能有效为全部负荷提供电力的电源。

答案：安全　业务　生产

95. 除因故中止供电外，供电企业需对用户停止供电时，应按下列程序办理停电手续，在停电前（　　）天内，将停电通知书送达用户，对重要用户的停电，应将停电通知书报送同级（　　）；在停电前（　　）分钟，将停电时间再通知用户一次，方可在通知规定时间实施停电。

答案：三至七　电力管理部门　30

96. 除因故中止供电外，供电企业需对用户停止供电时，应首先将停电的（　　）报本单位负责人批准。（　　）由省电网经营企业制定。

答案：用户、原因、时间　批准权限和程序

97. 自备应急电源是在主供和备用电源全部发生中断的情况下，由用户自行配备的，只针对（　　　　）可靠供电的独立电源。

答案：用户保安负荷

98. 根据与客户预约的时间，组织开展现场勘查。现场勘查前，应预先了解待勘查地点的（　　　）。

答案：现场供电条件

99. 基本电费以月计算，用户新装、增容、变更与终止用电当月的基本电费，可按（　　）天数（日用电不足 24 小时的，按一天计算）每日按全月基本电费的（　　）计算。

答案：实用　三十分之一

100.（　　）、（　　）、（　　）不扣减基本电费。

答案：事故停电　检修停电　计划限电

二、单选题

1. 电力建设企业、电力生产企业、电网经营企业依法实行自主经营、自负盈亏，并接受（　　）的监督。

A. 电力管理部门　　B. 当地人民政府

C. 国务院电力管理部门　　D. 工商管理部门

答案：A

2. 电力生产与电网运行应当遵循安全、优质、经济的原则，应当连续、稳定，保证（　　）可靠性。

A. 用电　　B. 供电　　C. 发电　　D. 变电

答案：B

3. 国家实行分类电价和分时电价，分类标准和分时办法由（　　）确定。

A. 电力管理部门　　B. 国务院

C. 电网经营企业　　D. 省（自治区、直辖市）人民政府

答案：B

4. 地方集资办电在电费中加收费用的，由（　　）依照国务院有关规定制定办法。

A. 省、自治区、直辖市人民政府　　B. 物价行政主管

C. 电力管理部门　　D. 电网经营企业

答案：A

5. 国家对农村电气化实行优惠政策，对（　　）农村电力建设给予重点扶持。

A. 少数民族地区　　B. 边远地区　　C. 贫困地区　　D. 农村地区

答案：C

6.（　　）及其经济综合主管部门在安排用电指标时，应当保证农业和农村用电的适当比例，优先保证农业排涝、抗旱和农业季节性生产用电。

A. 供电企业　　B. 县级以上地方人民政府

C. 省、自治区、直辖市人民政府　　D. 国务院

答案：B

7. 非法占用变电设施用地、输电线路走廊或者电缆通道的，由（　　）责令限期改正；逾期不改正的，强制清除障碍。

A. 县级以上地方人民政府　　B. 国务院

C. 电力管理部门　　D. 物价行政主管部门

答案：A

8. 电力建设项目不符合电力发展规划、产业政策的，由（　　）责令停止建设。

A. 县级以上地方人民政府　　B. 国务院

C. 电力管理部门　　D. 物价行政主管部门

答案：C

9. 电力建设项目使用国家明令淘汰的电力设备和技术的，由（　　）责令停止使用，没收国家明令淘汰的电力设备，并处五万元以下的罚款。

A. 县级以上地方人民政府　　B. 国务院

C. 电力管理部门　　D. 物价行政主管部门

答案：C

10. 因故间断电气工作连续（　　）以上者，应重新学习安全规程，并经考试合格后，方能恢复工作。

A. 1 个月　　B. 3 个月　　C. 5 个月　　D. 9 个月

答案：C

11. 未经许可，从事供电或者变更供电营业区的，由（　　）责令改正，没收违法所得，

可以并处违法所得五倍以下的罚款。

A. 县级以上地方人民政府　　B. 国务院

C. 电力管理部门　　D. 物价行政主管部门

答案：C

12. 危害供电、用电安全或者扰乱供电、用电秩序的，由（　　）责令改正，给予警告；情节严重或者拒绝改正的，可以中止供电，还可并处五万元以下的罚款。

A. 县级以上地方人民政府　　B. 国务院

C. 电力管理部门　　D. 物价行政主管部门

答案：C

13. 未按照国家核准的电价和用电计量装置的记录向用户计收电费、超越权限制定电价或者在电费中加收其他费用的，可以并处违法收取费用（　　）以下的罚款。

A. 一倍　　B. 二倍　　C. 三倍　　D. 五倍

答案：D

14. 未按照国家核准的电价和用电计量装置的记录向用户计收电费、超越权限制定电价或者在电费中加收其他费用的，由（　　）给予警告，责令返还违法收取的费用。

A. 县级以上地方人民政府　　B. 国务院

C. 电力管理部门　　D. 物价行政主管部门

答案：D

15. 未经批准或者未采取安全措施在电力设施周围或者在依法划定的电力设施保护区内进行作业，危及电力设施安全的，由（　　）责令停止作业、恢复原状并赔偿损失。

A. 县级以上地方人民政府　　B. 国务院

C. 电力管理部门　　D. 物价行政主管部门

答案：C

16. 在依法划定的电力设施保护区内修建建筑物、构筑物或者种植植物、堆放物品，危及电力设施安全的，由（　　）责令强制拆除、砍伐或者清除。

A. 当地人民政府　　B. 国务院

C. 电力管理部门　　D. 物价行政主管部门

答案：A

17. 发生（　　）行为，应当给予治安管理处罚，由公安机关依照治安管理处罚法的有关规定予以处罚；构成犯罪的，依法追究刑事责任。

A. 窃电

B. 违约用电

C. 擅自接线

D. 殴打、公然侮辱履行职务的查电人员或者抄表收费人员的

答案：D

18. 盗窃电能的，由电力管理部门责令停止违法行为，追缴电费并处应交电费（　　）的罚款。

A. 三倍以下　　B. 三倍　　C. 五倍以下　　D. 三至五倍

答案：C

19.（　　）电力管理部门负责本行政区域内电力供应与使用的监督管理工作。

A. 地方人民政府　　B. 县级以上地方人民政府

C. 省级以上　　D. 国务院

答案：B

20.（　　）依法负责本供区内的电力供应与使用的业务工作，并接受电力管理部门的监督。

A. 电网经营企业和供电企业　　B. 省级以上电网经营企业

C. 电网经营企业　　D. 供电企业

答案：C

21. 跨省、自治区、直辖市的供电营业区的设立、变更，由（　　）审查批准并核发“供电营业许可证”。

A. 省、自治区、直辖市人民政府电力管理部门会同同级有关部门

B. 省级电力管理部门

C. 工商行政部门

D. 国务院电力管理部门

答案：D

22. 用户用电容量超过其所在的供电营业区内供电企业供电能力的，由（　　）指定的其他供电企业供电。

A. 国务院电力管理部门　　B. 省级电力管理部门

C. 省级以上电力管理部门　　D. 当地人民政府电力管理部门

答案：C

23. 供电设施、受电设施的（　　），应当符合国家标准或电业行业标准。

A. 设计、安装、试验和运行　　B. 安装、试验和运行

C. 设计、施工、试验和运行　　D. 设计、施工和试验

答案：C

24. 供电禁止工作人员穿越未（　　）的绝缘导线进行工作。

A. 停电　　B. 挂标示牌　　C. 接地　　D. 验电

答案：D

25. 中华人民共和国电力工业部第 8 号令颁布《供电营业规则》，自（　　）开始施行。

A. 1996 年 6 月 1 日　　B. 1996 年 10 月 8 日

C. 1997 年 10 月 8 日　　D. 1997 年 6 月 1 日

答案：B

26. 用电负荷密度较高的地区，经过技术经济比较，采用低压供电的技术经济性明显优于高压供电时，低压供电的容量界限可适当提高。具体容量界限由（　　）作出规定。

A. 省电力管理部门　　B. 省电网经营企业

C. 电力管理部门　　D. 供电企业

答案：B

27. 供电企业一般不采用趸售方式供电，以减少中间环节。特殊情况需开放趸售供电时，应由（　　）批准。

A. 供电企业
B. 市级政府
C. 省级电网经营企业
D. 省级电网经营企业报国务院电力管理部门

答案：D

28. 供电企业不得委托（　　）用户向其他用户转供电。

A. 重要的国防军工　　B. 民营企业　　C. 双路电　　D. 有自备发电机的

答案：A

29. 供电企业在计算转供户用电量、最大需量及功率因数调整电费时，应扣除（　　）。

A. 被转供户、公用线路损耗的有功、无功电量
B. 被转供户、变压器损耗的有功、无功电量
C. 转供户损耗的有功、无功电量
D. 被转供户、公用线路及变压器损耗的有功、无功电量

答案：D

30. 向被转供户供电的公用线路与变压器的损耗电量应由（　　）负担，不得摊入转供户用电量中。

A. 转供户　　B. 被转供户　　C. 用户　　D. 供电企业

答案：D

31. 如因供电企业供电能力不足或政府规定限制的用电项目，供电企业可通知用户（　　）办理。

A. 中止　　B. 终止　　C. 暂缓　　D. 拒绝

答案：C

32. 对于用电用户减容期限规定是（　　）。

A. 最短期限不得少于六个月，最长期限不得超过两年
B. 最短期限不得少于一年，最长期限不得超过两年
C. 最短期限不得少于六个月，最长期限不得超过一年
D. 最短期限不得少于一年，最长期限不得超过三年

答案：A

33. 无功电力应（　　）。

A. 集中补偿　　B. 分散补偿　　C. 就地平衡　　D. 按需补偿

答案：C

34. 用户在当地供电企业规定的电网高峰负荷时的功率因数，应达到下列指标：100 kV·A 及以上高压供电的用户功率因数为（　　）以上；其他电力用户中大、中型电力排灌站、趸购转售电企业，功率因数为（　　）以上；农业用电，功率因数为（　　）。

A. 0.90　0.85　0.80　　B. 0.85　0.85　0.80
C. 0.90　0.85　0.85　　D. 0.90　0.80　0.80

答案：A

35. 下列属于劳动保护用品的是（　　）。

A. 护目镜、绝缘手套　　B. 护目镜、全棉工作服、绝缘鞋

C. 绝缘鞋、绝缘手套　　D. 绝缘手套

答案：B

36. 在公用变电站内由用户投资建设的供电设备，如变压器、通信设备、开关、刀闸等，由（　　）统一经营管理。建成投运前，双方应就运行维护、检修、备品备件等各项事宜签订交接协议。

A. 供电企业　　B. 用户

C. 供电企业与用户协商确定　　D. 政府

答案：A

37. 属于临时用电等其他性质的供电设施，原则上由（　　）运行维护管理，可由双方协商确定，并签订协议。

A. 供电企业　　B. 用户　　C. 产权所有者　　D. 施工单位

答案：C

38. 35 kV 及以上公用高压线路供电的，以用户厂界外或用户变电站外第一基电杆为分界点。第一基电杆属（　　）。

A. 供电企业　　B. 用户

C. 供电企业与用户共有　　D. 由具体文件规定

答案：A

39. 产权属于用户且由用户运行维护的线路，以公用线路支杆或专用线接引的公用变电站外第一基电杆为分界点，专用线路第一电杆属（　　）。

A. 供电企业　　B. 用户

C. 供电企业与用户共有　　D. 维护单位

答案：B

40. 用户功率因数未达到规定标准引起电压质量不合格的，对电压不合格给用户造成的损失（　　）。

A. 供电企业不负赔偿责任　　B. 供电企业负责赔偿责任

C. 责任单位赔偿　　D. 视不同情况而定

答案：A

41. 供电设备计划检修时，对 10 kV 供电的用户，每年不超过（　　）次。

A. 一　　B. 二　　C. 三　　D. 五

答案：C

42. 在用户受电装置上作业的电工，应经过电工专业技能的培训，必须取得（　　）颁发的“电工进网作业许可证”，方准上岗作业。

A. 电力管理部门　　B. 供电企业　　C. 当地人民政府　　D. 人事部门

答案：A

43. 供电企业需对用户停止供电时，在停电前（　　）天内，将停电通知书送达用户，对重要用户的停电，应将停电通知书送同级电力管理部门。

A. 三　　B. 五　　C. 三至五　　D. 三至七

答案：D

44. 由于电力企业电力运行事故造成用户停电时，供电企业应按用户在停电时间内可能

用电量的电度电费的（　　）倍（单一制电价为四倍）给予赔偿。

A. 三　　B. 五　　C. 六　　D. 十

答案：B

45. 用户用电功率因数达到规定标准，而供电电压超出规定的变动幅度，给用户造成损失的，供电企业应按用户每月在电压不合格的累计时间内所用的电量，乘以用户当月用电的平均电价的（　　）给予赔偿。

A. 10%　　B. 20%　　C. 50%　　D. 200%

答案：B

46. 私自迁移、更动和擅自操作供电企业的用电计量装置、电力负荷管理装置、供电设施以及约定由供电企业调度的用户受电设备者，属于居民用户的，应承担每次（　　）元的违约使用电费；属于其他用户的，应承担每次（　　）元的违约使用电费。

A. 500　500　　B. 5 000　5 000　　C. 5 000　500　　D. 500　5 000

答案：D

47. 未经供电企业同意，擅自引入（供出）电源或将备用电源和其他电源私自并网的，除当即拆除接线外，应承担其引入（供出）或并网电源容量每千瓦（千伏安）（　　）元的违约使用电费。

A. 50　　B. 500　　C. 5 000　　D. 10 000

答案：B

48. 擅自使用已在供电企业办理暂停手续的电力设备或启用供电企业封存的电力设备的，应停用违约使用的设备。属于两部制电价的用户，应补交擅自使用或启用封存设备容量和使用月数的基本电费，并承担（　　）倍补交基本电费的违约使用电费；其他用户应承担擅自使用或启用封存设备容量每次每千瓦（千伏安）（　　）元的违约使用电费。

A. 3　30　　B. 3　50　　C. 2　30　　D. 2　50

答案：C

49. 供电企业对查获的窃电者，应予制止，并可当场中止供电。窃电者应按所窃电量补交电费，并承担补交电费（　　）倍的违约使用电费。

A. 1　　B. 2　　C. 3　　D. 5

答案：C

50. 窃电时间无法查明时，窃电日数至少以（　　）天计算。每日窃电时间，电力用户按（　　）小时计算，照明用户按（　　）小时计算。

A. 60　12　6　　B. 180　12　6　　C. 60　24　12　　D. 180　24　12

答案：B

三、多选题

1. 国家鼓励、引导国内外的（　　）依法投资开发电源，兴办电力生产企业。

A. 经济组织　　B. 个人　　C. 政府机构　　D. 电力机构

答案：AB

2. 禁止任何单位和个人（　　）。

A. 危害电力设施安全　　B. 非法侵占电能

C. 非法使用电能　　D. 危害发电设施

答案：ABC

3.（　　）依法实行自主经营、自负盈亏，并接受电力管理部门的监督。

A. 电力建设企业　　B. 电力生产企业

C. 电网经营企业　　D. 电力使用企业

答案：ABC

4. 国家鼓励在电力（　　）过程中，采用先进的科学技术和管理方法，对在研究、开发、采用先进的科学技术和管理方法等方面作出显著成绩的单位和个人给予奖励。

A. 建设　　B. 供应　　C. 使用　　D. 生产

答案：ABCD

5. 接电条件包括（　　）。

A. 启动送电方案已审定　　B. 新建的供电工程验收合格

C. 客户的受电工程已竣工检验合格　　D. 供用电合同及相关协议已签订

E. 业务相关费用已结清

答案：ABCDE

6. 电力发展规划，应当体现（　　）原则。

A. 合理利用能源　　B. 电源与电网配套发展

C. 提高经济效益　　D. 有利于环境保护

答案：ABCD

7. 城市电网的建设与改造规划，应当纳入城市总体规划。市人民政府应当按照规划，安排（　　）。

A. 配电设施用地　　B. 输电线路走廊

C. 变电设施用地　　D. 电缆通道

答案：BCD

8.（　　）等电网配套工程和环境保护工程，应当与发电工程项目同时设计、同时建设、同时验收、同时投入使用。

A. 配网工程　　B. 输变电工程

C. 调度通信自动化工程　　D. 送变电工程

答案：BC

9. 高低压同杆架设，在低压带电线路上工作时，应注意（　　）。

A. 先检查与高压线的距离　　B. 采取防止误碰带电高压设备的措施

C. 增设杆上监护人　　D. 人体不得同时接触两根线头

答案：AB

10. 电力生产与电网运行应当遵循（　　）的原则。

A. 优质　　B. 安全　　C. 经济　　D. 可靠

答案：ABC

11. 电力企业应当对电力设施定期进行（　　），保证其正常运行。

A. 检查　　B. 检修　　C. 试验　　D. 维护

答案：BD

12. 国家对电力供应和使用，实行（　　）的管理原则。

A. 安全用电　　B. 节约用电　　C. 有序用电　　D. 计划用电

答案：ABD

13. 因（　　）等原因，需要中断供电时，供电企业应当按照国家有关规定事先通知用户。

A. 供电设施检修　　B. 事故停电　　C. 依法限电　　D. 用户违法用电

答案：ACD

14. 用户受电装置的（　　），应当符合国家标准或者电力行业标准。

A. 规划　　B. 设计　　C. 施工安装　　D. 运行管理

E. 监督检查

答案：BCD

15. 供电企业和用户应当遵守国家有关规定，采取有效措施，做好（　　）工作。

A. 安全用电　　B. 合理用电　　C. 计划用电　　D. 节约用电

答案：ACD

16. 制定电价，应（　　），坚持公平负担，促进电力建设。

A. 合理确定收益　　B. 规范执行政策

C. 合理补偿成本　　D. 依法计入税金

答案：ACD

17. 对同一网内的同一（　　）的用电户执行相同的电价标准。

A. 供电点　　B. 电压等级　　C. 用电地址　　D. 用电类别

答案：BD

18. 国家鼓励和支持农村利用（　　）和其他能源进行农村电源建设，增加农村电力供应。

A. 太阳能　　B. 风能　　C. 地热能　　D. 生物质能

答案：ABCD

19. 县级以上地方人民政府及其经济综合主管部门在安排用电指标时，应当保证农业和农村用电的适当比例，优先保证（　　）用电。

A. 农村排涝　　B. 抗旱

C. 农业季节性生产　　D. 农灌

答案：ABC

20. 电力运行事故由于（　　）等原因造成的，电力企业不承担赔偿责任。

A. 不可抗力　　B. 供电企业责任

C. 用户自身过错　　D. 其他原因

答案：AC

21. 电力建设项目使用国家明令淘汰的电力设备和技术的，由电力管理部门进行如下处理：（　　）。

A. 责令停止使用　　B. 没收国家明令淘汰的电力设备

C. 处五万元以下的罚款　　D. 处违法所得五倍以下的罚款

答案：ABC

22. 擅自迁移、更动或者擅自操作供电企业的（　　），属于违约用电行为。

A. 用电计量装置　　B. 电力负荷控制装置

C. 供电设施　　D. 约定由供电企业调度的用户受电设备

答案：ABCD

23. 推广应用营销档案电子化，逐步取消纸质工单，实现档案信息的（　　）。在送电后3个工作日内，收集、整理并核对归档信息和资料，形成归档资料清单。

A. 自动采集　　B. 动态更新　　C. 实时传递　　D. 在线查阅

答案：ABCD

24. 供电企业应当按照合同约定的（　　），合理调度和安全供电。

A. 数量　　B. 条件　　C. 质量　　D. 时间

E. 办法　　F. 方式

答案：ACDF

25. 下列哪些违规行为，由电力管理部门责令改正，没收违法所得，并处违法所得5倍以下罚款？（　　）

A. 擅自向外转供电的

B. 擅自跨越供电营业区供电的

C. 未按照规定取得“供电营业许可证”，从事电力供应业务的

D. 擅自变更用电类别的

答案：ABC

26. 下列（　　）法律法规是自1996年9月1日起开始施行的。

A.《中华人民共和国电力法》　　B.《电力供应与使用条例》

C.《供电营业区划分及管理办法》　　D.《供电营业规则》

E.《居民用户家用电器损坏处理办法》

答案：BCE

27. 为加强供电营业管理，建立正常的供电营业秩序，保障供用双方的合法权益，根据（　　），制定《供电营业规则》。

A.《中华人民共和国电力法》　　B.《电力供应与使用条例》

C. 国家有关规定　　D.《供电营业规则》

答案：BC

28. 高压供电额定电压为（　　）。

A. 10 kV　　B. 35 kV　　C. 110 kV　　D. 220 kV

答案：ABCD

29. 供电企业对距离发电厂较近的用户，不可采用（　　）供电方式。

A. 发电厂直配　　B. 发电厂的厂用电源

C. 变电站（所）直配　　D. 变电站（所）的站用电源

答案：BD

30. 用户重要负荷的保安电源（　　）。

A. 可由供电企业提供　　B. 必须由供电企业提供

C. 可由用户自备　　D. 必须由用户自备

答案：AC

31. 为保障用电安全，便于管理，用户应将（　　）分开配电。

A. 重要负荷与非重要负荷　　B. 办公区用电与生产区用电

C. 生产用电与生活区用电　　D. 一般负荷与保安负荷

答案：AC

32. 用户申请新装或增加用电时，以下哪些属于应向供电企业提供的资料？（　　）

A. 用电设备清单　　B. 用电工程项目批准的文件

C. 用电类别　　D. 用电规划

答案：ABD

33. 新建受电工程项目在立项阶段，供用电双方应就工程（　　）问题达成意向性协议后，用户方可定址，确定项目。

A. 用电容量　　B. 用电地址　　C. 供电条件　　D. 供电的可能性

答案：ACD

34. 下面（　　）属于变更用电的范畴。

A. 减容、改压　　B. 暂换、新装　　C. 暂拆、更名　　D. 增容、迁址

答案：AC

35. 在（　　）不变的情况下，可以办理移表手续。

A. 用电容量　　B. 用电地址　　C. 用电类别　　D. 供电点

答案：ABCD

36. 在（　　）不变的情况下，可以办理更名（或过户）手续。

A. 用电容量　　B. 用电地址　　C. 用电性质　　D. 供电点

E. 用电类别

答案：ABE

37. 在（　　）不变，且其受电装置具备分装的条件时，允许办理分户。

A. 用电地址　　B. 用电容量　　C. 用电类别　　D. 供电点

答案：ABD

38. 下列（　　）情况下，供电企业可采取销户方式终止其用电。

A. 用户连续六个月不用电

B. 用户连续六个月不用电，也不申请办理暂停用电手续

C. 用户连续三个月不用电，也不申请办理暂停用电手续

D. 用户申请销户

答案：BD

39. 用户存在下列（　　）情况，供电企业可以依法对其终止供电。

A. 私自过户

B. 连续六个月不能如期抄到计费电能表读数

C. 办理迁址手续后的原址

D. 依法破产

E. 临时用电到期

答案：CDE

40. 对于公用路灯、交通信号灯等公用设施，当地人民政府及有关管理部门应承担（　　）责任。

A. 投资建设　　B. 维护管理　　C. 交纳电费　　D. 工程设计

答案：ABC

41. 供电企业应根据（　　），编制事故限电序位方案，并报电力管理部门审批或备案后执行。

A. 用户需求　　B. 电力负荷的重要性

C. 电力系统情况　　D. 供电能力

答案：BC

42. 用户发生（　　）用电事故时，应及时向供电企业报告。

A. 人身触电伤害　　B. 导致电力系统停电

C. 专线掉闸　　D. 电气火灾

E. 电气设备损坏　　F. 停电期间向电力系统倒送电

答案：BCDF

43. 有下列情形之一的，不经批准即可对用户中止供电，但事后应报告本单位负责人（　　）。

A. 不可抗力和紧急避险

B. 对危害供用电安全，扰乱供用电秩序，拒绝检查者

C. 受电装置经检验不合格，在指定期间未改善者

D. 确有窃电行为

答案：AD

44. 有下列（　　）情形的，需经批准方可中止供电。

A. 私自向外转供电力者

B. 拖欠电费者

C. 用户注入电网的谐波电流超过标准未采取措施者

D. 窃电

E. 拒不在限期内拆除私增用电容量者

F. 受电装置经检验不合格者

答案：AE

45. 供电企业需对用户停止供电时，应将（　　）报本单位负责人批准。批准权限和程序由省电网经营业制定。

A. 停电用户　　B. 停电原因　　C. 停电时间　　D. 送电时间

答案：ABC

46. 有下列情形之一的（　　），允许变更或解除供用电合同。

A. 当事人双方经过协商同意

B. 由于供电能力的变化或国家对电力供应与使用管理的政策调整，使订立供用电合同时的依据被修改或取消

C. 当事人一方确实无法履行合同

D. 由于不可抗力或一方当事人虽无过失，但无法防止的外因，致使合同无法履行

答案：BD

47. 某大工业用户，擅自使用已在供电企业办理暂停手续的电力设备，则该用户应承担下列责任（　　）。

A. 停用违约使用的设备

B. 补交擅自使用封存设备容量和使用月数的基本电费

C. 承担三倍补交基本电费的违约使用电费

D. 承担二倍补交基本电费的违约使用电费

E. 承担擅自使用封存设备容量每千瓦（千伏安）30元的违约使用电费

答案：ABD

48. 以下（　　）属于窃电行为。

A. 在供电企业的供电设施上接线用电

B. 绕越供电企业用电计量装置用电

C. 伪造或者开启供电企业加封的用电计量装置封印用电

D. 擅自改变用电类别用电

E. 擅自启用已经被供电企业查封的电力设备用电

答案：BC

49. 供电企业对查获的窃电者，应做如下处理（　　）。

A. 应予制止，并可当场中止供电

B. 窃电者应按所窃电量补交电费，并承担补交电费三倍的违约使用电费

C. 窃电数额较大的，报请电力管理部门依法处理

D. 情节严重的，提请司法机关依法追究刑事责任

答案：ABD

50. 有序用电工作应遵循“（　　）”的原则。

A. 政府主导　　B. 安全稳定　　C. 统筹兼顾　　D. 有保有限

E. 注重预防　　F. 节控并举

答案：ABCDEF

四、判断题

1. 国家鼓励、引导国内外的经济组织和个人依法投资开发电源，兴办电力生产企业。（　　）

答案：√

2. 电力事业投资，实行谁投资、谁受益的原则。（　　）

答案：×

正确：谁投资、谁收益

3. 禁止任何单位和个人危害电力设施安全或者非法侵占、使用电能。（　　）

答案：√

4. 电力建设、生产、供应和使用应当依法保护环境，采用新技术，减少有害物质排放，防治污染和其他公害。（　　）

答案：√

5. 国家电网公司负责全国电力事业的监督管理。（　　）

答案：×

正确：国务院电力管理部门负责全国电力事业的监督管理

6. 县级以上地方人民政府是本行政区域内的电力管理部门，负责电力事业的监督管理。（　　）

答案：×

正确：县级以上地方人民政府经济综合主管部门是本行政区域内的电力管理部门，负责电力事业的监督管理

7. 一级客户可采用以下运行方式：两回以上进线同时运行互为备用。一回进线主供，另一回路热备用。（　　）

答案：×

正确：两回及以上进线同时运行互为备用

8. 电力建设企业、电力生产企业、电网经营企业依法实行自主经营、自负盈亏，并接受国家电网公司的管理。（　　）

答案：×

正确：电力建设企业、电力生产企业、电网经营企业依法实行自主经营、自负盈亏，并接受电力管理部门的监督

9. 国家鼓励在电力建设、生产、供应和使用过程中，采用先进的科学技术和管理方法，对在研究、开发、采用先进的科学技术和管理方法等方面作出显著成绩的单位和个人给予奖励。（　）

答案：√

10. 电力发展规划，应当体现合理利用能源、电源与电网配套发展、提高社会效益和有利于环境保护的原则。（　　）

答案：×

正确：提高经济效益

11. 任何单位和个人不得非法占用变电设施用地、输电线路走廊和电缆通道。（　）

答案：√

12. 城市电网的建设与改造规划，应当纳入城市总体规划。地方人民政府应当按照规划，安排变电设施用地、输电线路走廊和电缆通道。（　　）

答案：×

正确：城市人民政府应当按照规划

13. 电力投资者对其投资形成的电力，享有法定权益。并网运行的，电力投资者有优先使用权，自备电厂由电力投资者自行支配使用。（　　）

答案：×

正确：电力投资者对其投资形成的电力，享有法定权益。并网运行的，电力投资者有优先使用权；未并网的自备电厂，电力投资者自行支配使用

14. 电力建设项目不得使用国家明令淘汰的电力设备和技术。（　）

答案：√

15. 电力企业应当加强安全生产管理，坚持安全第一、预防为主、综合治理的方针，健

全安全生产责任制度。（　　）

答案：×

正确：电力企业应当加强安全用电管理，坚持安全第一、预防为主、综合治理的方针，健全安全生产责任制度

16. 电网运行实行统一调度、分级管理。任何单位和个人不得非法干预电网调度。（　　）

答案：√

17. 所谓运用中的设备，是指全部带有电压、一部分带有电压或一经操作即带有电压的电气设备。（　　）

答案：√

18. 并网运行必须符合国家标准或者电力行业标准。（　　）

答案：√

19. 并网双方应当按照统一调度、分级管理和平等互利、协商一致的原则，签订并网协议，确定双方的权利和义务；并网双方达不成协议的，由县级以上电力管理部门协调决定。（　　）

答案：×

正确：并网双方达不成协议的，由省级以上电力管理部门协调决定

20. 备用电源是根据用户在安全、业务和生产上对供电可靠性的实际需求，在主供电源发生故障或断电时，能有效为全部负荷提供电力的电源。（　　）

答案：√

21. 国家提倡电力生产企业与电网、电网与电网并网运行。具有独立法人资格的电力生产企业要求将生产的电力并网运行的，供电企业应当接受。并网运行必须符合国家标准或者电力行业标准。（　　）

答案：×

正确：国务院电力管理部门

22. 供电企业在批准的供电营业区内向用户供电。供电营业区的划分，应当考虑电网的安全因素和供电合理性等因素。（　　）

答案：×

正确：供电营业区的划分，应当考虑电网的结构和供电合理性等因素

23. 一个供电营业区内可以设立一个供电营业机构。供电营业机构持“供电营业许可证”向工商行政管理部门申请领取营业执照，方可营业。（　　）

答案：×

正确：一个供电营业区内只设立一个供电营业机构

24. 供电营业区内的供电营业机构，对本营业区内的用户有按照国家规定供电的义务，不得违反国家规定对其营业区内申请用电的单位和个人拒绝供电。（　　）

答案：√

25. 电力供应与使用双方应当根据平等自愿、协商一致的原则，按照电力管理部门制定的电力供应与使用办法签订供用电合同，确定双方的权利和义务。（　　）

答案：×

正确：按照国务院制定的电力供应与使用办法签订供用电合同，确定双方的权利和义务

26. 用户对供电质量有特殊要求的，供电企业应当根据其重要性和电网的可能，提供相应的电力。（　　）

答案：×

正确：根据其必要性和电网的可能

27. 供电企业应当保证供给用户的供电质量符合国家标准。对公用供电设施引起的供电质量问题，应当及时处理。（　　）

答案：√

28. 用户对供电质量有特殊要求的，应当由用户自行解决。（　　）

答案：×

正确：用户对供电质量有特殊要求的，供电企业应当根据其必要性和电网的可能，提供相应的电力

29. 供电企业在发电、供电系统正常的情况下，应当连续向用户供电，不得中断。（　　）

答案：√

30. 因供电设施检修、依法限电或者用户违法用电等原因，需要中断供电时，供电企业可以立即给予停电。（　　）

答案：×

正确：供电企业应当按照国家有关规定事先通知用户

31. 用户对供电企业中断供电有异议的，可以向地方人民政府投诉。（　　）

答案：×

正确：可以向电力管理部门投诉

32. 用户受电装置的设计、施工安装和运行管理，应当符合电力行业标准。（　　）

答案：×

正确：应当符合国家标准或者电力行业标准

33. 用户使用的电力电量，以供电企业认可的用电计量装置的记录为准。用户受电装置的设计、施工安装和运行管理，应当符合国家标准或者电力行业标准。（　　）

答案：×

正确：用户使用的电力电量，以计量检定机构依法认可的用电计量装置的记录为准

34. 用户用电不得危害供电、用电安全和扰乱供电、用电秩序。（　　）

答案：√

35. 对危害供电、用电安全和扰乱供电、用电秩序的，地方政府负责制止。（　　）

答案：×

正确：对危害供电、用电安全和扰乱供电、用电秩序的，供电企业有权制止

36. 供电企业应当按照企业核准的电价和用电计量装置的记录，向用户计收电费。（　　）

答案：×

正确：供电企业应当按照国家核准的电价和用电计量装置的记录，向用户计收电费

37. 供电企业查电人员和抄表收费人员进入用户，进行用电安全检查或者抄表收费时，应当出示有关证件。（　　）

答案：√

38. 用户应当按照国家核准的电价和用电计量装置的记录，按时交纳电费。（　　）

答案：√

39. 用户对供电企业查电人员和抄表收费人员依法履行职责，应当提供方便。（　　）

答案：√

40. 电价实行统一政策，统一定价原则，分级管理。（　　）

答案：√

41. 上网电价实行同网同质同价，具体办法和实施步骤由国务院规定。电力生产企业有特殊情况需另行制定上网电价的，具体办法由国务院电力管理部门规定。（　　）

答案：×

正确：具体办法由国务院规定

42. 国家实行分类电价和分时电价。分类标准和分时办法由国务院物价行政主管部门或者其授权的部门确定。（　　）

答案：×

正确：分类标准和分时办法由国务院确定

43. 禁止任何单位和个人在电费中加收其他费用；但是，法律、行政法规另有规定的，按照规定执行。（　　）

答案：√

44. 供电企业在收取电费时，可代收其他费用。（　　）

答案：×

正确：禁止供电企业在收取电费时，代收其他费用

45. 国家鼓励和支持农村利用太阳能、风能、地热能、生物质能和其他能源进行农村电源建设，增加农村电力供应。（　　）

答案：√

46. 在电力设施周围进行爆破及其他可能危及电力设施安全作业的，应当按照国务院有关电力设施保护的规定，经批准并采取确保电力设施安全的措施后，方可进行作业。（　　）

答案：√

47. 供电企业应当按照国务院有关电力设施保护的规定，对电力设施保护区设立标志。（　　）

答案：×

正确：电力管理部门应当按照国务院有关电力设施保护的规定，对电力设施保护区设立标志

48. 任何单位和个人不得在依法划定的电力设施保护区内修建可能危及电力设施安全的建筑物、构筑物，不得种植可能危及电力设施安全的植物，不得堆放可能危及电力设施安全的物品。（　　）

答案：√

49. 在依法划定电力设施保护区前已经种植的植物妨碍电力设施安全的，应当修剪或砍伐。（　　）

答案：√

50. 任何单位和个人需要在依法划定的电力设施保护区内进行可能危及电力设施安全的作业时，应当经供电企业批准并采取安全措施后，方可进行作业。（　　）

答案：×

正确：应当经电力管理部门批准并采取安全措施后，方可进行作业

51. 电力设施与公用工程、绿化工程和其他工程在新建、改建或者扩建中相互妨碍时，有关单位应当按照国家有关规定协商，达成协议议后方可施工。

答案：√

52. 供电企业依法对用户执行电力法律、行政法规的情况进行监督检查。（　　）

答案：×

正确：电力管理部门依法对电力企业和用户执行电力法律、行政法规的情况进行监督检查

53. 电力监督检查人员进行监督检查时，有权向电力企业或者用户了解有关执行电力法律、行政法规的情况，查阅有关资料，但不能进入现场进行检查。（　　）

答案：×

正确：电力监督检查人员进行监督检查时，有权向电力企业或者用户了解有关执行电力法律、行政法规的情况，查阅有关资料，并有权进入现场进行检查

54. 未保证供电质量或者未事先通知用户中断供电，给用户造成损失的，应当依法承担赔偿责任。（　　）

答案：√

55. 非法占用变电设施用地、输电线路走廊或电缆通道的，由县级以上电力管理部门责令限期改正，逾期不改正的，强制清除障碍。（　　）

答案：×

正确：由县级以上地方人民政府责令限期改正

56. 电力建设项目使用国家明令淘汰的电力设备和技术的，由电力管理部门责令停止使用，没收国家明令淘汰的电力设备，并处三万元以下的罚款。（　　）

答案：×

正确：并处五万元以下的罚款

57. 未经许可，从事供电或者变更供电营业区的，由电力管理部门责令改正，没收违法所得，可以并处违法所得五倍以下的罚款。（　　）

答案：√

58. 拒绝供电或者中断供电的，由电力管理部门责令改正，给予警告；情节严重的，对有关主管人员和直接责任人员给予纪律处分。（　　）

答案：×

正确：对有关主管人员和直接责任人员给予行政处分

59. 危害供电、用电安全或者扰乱供电、用电秩序的，由电力管理部门责令改正，给予警告，可以并处五万元以下的罚款。（　　）

答案：×

正确：情节严重或者拒绝改正的，可以中止供电，还可并处五万元以下的罚款

60. 未按照国家核准的电价和用电计量装置的记录向用户计收电费、超越权限制定电价或者在电费中加收其他费用的，由物价行政主管部门给予警告，责令返还违法收取的费用，可以并处违法收取费用五倍以下的罚款。（　　）

答案：√

61. 未经批准或者未采取安全措施在电力设施周围或者在依法划定的电力设施保护区内进行作业，危及电力设施安全的，由当地人民政府责令停止作业、恢复原状并赔偿损失。（　　）

答案：×

正确：由电力管理部门责令停止作业、恢复原状并赔偿损失

62. 在依法划定的电力设施保护区内修建建筑物、构筑物或者种植植物、堆放物品，危及电力设施安全的，由电力管理部门责令强制拆除、砍伐或者清除。（　　）

答案：×

正确：由当地人民政府责令强制拆除、砍伐或者清除

63. 盗窃电能的，由电力管理部门责令停止违法行为，追缴电费并处应交电费三倍以下的罚款。（　　）

答案：×

正确：追缴电费并处应交电费五倍以下的罚款

64. 电力管理部门的工作人员滥用职权、玩忽职守、徇私舞弊，构成犯罪的，依法追究刑事责任；尚不构成犯罪的，依法给予行政处分。（　　）

答案：√

65. 电力企业的管理人员和查电人员、抄表收费人员勒索用户、以电谋私，构成犯罪的，依法追究刑事责任；尚不构成犯罪的，依法给予行政处分。（　　）

答案：√

66. 电网经营企业依法负责本供区内的电力供应与使用的管理工作，并接受电力管理部门的监督。（　　）

答案：×

正确：应为电网经营企业依法负责本供区内的电力供应与使用的业务工作

67. 供电企业和用户应当根据平等互利、协商一致的原则签订供用电合同。（　　）

答案：×

正确：根据平等自愿、协商一致的原则

68. 电网经营企业应当加强对供用电的监督管理，协调供用电各方关系，禁止危害供用电安全和非法侵占电能的行为。（　　）

答案：×

正确：电力管理部门应当加强对供用电的监督管理

69. 电网经营企业应当根据电网结构和供电合理性的原则划分供电营业区。（　　）

答案：×

正确：应当根据电网结构和供电合理性的原则协助电力管理部门划分供电营业区

70. 用户用电容量超过其所在的供电营业区内供电企业供电能力的，由省电网经营企业指定的其他供电企业供电。（　　）

答案：×

正确：应由省级以上电力管理部门指定的其他供电企业供电

71. 县级以上各级人民政府应当将城乡电网的建设与改造规划，纳入城市建设和乡村建设的总体规划。各级电力管理部门应当会同有关行政主管部门和电网经营企业做好城乡电网建设和改造的规划。（　　）

答案：√

72. 公用供电设施建成投产后，由供电单位统一维护管理，供电企业可以使用、改造、扩建该供电设施。(　　)

答案：×

正确：经电力管理部门批准，供电企业可以使用、改造、扩建该供电设施

73. 公用供电设施的维护管理，由产权单位协商确定，产权单位可自行维护管理，也可以委托供电企业维护管理。(　　)

答案：√

74. 供电方式应当遵循安全、可靠、经济、合理和便于管理的原则。(　　)

答案：√

75. 在公用供电设施未到达的地区，供电企业可以委托有供电能力的单位就近供电。非经供电企业委托，任何单位不得擅自向外供电。(　　)

答案：√

76. 用户对供电质量有特殊要求的，供电企业应当根据其必要性和电网的规划，提供相应的电力。(　　)

答案：×

正确：应当根据其必要性和电网的可能，提供相应的电力

77. 县级以上人民政府电力管理部门应当遵照国家产业政策，按照统筹兼顾、保证重点、择优供应的原则，做好节约用电工作。(　　)

答案：×

正确：做好计划用电工作

78. 供电企业和用户应当在供电前根据用户需要和供电企业的供电能力签订供用电合同。(　　)

答案：√

79. 允许断电时间是电力用户的备用电源所能容忍的最长断电时间。(　　)

答案：×

正确：允许断电时间是电力用户的保安负荷所能容忍的最长断电时间

80. 供电企业对申请用户提供的供电方式，应从供用电的安全、经济、合理和便于管理出发，依据国家有关政策和规定、电网的规划、用电需求以及当地供电条件等因素，进行技术经济比较后确定。(　　)

答案：×

正确：进行技术经济比较，与用户协商确定

81. 用户需要备用、保安电源时，供电企业应按其负荷重要性、用电容量和供电的可能性，自行确定。(　　)

答案：×

正确：与用户协商确定

82. 备用电源就是保安电源。(　　)

答案：×

正确：备用电源不是保安电源

83. 用户重要负荷的保安电源只有当用户自备电源比从电力系统供电更为经济合理时，才由用户自备。（ ）

答案：×

正确：在电力系统瓦解或不可抗力造成供电中断，仍需保证供电时，也由用户自备

84. 使用临时电源的用户不得向外转供电，可以转让给其他用户，但要向供电企业办理变更用电事宜。（ ）

答案：×

正确：使用临时电源的用户不得向外转供电，也不得转让给其他用户，供电企业也不受理其变更用电事宜

85. 趸售用户是供电企业的直供用户。（ ）

答案：√

86. 供电企业一般不采用趸售方式供电，以减少中间环节。特殊情况需开放趸售供电时，应由省级电网经营企业批准。（ ）

答案：×

正确：应由省级电网经营企业报国务院管理部门批准

87. 转供区域内的用户，视同供电企业的直供户，与直供户享有同样的用电权利，其一切用电事宜按直供户的规定办理。（ ）

答案：√

88. 用户不得自行转供电。在公用供电设施尚未覆盖的地区，在征得该地区有供电能力的用户同意后，供电企业可委托其向附近的用户转供电力。（ ）

答案：×

正确：应为征得该地区有供电能力的直供用户同意

89. 向被转供户供电的公用线路与变压器的损耗电量应由供电企业负担，不得摊入被转供户用电量中。（ ）

答案：√

90. 用户依法破产时，供电企业应予销户，中止供电。（ ）

答案：×

正确：用户依法破产时，供电企业应予销户，终止供电

91. 除电网有特殊要求的用户外，用户在当地供电企业规定的电网高峰负荷时的功率因数，应达到：160 kV·A 以上高压供电的用户功率因数为 0.90 以上；其他电力用户和大、中型电力排灌站、趸购转售电企业，功率因数为 0.85 以上。（ ）

答案：×

正确：100 kV·A 及以上高压供电的用户功率因数为 0.90 以上

92. 用户独资、合资或集资建设的输电、变电、配电等供电设施建成后，属于公用性质或占用公用线路规划走廊的，由供电企业统一管理。（ ）

答案：√

93. 用户执行其上级主管机关颁发的电气规程制度，如与电力行业标准或规定有矛盾时，必须以国家和电力行业标准或规定为准。（ ）

答案：×

正确：用户执行其上级主管机关颁发的电气规程制度，除特殊专用的设备外，如与电力行业标准或规定有矛盾时，应以国家和电力行业标准或规定为准

94. 在不可抗力和紧急避险的情况下，以及对确有窃电行为的用户，可不经过批准即可中止供电，但事后应报告本单位负责人。(　　)

答案：√

95. 用户备用变压器属热备用状态的或未经加封的，不论使用与否都计收基本电费。用户专门为调整用电功率因数的设备，如电容器、调相机等，也计收基本电费。(　　)。

答案：×

正确：用户专门为调整用电功率因数的设备，如电容器、调相机等，不计收基本电费

96. 用户自备电厂应自发自供厂区内的用电，自发自用有余的电量可向厂区外供电。(　　)

答案：×

正确：用户自备电厂应自发自供厂区内的用电，不得将自备电厂的电力向厂区外供电。自发自用有余的电量可与供电企业签订电量购销合同

97. 供用电合同书面形式可分为标准格式和非标准格式两类。非标准格式合同适用于供电方式简单、一般性用电需求的用户；标准格式合同适用于供用电方式特殊的用户。(　　)

答案：×

正确：标准格式合同适用于供电方式简单、一般性用电需求的用户；非标准格式合同适用于供用电方式特殊的用户

98. 供用电合同应采取书面形式，经双方协商同意的有关修改合同的文书、电报、电传和图表也是合同的组成部分。(　　)

答案：√

99. 用户用电的功率因数未达到规定标准或其他用户原因引起的电压质量不合格，给用户造成损失的，供电企业不负赔偿责任。(　　)

答案：√

100. 在供电企业的供电设施上，接线用电的，属于窃电行为。(　　)

答案：×

正确：在供电企业的供电设施上，擅自接线用电的，属于窃电行为

五、问答题

1. 电力发展规划应当体现什么原则？

答案：电力发展规划，应当体现合理利用能源、电源与电网配套发展、提高经济效益和有利于环境保护的原则。

2. 电力生产与电网运行应当遵循什么原则？

答案：电力生产与电网运行应当遵循安全、优质、经济的原则。电网运行应当连续、稳定，保证供电可靠性。

3. 电力供应与使用双方应当根据什么原则签订供用电合同？

答案：电力供应与使用双方应当根据平等自愿、协商一致的原则，按照国务院制定的电力供应与使用办法签订供用电合同，确定双方的权利和义务。

4. 用户对供电质量有特殊要求的，供电企业应当依据什么原则提供相应的电力？

答案：用户对供电质量有特殊要求的，供电企业应当根据其必要性和电网的可能，提供相应的电力。

5. 什么情况下，需要中断供电时，供电企业应当按照国家有关规定事先通知用户？用户对供电企业中断供电有异议的可以向哪个部门投诉？

答案：因供电设施检修、依法限电或用户违法用电等原因，需要中断供电时，供电企业应当按照国家有关规定事先通知用户。用户对供电企业中断供电有异议的，可以向电力管理部门投诉；受理投诉的电力管理部门应当依法处理。

6. 用户使用的电力电量以什么记录为准？

答案：用户使用的电力电量，以计量检定机构依法认可的用电计量装置的记录为准。

7. 违反《中华人民共和国电力法》规定，非法占用变电设施用地、输电线路走廊或者电缆通道的，应如何处理？

答案：非法占用变电设施用地、输电线路走廊或者电缆通道的，由县级以上地方人民政府责令限期改正；逾期不改正的，强制清除障碍。

8. 根据《中华人民共和国电力法》规定，未经许可，从事供电或者变更供电营业区的应怎样处理？

答案：未经许可，从事供电或者变更供电营业区的，由电力管理部门责令改正，没收违法所得，可以并处违法所得五倍以下的罚款。

9. 对于危害供电、用电安全或者扰乱供电、用电秩序的应怎样处理？

答案：危害供电、用电安全或者扰乱供电、用电秩序的，由电力管理部门责令改正，给予警告；情节严重或者拒绝改正的，可以中止供电，还可并处 5 万元以下的罚款。

10. 哪些关于用电的行为，会由公安机关依照治安管理处罚法的有关规定予以处罚；构成犯罪的，依法追究刑事责任？

答案：（1）阻碍电力建设或者电力设施抢修，致使电力建设或者电力设施抢修不能正常进行的。

（2）扰乱电力生产企业、变电所、电力调度机构和供电企业的秩序，致使生产、工作和营业不能正常进行的。

（3）殴打、公然侮辱履行职务的查电人员或者抄表收费人员的。

11. 盗窃电能的应怎样处理？

答案：盗窃电能的，由电力管理部门责令停止违法行为，追缴电费并处应交电费五倍以下的罚款；构成犯罪的，依照刑法有关规定追究刑事责任。

12. 供电设施建成投产后，如何进行维护管理？

答案：公用供电设施建成投产后，由供电单位统一维护管理。经电力管理部门批准，供电企业可以使用、改造、扩建该供电设施。公用供电设施的维护管理，由产权单位协商确定，产权单位可自行维护管理，也可以委托供电企业维护管理。用户专用的供电设施建成投产后，由用户维护管理或者委托供电企业维护管理。

13. 因抢险救灾需要紧急供电时，供电企业如何安排供电？所需费用应由谁承担？

答案：因抢险救灾需要紧急供电时，供电企业必须尽速安排供电。所需工程费用和应付电费由有关地方人民政府有关部门从抢险救灾经费中支出，但是抗旱用电应当由用户交付电费。

14. 因故需要停止供电时，应当按照哪些要求事先通知用户或者进行公告？

答案：（1）因供电设施计划检修需要停电时，供电企业应当提前 7 天通知用户或者进行公告。

（2）因供电设施临时检修需要停止供电时，供电企业应当提前 24 小时通知重要用户。

（3）因发电、供电系统发生故障需要停电、限电时，供电企业应当按照事先确定的限电序位进行停电或者限电。引起停电或者限电的原因消除后，供电企业应当尽快恢复供电。

15. 用户不得有哪些危害供电、用电安全，扰乱正常供电、用电秩序的行为？

答案：（1）擅自改变用电类别；（2）擅自超过合同约定的容量用电；（3）擅自超过计划分配的用电指标；（4）擅自使用已经在供电企业办理暂停使用手续的电力设备，或者擅自启用已经被供电企业查封的电力设备；（5）擅自迁移、更动或者擅自操作供电企业的用电计量装置、电力负荷控制装置、供电设施以及约定由供电企业调度的用户受电设备；（6）未经供电企业许可，擅自引入、供出电源或者将自备电源擅自并网。

16. 窃电行为包括哪些？

答案：（1）在供电企业的供电设施上，擅自接线用电；（2）绕越供电企业的用电计量装置用电；（3）伪造或者开启法定的或者授权的计量检定机构加封的用电计量装置封印用电；（4）故意损坏供电企业的用电计量装置；（5）故意使供电企业的用电计量装置计量不准或者失效；（6）采用其他方式窃电。

17. 供用电合同应当具备哪些条款？

答案：供用电合同应当具备以下条款：（1）供电方式、供电质量和供电时间；（2）用电容量和用电地址、用电性质；（3）计量方式和电价、电费结算方式；（4）供用电设施维护责任的划分；（5）合同的有效期限；（6）违约责任；（7）双方共同认为应当约定的其他条款。

18. 在用户受送电装置上作业的电工，必须具备什么条件方可上岗作业？

答案：在用户受送电装置上作业的电工，必须经电力管理部门考核合格，取得电力管理部门颁发的电工进网作业许可证，方可上岗作业。

19. 违章用电的，供电企业如何处理？

答案：违章用电的，供电企业可以根据违章事实和造成的后果追缴电费，并按照国务院电力管理部门的规定加收电费和国家规定的其他费用；情节严重的，可以按照国家规定的程序停止供电。

20. 什么情况下，保安电源应由用户自备？

答案：（1）在电力系统瓦解或不可抗力造成供电中断时，仍需保证供电的。（2）用户自备电源比从电力系统供给更为经济合理的。

21. 保安电源如何提供？

答案：用户需要备用、保安电源时，供电企业应按其负荷重要性、用电容量和供电的可能性，与用户协商确定。用户重要负荷的保安电源，可由供电企业提供，也可由用户自备。遇有下列情况之一者，保安电源应由用户自备：（1）在电力系统瓦解或不可抗力造成供电中断时，仍需保证供电的。（2）用户自备电源比电力系统供给更为经济合理的。供电企业向有重要负荷的用户提供的保安电源，应符合独立电源的条件。有重要负荷的用户在取得供电企业供给的保安电源的同时，还应有非电性质的应急措施，以满足安全的需要。

22. 供电企业应在用电营业场所公告哪些内容？

答案：供电企业应在用电营业场所公告办理各项用电业务的程序、制度和收费标准。

23. 用户新装用电时，应向供电企业提供哪些资料？

答案：用户申请新装或增加用电时，应向供电企业提供用电工程项目批准的文件及有关的用电资料，包括用电地点、电力用途、用电性质、用电设备清单、用电负荷、保安电力、用电规划等，并依照供电企业规定的格式如实填写用电申请书及办理所需手续。

24. 供电企业对用户在电网高峰负荷时的功率因数有何要求？

答案：除电网有特殊要求的用户外，用户在当地供电企业规定的电网高峰负荷时的功率因数，应达到下列规定：

（1）100 kV・A 及以上高压供电的用户功率因数为 0.90 以上。

（2）其他电力用户和大、中型电力排灌站、趸购转售电企业，功率因数为 0.85 以上。

（3）农业用电，功率因数为 0.80 以上。

25. 对 10 kV 及以下、35 kV 及以上公用高压线路供电的，供电设施的运行维护管理范围如何确定？

答案：（1）10 kV 及以下公用高压线路供电的，以用户厂界外或配电室前的第一断路器或第一支持物为分界点，第一断路器或第一支持物属供电企业。

（2）35 kV 及以上公用高压线路供电的，以用户厂界外或用户变电站外第一基电杆为分界点。第一基电杆属供电企业。

在电气上的具体分界点，由供用双方协商确定。

26. 对于供电企业和用户分工维护管理的供电和受电设备进行操作或更动，有何规定？

答案：供电企业和用户分工维护管理的供电和受电设备，除另有约定者外，未经管辖单位同意，对方不得操作或更动；如因紧急事故必须操作或更动者，事后应迅速通知管辖单位。

27. 供电设备计划检修时，对用户的停电次数有何要求？

答案：供电设备计划检修时，对 35 kV 及以上电压供电的用户的停电次数，每年不应超过一次；对 10 kV 供电的用户，每年不应超过三次。

28. 什么情形下，不经批准即可中止供电？

答案：有下列情形之一的，不经批准即可中止供电，但事后应报告本单位负责人：

（1）不可抗力和紧急避险；（2）确有窃电行为。

29. 除因故中止供电外，供电企业需对用户停止供电时，应按什么程序办理停电手续？

答案：除因故中止供电外，供电企业需对用户停止供电时，应按下列程序办理停电手续：

（1）应将停电的用户、原因、时间报本单位负责人批准。批准权限和程序由省电网经营企业制定。

（2）在停电前三至七天内，将停电通知书送达用户，对重要用户的停电，应将停电通知书报送同级电力管理部门。

（3）在停电前 30 分钟，将停电时间再通知用户一次，方可在通知规定时间实施停电。

30. 保安负荷的定义是什么？

答案：用于保障用电场所人身与财产安全所需的电力负荷。一般认为，断电后会造成下列后果之一的，为保安负荷：直接引发人身伤亡的；使有毒、有害物溢出，造成环境大面积污染的；将引起爆炸或火灾的；将引起较大范围社会秩序混乱或在政治上产生严重影响的；

将造成重大生产设备损坏或引起重大直接经济损失的。

六、论述题

1. 在什么情形下，须经批准方可中止供电？

答案：有下列情形之一的，须经批准方可中止供电：

（1）对危害供用电安全，扰乱供用电秩序，拒绝检查者；

（2）拖欠电费经通知催交仍不交者；

（3）受电装置经检验不合格，在指定期间未改善者；

（4）用户注入电网的谐波电流超过标准，以及冲击负荷、非对称负荷等对电能质量产生干扰与妨碍，在规定限期内不采取措施者；

（5）拒不在限期内拆除私增用电容量者；

（6）拒不在限期内交付违约用电引起的费用者；

（7）违反安全用电、计划用电有关规定，拒不改正者；

（8）私自向外转供电力者。

2. 在什么情形下，允许变更或解除供用电合同？

答案：供用电合同的变更或者解除，必须依法进行。有下列情形之一的，允许变更或解除供用电合同：

（1）当事人双方经过协商同意，并且不因此损害国家利益和扰乱供用电秩序。

（2）由于供电能力的变化或国家对电力供应与使用管理的政策调整，使订立供用电合同时的依据被修改或取消。

（3）当事人一方依照法律程序确定确实无法履行合同。

（4）由于不可抗力或一方当事人虽无过失，但无法防止的外因，致使合同无法履行。

3. 违约用电行为有哪些？分别应承担哪些违约责任？

答案：危害供用电安全、扰乱正常供用电秩序的行为，属于违约用电行为。供电企业对查获的违约用电行为应及时予以制止。有下列违约用电行为者，应承担其相应的违约责任：

（1）在电价低的供电线路上，擅自接用电价高的用电设备或私自改变用电类别的，应按实际使用日期补交其差额电费，并承担二倍差额电费的违约使用电费。使用起讫日期难以确定的，实际使用时间按三个月计算。

（2）私自超过合同约定的容量用电的，除应拆除私增容设备外，属于两部制电价的用户，应补交私增设备容量使用月数的基本电费，并承担三倍私增容量基本电费的违约使用电费；其他用户应承担私增容量每千瓦（千伏安）50 元的违约使用电费。如用户要求继续使用，按新装增容办理手续。

（3）擅自超过计划分配的用电指标的，应承担高峰超用电力每次每千瓦 1 元和超用电量与现行电价电费五倍的违约使用电费。

（4）擅自使用已在供电企业办理暂停手续的电力设备或启用供电企业封存的电力设备的，应停用违约使用的设备。属于两部制电价的用户，应补交擅自使用或启用封存设备容量和使用月数的基本电费，并承担二倍补交基本电费的违约使用电费；其他用户应承担擅自使用或启用封存设备容量每次每千瓦（千伏安）30 元的违约使用电费。启用属于私增容被封存的设备的，违约使用者还应承担本条第（2）项规定的违约责任。

（5）私自迁移、更动和擅自操作供电企业的用电计量装置、电力负荷管理装置、供电设施以及约定由供电企业调度的用户受电设备者，属于居民用户的，应承担每次 500 元的违约使用电费；属于其他用户的，应承担每次 5 000 元的违约使用电费。

（6）未经供电企业同意，擅自引入（供出）电源或将备用电源和其他电源私自并网的，除当即拆除接线外，应承担其引入（供出）或并网电源容量每千瓦（千伏安）500 元的违约使用电费。

4. 窃电行为有哪些？

答案：禁止窃电行为。窃电行为包括：

（1）在供电企业的供电设施上，擅自接线用电。

（2）绕越供电企业用电计量装置用电。

（3）伪造或者开启供电企业加封的用电计量装置封印用电。

（4）故意损坏供电企业用电计量装置。

（5）故意使供电企业用电计量装置不准或者失效。

（6）采用其他方法窃电。

5. 有序用电方案指标分级标准分为几级？要求是什么？

答案：省级常规方案中指标应分为四级：

Ⅰ级：最大限电负荷指标不小于预计最大用电负荷的 30%，且不小于预测最大电力缺口。

Ⅱ级：最大限电负荷指标不小于预计最大负荷的 20%。

Ⅲ级：最大限电负荷指标不小于预计最大负荷的 10%。

Ⅳ级：最大限电负荷指标不小于预计最大负荷的 5%。

6. 编制有序用电方案应优先保障哪些用电需求？

答案：（1）应急指挥和处置部门，主要党政军机关，广播、电视、电信、交通、监狱等关系国家安全和社会秩序的用户。

（2）危险化学品生产、矿井等停电将导致重大人身伤害或设备严重损坏企业的保安负荷。

（3）重大社会活动场所、医院、金融机构、学校等关系群众生命财产安全的用户。

（4）供水、供热、供能等基础设施用户。

（5）居民生活，排灌、化肥生产等农业生产用电。

（6）国家重点工程、军工企业。

7. 编制有序用电方案应重点限制哪些用电需求？

答案：（1）违规建成或在建项目。

（2）产业结构调整目录中淘汰类、限制类企业。

（3）单位产品能耗高于国家或地方强制性能耗限额标准的企业。

（4）景观照明、亮化工程。

（5）其他高耗能、高排放企业。

8. 有序用电工作检查主要包括哪些内容？

答案：（1）有序用电组织体系和制度是否健全。

各级应建立有序用电工作机制，统筹指挥有序用电工作开展；建立工作制度，明确各部门、单位的职责分工，细化有序用电工作的保障措施；各部门、单位应明确有序用电工作人员，建立完善有序用电工作流程。

（2）有序用电方案的编制是否符合规定。

各级是否根据国家《电力需求侧管理办法》《有序用电管理办法》《国家电网公司有序用电管理办法》等有关规定，结合地区用电负荷特点，及时编制有序用电方案，并报送上级单位。上级单位应根据方案编制要求进行审核，并从下级上报的参与有序用电用户清单中抽取一定数量的用户，通过电话回访、现场核对等形式检查用户基本调查信息是否完整正确。

（3）负荷管理系统运维是否可靠。

上级应对所属供电单位的电力负荷管理系统运行、维护情况进行检查，包括：

①系统是否能满足控制要求；

②系统内有序用电用户的信息设置是否完整、正确；

③系统内方案组设置是否准确，是否符合有序用电方案。

（4）有序用电措施是否执行到位。

各级供电公司是否按照电力运行主管部门的指令启动有序用电方案；是否按照政府批复的有序用电方案安排和执行有序用电措施；在对用户实施、变更、取消有序用电措施前，是否通过电话、短信等形式履行告知义务；当电力供需缺口消除时，是否及时有序释放负荷。

（5）有序用电各项保障措施是否落实到位。

有序用电资金保障情况，是否为电力负荷管理系统建设运行、有序用电宣传培训提供了足够的资金支持；有序用电技术保障措施情况，电力负荷管理系统建设和运行管理情况；有序用电培训和宣传工作开展情况。

9. 为确保有序用电目标及任务的顺利实现，有哪些保障措施？

答案：应落实政策、组织、资金、技术、培训与宣传等各项保障措施，建立与当地有序用电管理工作相适应的保障体系和支撑环境。

（1）政策保障：在《中华人民共和国电力法》《供用电营业规则》《电力需求侧管理办法》《有序用电管理办法》等法律法规的基础上，结合本地区实际情况，推动和配合地方政府出台相应的配套政策，保证有序用电科学、有效、规范运行。

①争取电价政策：积极争取季节电价、可中断负荷电价和高可靠性电价机制等有序用电补偿政策。②建立电力负荷管理系统建设运行管理政策：争取政府建立电力负荷管理系统建设运行管理政策，明确本地电力负荷管理系统的建设目标、工作职责、资金来源、建设和运行工作要求。

（2）组织保障：要切实加强组织领导，落实工作责任，建立领导牵头、各部门协调配合的工作和监督机制，统筹系统内各部门之间的分工与联系；积极建立以政府为主导、电网企业为实施主体、电力用户为执行主体的有序用电工作体系。逐级建立省、市、县、乡等多层次一体化有序用电工作机制，可采用集中办公或合署办公等方式，按照“分级负责、属地管理”的原则开展工作。

（3）资金保障：应设立专项资金，保障有序用电工作顺利开展。

①每年确定电力负荷管理系统的建设和运行维护资金计划，为有序用电技术支撑系统提供资金保障。②设立有序用电工作专项资金，为有序用电工作的基础信息调研、数据分析、工作评估、培训和宣传等提供资金保障。

（4）技术保障：加强电力负荷管理系统的建设和运行维护，深化电力负荷管理系统在有序用电工作中的应用，不断扩大负荷管理系统监测和控制负荷的范围，确保监测和控制能力分别达到地区最大负荷比例的 70%和 10%以上，努力提高有序用电的快速响应能力。创新技术管理模式，提高有序用电信息化管理水平，依托信息资源共享平台，建立和完善有序用电管理信息系统。

（5）培训与宣传：持续开展有序用电培训和宣传工作。定期组织有关部门、单位和电力用户，采用专家授课、文件宣贯、座谈会、现场指导、模拟演练等多种方式，开展有序用电相关的法律法规、产业政策、负荷管理技术等培训，提高有序用电工作人员的认知水平和工作能力。建立完善各级政府、电网企业、发电企业、电力用户和新闻媒体共同参与的电力供需信息沟通和发布机制，充分利用电视、广播、报刊、网络等宣传形式，引导全社会节约用电、合理用电，促进节能减排，为有序用电工作顺利开展创造良好的舆论环境。

10. 开展有序用电对用户负荷分类有什么依据？

答案：（1）行业特点：同行业企业的生产运行特点和用电特性相近。对用户按照所属行业分类，分析该行业的生产特点、工艺流程、主要设备、用电特性，研究该行业用户参与有序用电的能力、措施及响应时间。

（2）企业规模：大企业的用电负荷较高，对地区的影响负荷较大，参与有序用电的能力较强。可根据企业用电负荷的大小进行分类，同等条件下优先安排大企业参与有序用电，可缩小社会影响范围。

（3）单位产品能耗：有序用电工作应贯彻国家产业政策。分析比较企业单位产品能耗，作为确定企业参与有序用电程度和顺序的重要依据。对同行业的不同企业，首先安排单位产品能耗高的企业实施有序用电。

（4）受电价政策和生产工艺影响，企业生产组织安排存在时间差异，对电网负荷形成不同影响。统计企业高峰和低谷用电时间，结合电网负荷特性进行比较分析，合理评价企业执行有序用电措施的能力，准确安排企业参与错避峰措施及执行时间。

参考文献

[1] 何德卫，张远雄，徐青甫，等．佛山工业企业分行业需求响应策略研究[J]．电力需求侧管理，2017，19（3）：35-38．

[2] 张娜，夏天，张婷，等．智能电网下的工业用户需求响应影响因素研究[J]．华东电力，2013，41（1）：37-41．

[3] 张禹森，孔祥玉，孙博伟，等．基于电力需求响应的多时间尺度家庭能量管理优化策略[J]．电网技术，2018，42（6）：1811-1818．

[4] CLEMENT K, HAESEN E, DRIESEN J．Coordinated Charging of Multiple Plug-In Hybrid Electric Vehicles in Residential Distribution Grids[C]// Power Systems Conference & Exposition．IEEE, 2009．

[5] 王锡凡，邵成成，王秀丽，等．电动汽车充电负荷与调度控制策略综述[J]．中国电机工程学报，2013，33（1）：1-10．

[6] 丁继为，王磊，刘顺桂，等．美国商务楼宇参与需求响应综述[J]．电力需求侧管理，2015（5）：61-64．

[7] 韩伟吉．需求响应特性分析方法研究[D]．济南：山东大学，2012．

[8] 陈俊，严旭，刘路．峰谷分时电价对广西重点行业用户负荷的影响[J]．广西电力，2015，38（4）：6-9．

[9] 李现京．电力需求侧用能优化决策支持系统研究[D]．北京：华北电力大学，2017．

[10] 彭旭东，邱泽晶，肖楚鹏．电力用户能效监测与需求响应研究综述[J]．节能技术，2013，31（3）：243-246．

[11] 曹年林．与大规模新能源发电相适应的用户侧联合调峰技术研究[D]．北京：北京交通大学，2015．

[12] 朱肖晶．基于电力需求侧管理的需求响应机制研究[J]．能源研究与利用，2014（6）：46-48．

[13] 钱程．基于用户用电行为建模和参数辨识的需求响应应用研究[D]．南京：东南大学，2016．

[14] 王丹，兰宇，贾宏杰，等．基于弹性温度可调裕度的中央空调集群需求响应双层优化[J]．电力系统自动化，2018，42（22）：168-182，190．

[15] 朱峰．空调负荷需求响应特性及其调控策略研究[D]．南京：东南大学，2016．

[16] 范帅，郏琨琪，郭炳庆，等．分散式电采暖负荷协同优化运行策略[J]．电力系统自动化，2017，41（19）：20-29．

[17] 张鹏．基于多代理系统及多时间尺度的含风电电网需求响应调度[D]．重庆：重庆大学，2017．

[18] 李伟，孙皓. 典型激励政策对清洁电采暖可时移性负荷激励效应量化研究[J]. 中国市场，2019，999（8）：118-120.
[19] 孙建伟，唐升卫，刘菲，等. 面向需求响应控制的家用电热水器建模和控制策略评估[J]. 电力系统及其自动化学报，2016，28（4）：51-55.
[20] 黄逊青. 家用制冷器具需求响应技术的发展[J]. 制冷与空调，2010，10（5）：6-11.
[21] 陈锐. 基于温控类负荷的需求响应的研究[D]. 杭州：浙江大学，2015.
[22] 吴忧. 需求响应控制系统设计研究[D]. 南京：东南大学，2015.
[23] 盛佳鹏. 面向需求响应的电动汽车充放电定价及协调策略研究[D]. 北京：华北电力大学，2015.
[24] 赵鹏飞. 含分布式电源及储能的民用负荷需求响应激励机制设计[D]. 北京：华北电力大学，2016.
[25] 郑梦莲，胡亚才. 基于储能的家庭需求响应策略和经济性分析[J]. 上海节能，2016（5）：256-260.
[26] 张天伟，谢畅，王蓓蓓，等. 美国商业建筑空调负荷控制策略及其在自动需求响应系统中的整合应用[J]. 电力需求侧管理，2016，18（6）：60-64.
[27] 宋梦，高赐威，苏卫华. 面向需求响应应用的空调负荷建模及控制[J]. 电力系统自动化，2016，40（14）：158-167.
[28] 曾鸣. 电力需求侧管理的激励机制及其应用[M]. 北京：中国电力出版社，2002.
[29] 曾鸣. 电力需求侧响应原理及其在电力市场中的应用[M]. 北京：中国电力出版社，2011.
[30] 曾鸣，王冬容，陈贞. 需求响应在电力零售市场中的应用[J]. 电力需求侧管理，2009，11（2）：13-16.
[31] 曾鸣，张晓春. 以电力需求响应推动供给侧变革：以北京市为例[J]. 中国电力企业管理，2016（1）：60-63.
[32] 张泽卉. 需求响应效益的量化评估研究[D]. 济南：山东大学，2012.
[33] 董萌萌. 基于峰谷电价的需求响应效果评价[D]. 北京：华北电力大学，2014.
[34] 张晶，孙万珺，王婷. 自动需求响应系统的需求及架构研究[J]. 中国电机工程学报，2015，35（16）：4070-4076.
[35] 沈敏轩，孙毅，李彬. 基于物联网技术的自动需求响应系统架构与应用方案研究[J]. 电测与仪表，2014（24）：96-100.
[36] 祁兵，柏慧，陈宋宋，等. 基于互联网家电的需求响应聚合系统信息接口研究与设计[J]. 电网技术，2016，40（12）：319-323.
[37] 王珂，姚建国，姚良忠，等. 电力柔性负荷调度研究综述[J]. 电力系统自动化，2014，38（20）：127-135.
[38] 张良杰. 电力系统柔性负荷的建模与控制策略研究[D]. 南京：东南大学，2016.
[39] 康梦雅. 一类智能电网可调负荷调度及优化控制方法研究[D]. 杭州：杭州电子科技大学，2017.
[40] 楚成博. 含可调控负荷系统的调度灵活性研究[D]. 济南：山东大学，2013.
[41] 曾鸣，武赓，李冉，等. 能源互联网中综合需求响应的关键问题及展望[J]. 电网技术，2016，40（11）：3391-3398.

[42] 陈政，王丽华，曾鸣，等．国内外售电侧改革背景下的电力需求侧管理[J]．电力需求侧管理，2016，18（3）：62–64．

[43] 许子智，曾鸣．美国电力市场发展分析及对我国电力市场建设的启示[J]．电网技术，2011（6）：161–166．

[44] 本刊讯．国网上海市电力公司国内首次开展电力需求响应试验工作[J]．华东电力，2014（9）：1896．

[45] 高赐威，梁甜甜，李扬．自动需求响应的理论与实践综述[J]．电网技术，2014，38（2）：352–359．

[46] 肖欣，周渝慧，郑凯中，等．台湾实施可中断电价进行削峰填谷的需求响应策略及其成本效益分析[J]．中国电机工程学报，2014，34（22）：3615–3622．

[47] 王思，李希南，王琤，等．北京市需求响应试点实施分析[J]．电力需求侧管理，2016，18（6）：32–35．

[48] 张晶，王婷，李彬．电力需求响应技术标准化研究[J]．中国电机工程学报，2014，34（22）：3623–3629．

[49] 张晶，闫华光，赵等君．电力需求响应技术标准与 IEC PC118[J]．供用电，2014（3）：32–35．

[50] 王力科，杨胜春，曹阳，等．需求响应国际标准体系架构研究[J]．中国电机工程学报，2014，34（22）：3601–3607．

[51] 李国强，魏大庆，陈国强，等．能源互联网背景下新能源电力系统运营模式及关键技术探讨[J]．中国战略新兴产业，2018，164（32）：47．

[52] 曾鸣，杨雍琦，刘敦楠，等．能源互联网“源–网–荷–储”协调优化运营模式及关键技术[J]．电网技术，2016，40（1）：114–124．

[53] ELGHITANI F，ZHUANG W．Aggregating a Large Number of Residential Appliances for Demand Response Applications[J]．IEEE Transactions on Smart Grid，2017，9（5）：5092–5100．

[54] AIGNER D J，HIRSCHBERG J G．Commercial/Industrial Customer Response to Time–of–Use Electricity Prices：Some Experimental Results[J]．Rand Journal of Economics，1985，16（3）：341–355．

[55] 谢珍建，胡卫利，谈健，等．面向区域能源服务商的智能楼宇需求响应优化策略[J]．电力建设，2018，39（3）：116–122．

[56] 黄浦区发展改革委员会．上海市黄浦区建筑需求响应研究[J]．上海节能，2018（2）：78–82．